石墨烯基电磁波吸收材料的可控制备和电磁特性

郭晓琴　任玉美　徐东卫　白中义　著

郑州大学出版社

图书在版编目(CIP)数据

石墨烯基电磁波吸收材料的可控制备和电磁特性 / 郭晓琴等著. — 郑州：郑州大学出版社，2023.6(2024.6 重印)

ISBN 978-7-5645-9835-8

Ⅰ.①石… Ⅱ.①郭… Ⅲ.①石墨烯 – 电磁波 – 电波吸收材料 – 材料制备 – 研究②石墨烯 – 电磁波 – 电波吸收材料 – 电磁性质 – 研究 Ⅳ.①TB34

中国国家版本馆 CIP 数据核字(2023)第 149893 号

石墨烯基电磁波吸收材料的可控制备和电磁特性

SHIMOXIJI DIANCIBO XISHOU CAILIAO DE KEKONG ZHIBEI HE DIANCI TEXING

策划编辑	孙理达	封面设计	苏永生
责任编辑	杨飞飞	版式设计	苏永生
责任校对	李 香	责任监制	李瑞卿

出版发行	郑州大学出版社	地 址	郑州市大学路40号(450052)
出 版 人	孙保营	网 址	http://www.zzup.cn
经 销	全国新华书店	发行电话	0371-66966070
印 刷	廊坊市印艺阁数字科技有限公司		
开 本	787 mm×1 092 mm 1 / 16		
印 张	16	字 数	331 千字
版 次	2023 年 6 月第 1 版	印 次	2024 年 6 月第 2 次印刷
书 号	ISBN 978-7-5645-9835-8	定 价	88.00 元

前　言

随着科学技术的发展,电磁波在国防军事领域、信息化工业技术以及人民日常生活中得到了广泛的应用。吸波材料为关键高精设备的测试信息提供安全保障,是维护国家安全与国际地位的战略性材料之一。电磁波技术促进了工业技术发展,改善了人民生活条件,同时带来的电磁污染对电子设备造成严重干扰,给人类身体健康带来严重损害。目前,电磁波吸收/屏蔽材料已经成为世界各国角逐的热点之一,探索具有"频带宽、吸收强、质量轻、吸波层薄"特性的吸波材料,已成为研究者重点关注的研究课题。

石墨烯是近些年来发现的碳元素二维晶体材料,特殊的单层原子结构使其具有比表面积大、质量轻、热稳定性和化学稳定性强等优点,磁性金属粒子/石墨烯异质结构具有电磁吸波性能的各向异性,是一种极具发展前景的介电损耗型吸波材料,但其复杂界面的构筑原理及对电磁波的响应机理目前尚不清晰。笔者课题组多年来致力于石墨烯基电磁波吸收材料的可控制备和电磁特性研究,分别在石墨烯、石墨烯复合薄膜和石墨烯气凝胶等基体上负载磁性金属粒子,实现 Ni、Co、合金 NiCo 以及核壳复合物 Ni@Cu 等磁性介质定向生长于石墨烯异质结构的精确调控,研究了磁性介质在石墨烯表面的定向生长机制,研究了电磁波在复合材料中的传输和衰减行为规律,揭示了不同材料结构的电磁波损耗机制。本书努力做到基本概念和学科前沿兼顾,为轻质、高强、智能吸波材料的研究提供理论基础和应用示例。

全书共 6 章,其中第 1 章和第 6 章由郭晓琴撰写,第 2 章由郭晓琴和任玉美撰写,第 3 章由徐东卫撰写,第 4 章由任玉美撰写,第 5 章由白中义撰写。

本书得到河南省重点研发与推广专项(科技攻关)(项目编号:232102230134)、河南省自然科学基金青年基金项目(项目编号:232300420332)、河南省高等学校重点科研项目(项目编号:23A430006)和河南省航空材料与应用技术重点实验室开放基金项目(项目编号:ZHKF-230105)的资助支持。梁鹿阳、王立杰、冯德胜等在实验和写作过程中做了大量工作,严志铭、张紫宣、郭换换、秦臻、李佩臣、郭梦霞、牛慧聪等硕士研究生参与了本书的文献收集和文字校对等工作,在此表示衷心的感谢!

由于本书涉及的研究领域发展很快且属于交叉学科前沿研究,作者学识水平有限,书中疏漏和不当之处,敬请广大读者批评指正。

作者

2023 年 3 月

目　录

1

电磁波吸收材料概述

1.1　电磁波及电磁波吸收材料

电磁波是由同相振荡且互相垂直的电场与磁场在空间中以波的形式移动,能有效传递能量和动量,其传播方向垂直于电场与磁场构成的平面。电磁波包括无线电波、微波、红外线、可见光、紫外线、X-射线(X-ray)和伽马射线(γ-ray)等,其中微波能够穿透云层、植被和地表层,是通信和遥感技术应用的重要频段。常用微波分波段代号见表1-1。

表1-1　常用微波分波段代号

波段代号	标称波长/cm	频率范围/GHz	波长范围/cm
L	22	1~2	30~15
S	10	2~4	15~7.5
C	5	4~8	7.5~3.75
X	3	8~12	3.75~2.5
Ku	2	12~18	2.5~1.67
K	1.25	18~27	1.67~1.11
Ka	0.8	27~40	1.11~0.75
U	0.6	40~60	0.75~0.5
V	0.4	60~80	0.5~0.375
W	0.3	80~100	0.375~0.3

随着科学技术的发展,当代电子信息技术得到了极大发展,在方便了人类生活的同时,也使得电磁波在人们日常生活中得到了广泛的应用。电磁波给人们的生活带来无限的可能,让更多的人获得便利,然而电磁波也造成了电磁污染、电磁干扰、泄密等棘手问题。电磁污染已成为继水污染、大气污染、噪声污染和固体废弃物污染之后的又一危害

严重的污染。电磁污染引发的一系列环境问题和社会问题开始不断引起人们的关注。在机场,飞机与地面塔台之间的通信会因为电磁污染而受到干扰,严重时会危及整架飞机的安全;在医院,移动电话会干扰各种电子诊疗仪器的正常工作,危及使用者的生命;在工厂,精密仪器设备的安装布线不合理可能会产生不良耦合,引发强烈的电磁干扰,使其精密度和灵敏度降低,甚至会损坏电子电路。这些现象极大地妨碍了电子信息工业的稳定发展,而且给人体健康带来不可估量的损害。另一方面,随着微波通信与电子对抗等技术的日趋成熟,要求电子设备高速化、轻量化和小型化,其对外界电磁环境的敏感度也随之增强,易受外界电磁干扰产生错误动作从而带来严重后果。在军事和航空航天领域,随着现代电子对抗技术不断发展,各种先进的检测和精密制导武器不断问世,对各国海陆空电子防御能力和反导弹技术提出了更高的要求,未来战场上如何提高武器系统的生存能力与突防能力已成为现代武器研制的重点所在。随着雷达探测技术的迅猛发展,世界各国的军事防御体系及飞行器被敌方探测、跟踪和攻击的可能性越来越大,军事目标的生存能力受到了严重的威胁。为此,发展隐身技术就成了军事技术发展的重要方向。

电磁波吸收材料(简称吸波材料)是用来吸收入射波并将其转换成各种形式能量的材料。作为隐身技术的最重要组成部分,吸波材料的研究成为各军事强国角逐军事高科技的热点之一。探索具有"宽频带、强吸收、质量轻、吸波层薄"特性的吸波材料,防止电磁污染以保护环境和人体健康,防止电磁波泄漏以保障信息安全和提高新型电子产品的国际竞争力,防止武器被检测以提高其生存能力与突防能力,已成为当前迫切需要解决的问题。

1.2　电磁波吸收材料的应用

吸波材料在军事和民用领域均具有重要的研究价值和广泛的应用前景。

1.2.1　军事方面应用

(1)军事隐身领域。军事隐身领域是吸波材料最重要的应用领域。隐身技术是20世纪末发展起来的一门新兴边缘科学,涉及多种技术领域,应用十分广泛,从各种武器的装备、飞行器的隐身到通信设备的抗干扰,隐身技术已成为现代战争中的"秘密武器",在实战中发挥了巨大作战效能。许多发达国家开展了隐身技术研究和隐身武器的研制,并列为高度机密的研究项目。随着军事高新技术的飞速发展,世界各国防御体系的探测、跟踪、攻击能力越来越强,陆、海、空各兵种地面军事目标的生存能力以及武器系统的突防能力日益受到严重威胁。隐身技术已成为现代武器系统最为关注的课题之一。隐身技术分为外形隐身和材料隐身两个方面,其中材料隐身就是指在军事目标上大量使用吸波材料来衰减入射雷达波,减小雷达散射截面。在飞机、导弹、坦克、舰艇、仓库等各种武器装备和军事设施表面涂覆吸波材料,就可以吸收侦察电波、衰减反射信号,从而突破敌方雷达的防区,这是反雷达侦察的一种有力手段,减少武器系统遭受红外制导导弹和激光武器袭击的一种方法。目前,吸波材料已被广泛应用在飞机隐身、舰船隐身、飞行导弹隐身以及坦克隐身等领域。

(2)改善整机性能。一架飞机或一艘舰船上的几部雷达同时工作时,雷达收发天线间的串扰有时十分严重,机上或舰上自带的干扰机也会干扰自带的雷达或通信设备,为减少诸如此类的干扰,国外常用吸波材料优良的磁屏蔽来提高雷达或通信设备的性能。如在雷达或通信设备机身、天线和周围一切干扰物上涂覆吸波材料,则可使它们更灵敏、更准确地发现敌方目标;在雷达抛物线天线开口的四周壁上涂覆吸波材料,对接收天线则起到降低假目标反射的干扰作用;在卫星通信系统中应用吸波材料,将避免通信线路间的干扰,改善星载通信机和地面站的灵敏度,从而提高通信质量。

(3) RFID 天线抗金属隔离应用。此应用主要是利用低损耗型吸波材料的高磁导率特性。使用时,将吸波片插入 13.56 MHz 回形天线和金属基板之间,增加感生磁场通过吸波材料的概率,减少通过金属板的概率,从而降低金属板中的感应涡流,进而减少感生磁场的损耗。同时,因为吸波片的插入,频率偏移减少,与读卡器的共振频率相一致,从而改善读卡距离,而改善程度取决于吸波材料特性的优良程度。

(4)安全保护。由于高功率雷达、通信机、微波加热等设备的应用,为了防止电磁辐射或泄漏、保护操作人员的身体健康,吸波材料的研究显得尤为重要。另外,目前的家用电器普遍存在电磁辐射问题,通过合理使用吸波材料及其元器件也可有效地加以抑制。

(5)微波暗室。由吸收体装饰的壁面构成的空间称为微波暗室。在暗室内可形成等效无反射的自由空间(无噪声区),从四周反射回来的电磁波要比直射电磁能量小得多,并可忽略不计。微波暗室主要用于雷达或通信天线、导弹、飞机、飞船、卫星等特性阻抗和耦合度的测量,宇航员用背肩式天线方向图的测量以及宇宙飞船的安装、测试和调整等,这既可消除外界杂波干扰和提高测量精度与效率,还可保守秘密。

1.2.2 民用方面应用

目前,随着微波通信及网络信息技术的快速发展和广泛应用,吸波材料不仅应用于国防军事领域,在民用领域的应用也越来越广泛。例如,在微波暗室材料、电磁波衰减器件以及微波成型技术等领域,特别是在劳动防护和信息安全技术方面,各种各样的轻质高性能吸波材料得到快速发展。

（1）广播、电视发射台的电磁辐射防护。广播、电视发射台对周围区域会造成较强的场强。利用对电磁辐射的吸收特性，在辐射频率较高的波段，使用合适的涂覆吸波材料覆盖建筑物以衰减室内场强。

（2）工业、科学和医疗设备的电磁辐射防护。工业、科学和医疗设备等在工作过程中会产生大量的电磁辐射，不仅会对自身的工作环境造成损害，同时也会对周围的设备造成干扰。另外，设备发出的电磁辐射也会给操作人员的身体健康带来危害。

（3）家用电器的电磁辐射防护。所有的家用电器（如电冰箱、电视机等）在使用过程中都会发出电磁辐射。随着 5G 时代的来临，对电磁辐射防护的要求也越来越高。在电器生产过程中增加喷涂吸波材料，能够有效地降低电磁波对人身的危害。

（4）手机、电脑的电磁辐射防护。在科技发展的今天，手机、电脑给人们带来方便的同时，也带来了不容忽视的电磁辐射危害。为了尽可能地减少手机、电脑对人体的辐射，尤其是头部的辐射，设计者们生产过程中会在手机外壳、电脑机箱、电脑显示器内侧喷涂具有吸收功能的吸波涂料将多余的电磁波吸收，这将能够大大降低电磁波的危害。

（5）新兴电动汽车行业的电磁辐射防护。在新能源发展日益得到重视的今天，电动汽车工业作为当今汽车工业的发展方向，越来越受到世界各国的广泛关注。但是电动汽车的电动机产生的物理污染——电磁污染也同样是人类必须解决的棘手问题。电磁波吸收材料能够很大程度上解决这个问题。

1.3　电磁波吸收原理

1.3.1　电磁波理论基础

电磁波由詹姆斯·麦克斯韦于 1865 年预测出来，麦克斯韦方程组［式（1-1）～式（1-4）］揭示了电场与磁场、场与场源、场与介质的相互关系。

$$\nabla \times H(r,t) = J(r,t) + \frac{\partial D(r,t)}{\partial t} \tag{1-1}$$

$$\nabla \cdot E(r,t) = -\frac{\partial B(r,t)}{\partial t} \tag{1-2}$$

$$\nabla \cdot B(r,t) = 0 \tag{1-3}$$

$$\nabla \cdot D(r,t) = \rho(r,t) \tag{1-4}$$

除了上述方程组外，还需要有媒质的本构关系式［式（1-5）］才能解决物理场的求解问题。

$$D = \varepsilon E \quad B = \mu H \quad J = \sigma E \tag{1-5}$$

式中，ε 表示媒质的介电常数，μ 表示媒质的磁导率，σ 表示媒质的电导率。

当电磁波进入到材料体内，由于吸波体的阻抗与周围自由空间的阻抗不匹配，在材料与空气的界面处电磁波会发生反射。除反射波之外，透射波在材料体内进行传播。在传播过程中，电磁波与材料发生相互作用而引起能量损耗。电磁波与介质材料相互作用参数主要是介电常数 ε 和磁导率 μ。对于类似静电场或静磁场的简单情况而言，电感应强度 D、磁感应强度 B 与电场强度 E 和磁场强度 H 之间的关系为

$$D = \varepsilon E \tag{1-6}$$

$$B = \mu H \tag{1-7}$$

电磁波在介质材料中的感应电流密度 I 与电场强度 E 的关系为

$$I = \sigma E \tag{1-8}$$

式中，σ 为材料的电导率。

当电磁波在无限介质中进行传播时，阻抗 Z 为

$$Z = \frac{|E|}{|H|} = \left(\frac{\mu}{\varepsilon}\right)^{\frac{1}{2}} \tag{1-9}$$

当电磁波通过阻抗为 Z_0 的自由空间入射到阻抗为 Z_i 的介质材料界面上时，一些电磁波被反射，其他一些电磁波进入材料体内。材料的反射系数为

$$R = \frac{Z_0 - Z_i}{Z_0 + Z_i} \tag{1-10}$$

式中，$Z_0 = \sqrt{\mu_0 / \varepsilon_0}$，$Z_i = \sqrt{\mu_i / \varepsilon_i}$，$\mu_0$ 和 ε_0 分别为自由空间的磁导率和介电常数，μ_i 和 ε_i 分别为介质材料的磁导率和介电常数。由公式(1-10)可知，若求电磁波无反射，需满足条件 $Z_0 = Z_i$，即

$$\sqrt{\frac{\mu_0}{\varepsilon_0}} = \sqrt{\frac{\mu_i}{\varepsilon_i}} \tag{1-11}$$

所以，为了达到电磁波完全无反射，需要吸波材料的相对磁导率 μ_r 接近于其相对介电常数 ε_r。要达到高的吸波性能要求，需要在尽可能宽的测试频率内，保持 $\mu_r \approx \varepsilon_r$。但是，实际上目前尚未发现符合上述条件的吸波材料。

通常情况下，介质材料的介电常数 ε 和磁导率 μ 具有复数特征：

$$\varepsilon = \varepsilon' - j\varepsilon'' \tag{1-12}$$

$$\mu = \mu' - j\mu'' \tag{1-13}$$

式(1-12)和式(1-13)中，实部 ε' 和 μ' 表征了材料的储能容量，如电能和磁化能；虚部 ε'' 和 μ'' 表征了材料对电磁波的损耗能力，即材料的吸波能力。介质的复介电常数和复磁导率均与材料的组分有很大关系，不同的吸波材料具有不同的介电频谱和磁频谱。

电磁波在吸波材料中传播时，引起介质的极化弛豫损耗和共振吸收，电磁波能量将被吸收衰减，进而转化成热能的形式发散掉。电磁波吸收材料内部的电偶极矩和磁偶极

矩,在外加电场或磁场条件下发生了位移,宏观上表现为极化、磁化现象,通过分子的运动把电磁波能量转化为热能而消耗掉,是解决电磁辐射问题的一种很有效的途径。电损耗型吸收材料对于电磁波能量的吸收是由于极化过程中的电介质损耗,即由复介电常数 $\varepsilon = \varepsilon' - j\varepsilon''$ 中虚部 ε'' 引起;磁损耗型吸波材料对于电磁波能量的吸收是由于磁化过程中磁介质损耗,即由复磁导率 $\mu = \mu' - j\mu''$ 中虚部 μ'' 所致。

电磁波进入材料后,会被吸波材料衰减,衰减能力影响材料的吸波性能。一般而言,衰减能力可以用衰减常数(α)表示,其形式如下式:

$$\alpha = \frac{\sqrt{2}\pi f}{c} \times \sqrt{(\mu''\varepsilon'' - \mu'\varepsilon') + \sqrt{(\mu''\varepsilon'' - \mu'\varepsilon')^2 + (\mu'\varepsilon'' + \mu''\varepsilon')^2}} \quad (1-14)$$

式中,α 为衰减常数,f 和 c 分别为光的频率和速度。

从上式可以看出 ε'、ε''、μ' 和 μ'' 越大,衰减常数就越大。但是衰减常数并不是唯一的衡量材料吸波性能的参量,材料需要同时具备低的反射率和高的吸收率,即要求有好的阻抗匹配特性,使得入射电磁波能够在材料表面的反射系数达到最小,最理想状态是 $R = 0$。介质对微波的反射与传输特性是由介质的电磁参数决定的,假设吸波材料的介电常数和磁导率分别为 ε_r 和 μ_r,根据传输线理论可以导出单层吸波材料对于垂直入射电磁波的反射系数,见式(1-15)和式(1-16)。

$$\Gamma = \frac{Z_{in} - Z_0}{Z_{in} + Z_0} \quad (1-15)$$

$$Z_{in} = Z_0 \sqrt{\frac{\mu_r}{\varepsilon_r}} \tanh\left(j\frac{2\pi f d\sqrt{\mu_r\varepsilon_r}}{c}\right) \quad (1-16)$$

式中,Z_{in} 称为材料的吸波材料阻抗,Z_0 为自由空间的阻抗($Z_0 = 376.7\ \Omega$ 为空气阻抗),当 $Z_{in} = Z_0$,材料与自由空间波阻抗匹配,材料对电磁波的反射为零。另外,f 为频率,c 为光速,d 为吸收层厚度。

衡量材料的吸波性能,目前比较常用的方法是利用传输线理论对材料的吸波性能进行计算,反射损耗(RL)如式(1-17)。

$$RL = 20\log|\Gamma| \quad (1-17)$$

当 RL 小于-10 dB 时,90%的电磁能量被耗散;当 RL 小于-20 dB 时,99%的电磁能量被耗散。根据上述方程,吸收体的电磁吸收特性与复相对介电常数和磁导率密切相关。当入射波进入材料时,吸收器将其转化为热量或其他形式的能量来消散电磁波。一般情况下,当材料发生损耗时,材料内部会发生极化和磁化。其中,介电常数实部(ε')和磁导率实部(μ')表示电磁能的存储能力。而介电常数虚部(ε'')和磁导率虚部(μ'')则表示电磁能的损耗能力。此外,材料的损耗因子($\tan\delta$)在一定程度上代表了材料的损耗能力。损耗系数表示为

$$\tan\delta = \tan\delta_\varepsilon + \tan\delta_\mu = \frac{\varepsilon''}{\varepsilon'} + \frac{\mu''}{\mu'} \quad (1-18)$$

式中,$\tan\delta_\varepsilon$ 为材料的介电损耗系数,$\tan\delta_\mu$ 为材料的磁损耗系数。此外,良好的阻抗匹配是测量材料电磁波吸收性能的另一个参考。材料的阻抗匹配由特性阻抗值($Z = |Z_{in}/Z_0|$)计算。科学家们希望 Z 值无限接近 1,这样更多的电磁波就可以进入材料,而不是在材料表面反射。

1.3.2 电磁波损耗机制

吸波材料的损耗机理可分为三类。但是在追求轻质、宽频、强吸收和多功能复合吸波材料的趋势下,单一损耗类型的吸波材料已经不能满足需求,多重电磁波损耗机制复合的电磁波吸收材料日益增多。

(1)介电损耗。介电损耗与电极化有关。电介质在电磁场作用下,可以发生一系列极化形式,比如电子云位移极化、离子位移极化、原子团电矩转向极化、极性介质电矩转向极化、铁电体电畴转向极化以及缺陷偶极子极化等极化行为。因此,介电损耗主要依靠电子极化或界面效应来衰减吸收电磁波,包括界面极化、介质极化、分子极化、离子极化以及弛豫等电磁损耗机制。入射到吸波材料内部的电磁波能量可以通过电损耗来耗散,将电磁能转换为热能。电损耗机制主要包括电导损耗、介电弛豫损耗和共振损耗等。存在于吸波材料中的导电载流子在电场作用下定向移动形成传导电流,该电流引起电导损耗,从而使电磁波以焦耳热的形式被消耗。电导损耗材料包括碳纳米管、石墨烯、石墨、炭黑等导电材料。该类材料的典型特征是具有丰富的自由电子和较高的电导损耗正切角。入射到电导率较高的材料表面电磁波会受到"趋肤效应"的制约,导致高频振荡趋肤电流在吸波材料表面产生,使电磁波的反射增强,阻碍电磁波进入到吸波材料的内部,不能完成电磁波的衰减。频率、磁导率和电导率的增大会使吸波材料的趋肤深度减弱。因此,电导率越大吸波材料的性能不一定就越好。事实上,为了使更多的电磁波进入材料内部达到最佳吸波目的,增加"趋肤效应",通过将低电导率的材料包覆在高电导率的材料表面来实现。材料的电导率通常控制在 $0.1 \sim 10$ s/m 的范围内。电导率较低的介电弛豫损耗吸波材料中几乎没有自由电子存在,产生弛豫损耗的原因是材料在电场中的极化跟不上电场的周期性变化。介质极化弛豫损耗能够将电磁能转换为热能,从而使电磁波得到衰减。电解质极化一般有偶极子极化、电子位移极化和离子位移极化等。对于偶极子极化,当外电场频率较高时,偶极子极化可以提高吸波材料的弛豫损耗。电介质中电偶极子随周期性变化的交变电场变化,随着电场频率的增加,电偶极子的变化逐渐跟不上电场频率的变化,导致滞后现象进而达到一个极限。在电偶极子的反复转向中获得弛豫过程进而产生电磁波的衰减。谐振损耗由共振效应引起,该效应发生在红外光线到紫外光线的光频范围内。共振效应是由原子、离子、电子的振动或转向引起的。光是电磁波,其在连续介质或真空中传播的速度及在介质中的折射率都取决于频率。当折射率随频率变化时会发生色散现象,同时材料会吸收光,也存在着能量的损失。

(2)磁损耗。磁损耗与动态磁化过程有关。材料在反复磁化的过程,会发生磁滞、磁畴转向、畴壁位移、磁畴自然共振等现象。磁损耗在交变电磁场中的损耗机制主要包括磁滞损耗、涡流损耗和剩余损耗等,依靠磁极化机制来吸收、衰减电磁波。具有磁损耗的典型吸波材料有铁氧体、磁性金属合金和磁性金属 Fe、Co、Ni 等。磁滞损耗是利用磁畴的不可逆转动或畴壁的不可逆位移产生的磁感应强度的变化落后于磁场强度变化,该现象称为磁滞效应。磁损耗与材料性质、瑞利常数和磁导率有关。涡流损耗是指铁磁体处在交变磁场中,其内部的磁通量及磁感应强度将随交变磁场发生改变,从而产生一个环形感生电流垂直于磁通量,该电流称为涡流。反之,这种涡流又会激发影响原磁通量变化的磁场,从而引起铁磁体的实际磁场始终滞后于外加磁场,导致磁化滞后效应。复磁导率也会受到涡流的影响。由于涡流的产生,导体材料会发热,导致能量损耗。剩余损耗是指除了上述两种损耗以外的其他损耗部分,主要由畴壁共振和磁后效损耗产生的,外加磁场的振幅、频率及吸波材料的弛豫时间决定了剩余损耗的大小。磁损耗在交变电磁场中的损耗机制主要包括磁滞损耗、涡流损耗和剩余损耗等,依靠磁极化机制来吸收、衰减电磁波。

(3)电阻型损耗。电阻损耗与材料电导率有关。依据法拉第电磁感应定律,在交变电磁场中的电介质会产生宏观的感应电流,电介质的电阻将电能转化为热能,从而达到损耗电磁波能量的目的。高导电材料的载流子迁移有利于更多的电磁波能量转变为热能,典型的材料如金属、碳材料(碳纳米管、碳纤维、炭黑和石墨烯等)和导电聚合物。吸波体的电导率越大,在电磁波激发下,电子和载流子会产生较大涡流,有利于电磁能转换为热能。但是,对于高导电的材料,入射电磁波将在材料表面产生高频振荡趋肤电流,电导率越高,趋肤深度越小,从而引起强反射。因此,尽管高导电材料具有极高的介电损耗,但是由于差的阻抗匹配特性,并不能单独作为吸波材料使用。通常会将高导电材料作为损耗相与透波材料复合,以优化材料的阻抗匹配,增加入射电磁波的比例,增大材料的有效吸收带宽。

1.4 电磁波吸收材料的设计机理

吸波材料的目的是对入射电磁波的吸收并减少反射。电磁波入射到材料表面并进入到材料内部,通过诱发与材料的物理反应或者化学反应,从而将电磁能消耗掉,这就要求吸波材料尽可能避免或降低电磁波在材料表面的反射。众所周知,任何吸波材料都主要由吸波剂和透波剂构成,透波剂构筑电磁波的传播通道,吸波剂承担吸收电磁波的功能。设计吸波材料时要满足以下两点:一是能够使电磁波尽可能地进入吸波材料的内部空间,即材料体系满足界面处阻抗匹配;二是当电磁波传播到吸波材料中后,吸波剂应该有较高的电磁损耗能力,即材料体系要具有良好的损耗特性。

良好的阻抗匹配和电磁损耗是设计吸波材料的基本思想。吸波剂只有在电磁波传输到的地方才能发挥其吸波功效,吸波剂与透波剂的比例、分布、性能差异等因素决定了吸波材料的阻抗匹配和吸波效能。

基于以上两个标准,为了获得最佳的吸波性能,电磁波必须进入吸波材料。因此,必须提高入射率,降低反射率。有两种成熟的方法可以做到这一点。

(1) 1/4 波长吸收原理。当吸收层厚度为波长的 1/4 的奇数倍时,第一反射与第二反射的相位差正好为 180°。根据波的干涉原理,它们将完全抵消,全反射波将被极大地衰减。

(2)使介质表面对电磁波的反射系数为零。如果电磁波在材料表面没有反射,则需要 ε_r 与 μ_r 近似相等,即满足阻抗匹配。此外,如何改善材料的电磁损耗,将电磁波能量转化为热能或其他形式的能量是设计吸波材料时的关键因素之一。

无论是材料的损耗能力、阻抗匹配特性,还是反射损耗值都与材料的复介电常数和复磁导率有着密切的关系,合理调控电磁参数可以优化阻抗匹配特性,进而提升材料的吸波能力,而电磁参数是物质的本身性质,与其微观结构和材料组成有关,所以合理设计电磁波吸收材料就是要从微观结构和组成上进行改良。另外,设计吸波材料时需要综合考虑多种损耗机制,磁损耗与电损耗协同吸波机理研究是提高吸波性能的理论基础。目前单一类型的吸波材料,很难同时满足衰减特性和阻抗匹配特性,但是如果把具有不同特点的单一材料设计组合在一起,利用它们的协同效应,在尽可能匹配的情况下,通过调节电磁参数,可以有效地提高材料的电磁吸收能力。

1.5 电磁波吸收材料的分类

目前,吸波材料种类很多,按照不同分类标准,主要有以下几种分类方法。

(1)按承载能力和材料成型工艺,吸波材料可以分为结构型吸波材料和涂覆型吸波材料两大类。

1)结构型吸波材料既可以作为结构件承载,也能有效吸收电磁波,具备高强质轻的特点。其结构形式有蜂窝状、角锥状和波形状等,采用层压平板型或蜂窝夹层型双功能复合材料,实现了承载与吸波的"结构-功能一体化",但因力学性能限制和成型工艺复杂而影响其应用。

2)涂覆型吸波材料通过把吸波材料作为一种填料和其他黏结剂混合做成目标物涂层,从而达到对电磁波的有效吸收,一般由吸波剂、黏结剂和其他添加剂组成,吸收剂粉体通常会被分散于环氧树脂、橡胶等有机基体中使用,吸波剂的性能直接决定了涂层的吸波性能。相对于结构型吸波材料,涂覆型吸波材料具有工艺简单、使用方便、易于调解、可设计性强等一系列优点。

(2)按电磁波吸收原理不同,吸波材料可以分为吸收型和干涉型两大类。

1)吸收型吸波材料主要是由于材料本身对电磁波的损耗吸收高,通过材料与电磁波相互作用,发生系列物理现象实现电磁波吸收。

2)干涉型吸波材料是利用电磁波干涉原理设计的,当吸波材料的厚度为垂直入射电磁波波长的1/4的奇数倍时,入射波和反射波振幅相等、相位差180°,产生的干涉现象使总的反射波能量大量衰减。干涉型吸波材料主要是多层材料,电磁波入射到多层吸波材料表面时所产生的反射波经过材料内部多层的折射和传输,实现多次吸收和干涉抵消,得到比单层吸波体更好的吸波效果。

(3)按电磁波耗损机理,吸波材料可分为电介质型、磁介质型以及复合型三大类,下边将分别详细介绍。

1.5.1 电介质型吸波材料

电介质型吸波材料,以介电损耗为主要吸波机理。介电损耗是指含有导电载流子的电介质在交变电场中产生导电电流,消耗部分电能转化为热能的现象。电介质型吸波材料一般情况下具有较高的介电损耗角正切值,电导率较高,在外加变化电磁场作用下产生诱导电流,被转化为热能而促进电磁损耗,电磁损耗程度一般通过复介电常数的虚部衡量。电介质型吸波材料主要依靠电子极化或界面效应来衰减吸收电磁波,包括介质极化、分子极化、离子极化、界面极化以及弛豫等电磁损耗机制。目前常用的电介质型吸波材料主要有钛酸钡、导电高聚物、陶瓷粉末和碳材料等。

钛酸钡具有极高的介电常数,是研究较多的电介质型吸波剂。钛酸钡具有压电性质,电磁损耗主要是电导损耗和极化弛豫损耗。然而,钛酸钡材料临界温度较低使其在高于临界温度下工作时,易失去弛豫铁电性能,从而失去电磁波吸收能力,这一点限制了钛酸盐的实际应用。

导电高聚物具有相对高的导电性、低密度、原料易得、加工性好和环境稳定性好等特点,研究者主要开发出了聚苯胺、视黄基席夫碱等导电高聚物吸波材料。但想要获得优异的吸波性能,必须与其他类的吸波材料复合。

陶瓷粉末一般具有较高的介电常数,可以通过成分设计实现在较宽的范围内调节其介电性能,另外还具有强度高、高温稳定性好、密度小等优点,通常可作为轻质高温吸波材料。吸波涂层陶瓷有 SiC、Al_2O_3、Si_3N_4 等,应用较广的是 SiC 粉末或 SiC 纤维。

碳材料由于其质轻、导电性好和易于获得等优点,被广泛用于吸波领域(如石墨、碳纤维、碳纳米管、石墨烯、石墨烯气凝胶等),其电磁损耗机理主要是介电损耗和涡流损耗。但由于其具有优良的导电性,会使阻抗匹配性不好,从而影响其吸波性能,通过与磁性物质的复合提高阻抗匹配性,构筑多重损耗机制是提高碳材料吸波性能的有效途径。碳材料包括种类繁多,本书第 2 章将主要介绍石墨烯、石墨烯气凝胶、碳纳米管等碳质材料的制备及吸波性能。

1.5.2 磁介质型吸波材料

磁介质型吸波材料主要是通过磁滞损耗、畴壁共振以及自然共振等磁效应对电磁波进行衰减,一般具有较高的磁损耗角正切。目前常用的磁介质型吸波材料主要有铁氧体、磁性金属微粉(Fe、Co、Ni 及其合金)和羰基铁等。

磁性金属材料通常具有较高的饱和磁化强度,因此在高频(1 GHz ~ 18 GHz)下具有较高的磁导率,可广泛应用于制备轻薄高效的吸波材料。但是,金属材料通常具有较高的导电性,由于交变电磁场引起的涡流损耗使得金属材料的磁导率在频率升高时迅速降低,电磁波只能穿透近表面区域,这通常称为趋肤效应。趋肤深度用式(1–19)表示

$$\delta = \sqrt{\frac{1}{f\pi\mu\sigma}} \tag{1-19}$$

式中,f 为频率;μ 为磁导率;σ 为电导率。

由上式可知,趋肤深度与所测的频率、磁导率、电导率有关。如何提高磁性金属的吸波性能是亟待解决的问题。

铁氧体是研究最早和最广泛的吸波材料,具备较高的磁导率和较低的电导率,其开发应用比较成熟,但因密度太大而限制其应用。现在研究者一般将其与介电损耗型材料复合,降低密度的同时提高吸波性能。

磁性金属微粉的介电常数和磁导率都比较高,磁性比一般铁氧体强,主要通过磁滞损耗、自然共振等来吸收和损耗电磁波,对电磁波具有吸收、透过和极化等多重功能,同时具有阻抗匹配较好、结构易于调控和制备方法多样等优点,是吸波材料的主要发展方向之一。

1.5.3 复合型吸波材料

复合型吸波材料一般包括二元或多元复合材料,同时具有两种或两种以上的电磁波损耗机制协同吸波。大多数单相吸波材料都是一种损耗机制为主,其他损耗机制为辅,故吸波效果难于满足使用要求。复合型吸波材料的多种界面易于产生界面极化,性能差异的组元能够实现电介质损耗、磁介质损耗等多种损耗机制的协同作用,具有良好的阻

抗匹配,达到宽频高效的吸波效果。目前大多研究都偏重于此类吸波材料,复合型吸波材料也是未来吸波材料的发展趋势。

参考文献

[1] 赵灵智,胡社军,李伟善,等. 吸波材料的吸波原理及其研究进展[J]. 现代防御技术,2007,35(1):27-31.

[2] 胡传忻. 隐身涂层技术[M]. 北京:化学工业出版社,2004.

[3] 赵东林,沈曾民. 炭纤维结构吸波材料及其结构设计[J]. 兵器材料科学与工程,2000,23(6):51-57.

[4] 杨国栋,康永,孟前进. 微波吸波材料的研究进展[J]. 应用化工,2010,39(4):584-589.

[5] 郭晓琴. 磁性纳米粒子负载石墨烯的结构调控及吸波机理研究[D]. 郑州:郑州大学,2017.

[6] GU X, ZHU W, JIA C, et al. Synthesis and microwave absorbing properties of highly ordered mesoporous crystalline $NiFe_2O_4$ [J]. Chemical Communications, 2011, 47(18): 5337-5339.

[7] DU L, DU Y C, LI Y, et al. Surfactant–Assisted solvothermal synthesis of $Ba(CoTi)_x Fe_{12-2x}O_{19}$ nanoparticles and enhancement in microwave absorption properties of polyaniline [J]. The Journal of Physical Chemistry C, 2010, 114(46):19600-19606.

[8] ZHANG X, LI Y, RAO Y, et al. High–magnetization FeCo nanochains with ultrathin interfacial gaps for broadband electromagnetic wave absorption at gigahertz [J]. ACS Applied Materials & Interfaces, 2016, 8(5):3494-3498.

[9] ZHAO H B, FU Z B, CHEN H B, et al. Excellent electromagnetic absorption capability of Ni/carbon based conductive and magnetic foams synthesized via green one pot route [J]. ACS Applied Materials & Interfaces, 2016, 8(2):1468-1477.

[10] BAI X, ZHAI Y, ZHANG Y, et al. Green approach to prepare graphene–based composites with high microwave absorption capacity [J]. The Journal of Physical Chemistry C, 2021, 115(23):11673-11677.

[11] WANG L B, LIU H, LV X L, et al. Facile synthesis 3D porous MXene $Ti_3C_2T_x$ @ RGO composite aerogel with excellent dielectric loss and electromagnetic wave absorption [J]. Journal of Alloys and Compounds, 2020, 828:154251.

[12] ZHAO B, LI Y, ZENG Q W, et al. Growth of magnetic metals on carbon microspheres with synergetic dissipation abilities to broaden microwave absorption [J]. Journal of Materials Science & Technology, 2022, 107(30):100-110.

[13] FANG Y, WANG W J, WANG S, et al. A quantitative permittivity model for designing electromagnetic wave absorption materials with conduction loss: A case study with microwave – reduced graphene oxide [J]. Chemical Engineering Journal, 2022, 439:135672.

[14] ZHANG H, XIE A J, WANG C P, et al. Novel rGO/Fe_2O_3 composite hydrogel: synthesis, characterization and high performance of electromagnetic wave absorption [J]. Journal of Materials Chemistry A, 2013, 1:8547−8552.

[15] LI J W, WEI J J, PU Z J, et al. Influence of Fe_3O_4/Fe−phthalocyanine decorated graphene oxide on the microwave absorbing performance [J]. Journal of Magnetism and Magnetic Materials, 2016, 399:81−87.

[16] PAN B L, HUANG Y. Decoration of reduced graphene oxide with polyaniline film and their enhanced microwave absorption properties[J]. Polymer Research, 2014, 21:430.

[17] XIN L L, XIAO W Y, CHANG Q S, et al. Self − assembly core − shell graphene − bridged hollow MXenes spheres 3D foam with ultrahigh specific EM absorption performance [J]. Advanced Functional Materials, 2018, 28:1803938.

[18] YANG Y N, XIA L, ZHANG T, et al. Fe_3O_4@LAS/RGO composites with a multiple transmission − absorption mechanism and enhanced electromagnetic wave absorption performance [J]. Chemical Engineering Journal, 2018, 352:510−518.

[19] SUPING L, YING H, XIAO D, et al. Synthesis of core−shell FeCo@SiO_2 particles coated with the reduced graphene oxide as an efficient broadband electromagnetic wave absorber [J]. Journal of Materials Science Materials in Electronics, 2017, 28(21):1−8.

[20] CAO M S, WANG X X, CAO W, et al. Thermally driven transport and relaxation switching self−powered electromagnetic energy conversion [J]. Small, 2018, 14:180−187.

[21] SHU J C, CAO M S, ZHANG M, et al. Molecular patching engineering to drive energy conversion as efficient and environment−friendly cell toward wireless power transmission [J]. Advanced Functional Materials, 2020, 30:190−200.

[22] SUN H T, ZHANG S, DENG H Y, et al. Microwave absorption properties of porous Co/C nanofibers synthesized by electrospinning [J]. Materials Science Forum, 2020, 97:133−138.

[23] QIAO M, WEI D, HE X, et al. Novel yolk−shell Fe_3O_4@void@SiO_2@PPy nanochains toward microwave absorption application [J]. Materials Science, 2021, 56:1312−1327.

[24] WU H, ZHANG R, LIU X, et al. Electrospinning of Fe, Co, and Ni nanofibers: synthesis, assembly, and magnetic properties [J]. Chemistry of Materials, 2007, 19(14):3506−3511.

[25] WU H, WANG L, GUO S, et al. Electromagnetic and microwave – absorbing properties of highly ordered mesoporous carbon supported by gold nanoparticles [J]. Materials Chemistry & Physics,2012,133(23):965-970.

[26] FU L S,JIANG J T,XU C Y,et al. Synthesis of hexagonal Fe microflakes with excellent microwave absorption performance [J]. Cryst Eng Comm, 2012, 14 (20): 6827-6832.

[27] YAN L,WANG J,HAN X,et al. Enhanced microwave absorption of Fe nanoflakes after coating with SiO_2 nanoshell [J]. Nanotechnology,2010,21(9):095708.

[28] GUO Z X,XIAO L S,BAO S Z,et al. Microstructure and electromagnetic properties of flake-like Nd-Fe-B nanocomposite powders with different milling times [J]. Powder Technology,2011,210(3):220-224.

[29] WATTS P C P,HSU W K,BARNES A,et al. High permittivity from defective multiwalled carbon nanotubes in the X-Band [J]. Advanced Materials,2003,15(7-8):600-603.

[30] MU G H, CHEN N, PAN X F, et al. Microwave absorption properties of hollow microsphere/titania/M-type Ba ferrite nanocomposites [J]. Applied Physics Letters, 2007,91(4):3110.

[31] ZHANG Q,LI C F,CHEN Y N,et al. Effect of metal grain size on multiple microwave resonances of Fe/TiO_2 metal-semiconductor composite [J]. Applied Physics Letters,2010, 97(13):133115.

[32] LV H, ZHANG H, JI G, et al. Interface strategy to achieve tunable high frequency attenuation [J]. ACS Applied Materials & Interfaces,2016,8(10):6529-6538.

[33] KURLYANDSKAYA G,BHAGAT S,LUNA C,et al. Microwave absorption of nanoscale CoNi powders [J]. Journal of Applied Physics,2006,99(10):104308.

[34] FENG J, PU F, LI Z, et al. Interfacial interactions and synergistic effect of CoNi nanocrystals and nitrogen-doped graphene in a composite microwave absorber [J]. Carbon,2016,104:214-225.

[35] LV R,KANG F,GU J,et al. Carbon nanotubes filled with ferromagnetic alloy nanowires: lightweight and wide-band microwave absorber [J]. Applied Physics Letters,2008,93 (22):223105.

[36] HAN Z,LI D,WANG H,et al. Broadband electromagnetic-wave absorption by FeCo/C nanocapsules [J]. Applied Physics Letters,2009,95(2):023114.

[37] REN L,HUI K S,HUI KN. Self-assembled free-standing three-dimensional nickel nanoparticle/graphene aerogel for direct ethanol fuel cells [J]. Journal of Materials Chemistry A,2013,1(18):5689-5694.

[38] YU Z, YAO Z, ZHANG N, et al. Electric field – induced synthesis of dendritic nanostructured α−Fe for electromagnetic absorption application [J]. Journal of Materials Chemistry A,2013,1(14):4571−4576.

[39] TANG G, JIANG Z G, LI X, et al. Three dimensional graphene aerogels and their electrically conductive composites [J]. Carbon,2014,77:592−599.

[40] WANG C H, DING Y J, YUAN Y, et al. Graphene aerogel composites derived from recycled cigarette filters for electromagnetic wave absorption [J]. Journal of Materials Chemistry C,2015,3(45):11893−11901.

[41] HUANG X D, QIAN K, YANG J, et al. Functional nanoporous graphene foams with controlled pore sizes [J]. Advanced Materials,2012,24(32):4419−4423.

2

电磁波吸收材料研究进展

2.1 碳基吸波材料研究现状

2.1.1 碳基吸波材料概述

碳基材料,如碳纤维、碳纳米管、石墨烯等,因其质量轻、导电性好而被广泛应用于微波吸收领域。单相碳基材料对电磁波的损耗机理是介电损耗,而无磁损耗,这将会影响材料的阻抗匹配,进而影响吸波材料的质量。同时,单一的碳材料由于其优良的性能会引起涡流损耗和阻抗失配。另一方面,这种材料的制备工艺要求高,不利于大规模生产。针对以上特点,碳材料更多的是用来制备成复合材料。此外,众多研究中还报道了碳基气凝胶复合材料和碳基多孔材料。

Zhao 等人利用醋酸(HAc)和过氧化氢(H_2O_2)的简单水热法制备了二维(2D)石墨烯类多孔碳纳米片(GPCN)。与传统石墨烯相比,GPCN 的制备具有成本低、收率高、易于生产等诸多优点,且 GPCN 具有优越的电磁波吸收性能。GPCN 的合成过程如图 2-1 所示,该过程包括 HAc 和 H_2O_2 的水热工艺(关键步骤)和 Ar 气氛下的碳化工艺。整个研究围绕 HAc(A)/H_2O_2(O)相对比对 GPCN 的影响展开,并设计了多项对比实验,得到了15%-A/O-3、20%-A/O-3、25%-A/O-3、30%-A/O-3、40%-A/O-3、50%-A/O-3 等多种样品。

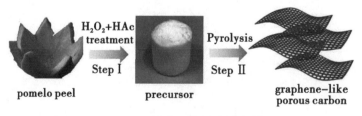

图 2-1　GPCN 的合成路线

　　样品的电磁波吸收性能表明,随着 HAc-H$_2$O$_2$ 溶液质量分数的增加,电磁波的吸收性能明显提高,如图 2-2 所示。在厚度为 2.1 mm、3.0 mm、5.0 mm、5.0 mm、2.3 mm、2.1 mm 时,15%-A/O-3、20%-A/O-3、25%-A/O-3、30%-A/O-3、40%-A/O-3、50%-A/O-3 的 RL$_{min}$ 值分别为-16.5 dB、-25.4 dB、-20.1 dB、-32.7 dB、-56.5 dB、-23.0 dB。当厚度为 2.3 mm 时,RL$_{min}$=-56.5 dB,有效吸波宽度(EAB)为 6.4 GHz 时,40%-A/O-3 的电磁波吸收性能最好。与目前较流行的碳材料相比,40%-A/O-3 具有显著的吸波性能。

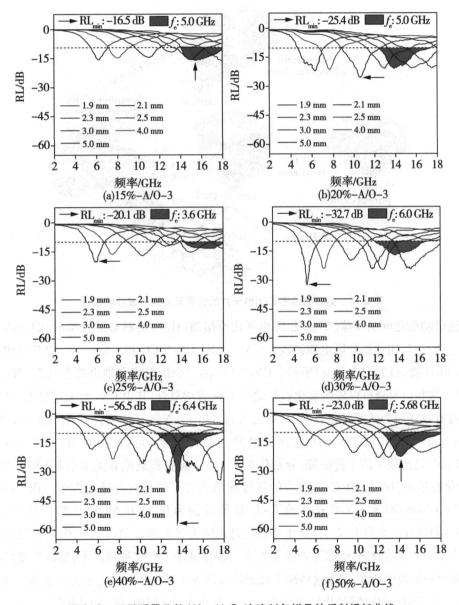

图 2-2　不同质量分数 HAc-H$_2$O$_2$ 溶液制备样品的反射损耗曲线

　　GPCN 的形成机理和电磁波吸收机理如图 2-3 所示。在形成过程中,HAc 和 H_2O_2 发挥了不同的作用,HAc 的作用是去皮,而 H_2O_2 的主要贡献是在基材表面产生更多的孔隙,在整个生产过程中,HAc 和 H_2O_2 共同完成材料的制备,并最终形成三维骨架结构。针对电磁波的吸收机理做如下解释:首先,独特的多孔三维结构在外加磁场作用下可以形成更多的界面和界面极化。其次,H_2O_2 的作用使得材料中含有更多的含氧官能团作为偶极位点,形成更多的缺陷,导致偶极极化。最后,材料本身所具备的导电性,可使其在交变磁场引起导电损耗,提高微波衰减能力。

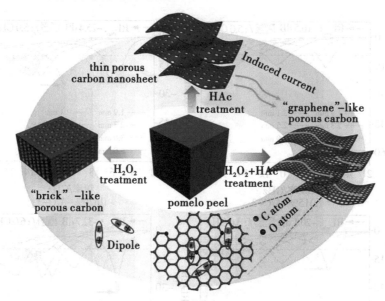

图 2-3　类石墨烯多孔碳纳米片的合成及增强微波吸收机理

　　通过功能化碳纳米球(CNs)和还原氧化石墨烯(rGO)层制备了三明治状 CNs@rGO 纳米复合材料,用作高性能电磁波吸收材料。CNs、CNs@GO 和 CNs@rGO 的 X 射线衍射图谱(XRD 谱图)如图 2-4(a)所示。CNs@GO 的三个衍射峰分别出现在 9.5°、20.7° 和 26.6°。这些衍射峰可以表明氧化石墨烯与 CNs 成功复合,其中 CNs 为无定形态,氧化石墨烯被有效还原为还原氧化石墨烯,即成功制备出了 CNs@rGO 复合材料。图 2-4(b)为 CNs、CNs@GO 和 CNs@rGO 复合材料的拉曼光谱图,可以看出,在 1 350 cm^{-1} 和 1 590 cm^{-1} 处出现了两个特征峰,分别代表 D 峰(由碳材料缺陷和无序引起)和 G 峰(由 sp^2 杂化石墨碳引起)。$D/G(I_D/I_G)$ 的强度比值代表了碳材料的缺陷程度。图 2-4(b)中,CNs、CNs@GO 和 CNs@rGO 的 I_D/I_G 比值分别为 0.50、0.56 和 0.87。结果表明,CNs@rGO 具有较高的 I_D/I_G,这是由于煅烧过程除去了大部分的含氧基团,并在原来的位置留下了一些空位缺陷,碳原子产生了较多的晶格缺陷。在某种程度上,更高程度的缺陷会影响材料的吸收特性,因为这些缺陷可能导致偶极子极化和促进电磁波的衰减。图 2-4(c)(d)为 CNs@rGO 的形貌图,可以看出,CNs 分布在 GO 层中,形成夹层结构。经过煅烧后,各层的堆积更加紧密,CNs 的支撑作用维持了复合材料的夹层结构。

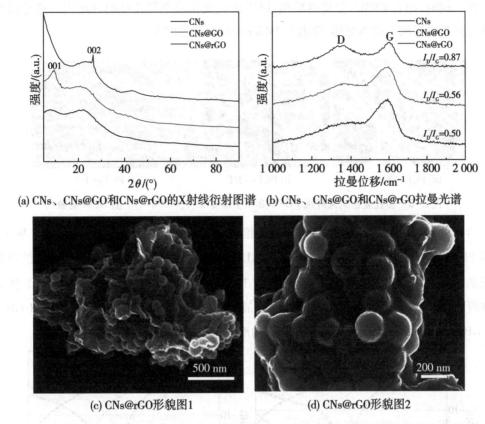

(a) CNs、CNs@GO和CNs@rGO的X射线衍射图谱　(b) CNs、CNs@GO和CNs@rGO拉曼光谱

(c) CNs@rGO形貌图1

(d) CNs@rGO形貌图2

图2-4　CNs、CNs@GO 和 CNs@rGO 的 X 射线衍射图谱、拉曼光谱和 CNs@rGO 形貌图像

所制备的三明治状 CNs@rGO 纳米复合材料具有良好的阻抗匹配特性和多重介电弛豫过程,在厚度为 2.0 mm 时,RL 值为 -33.09 dB;吸波频率为 14.01 GHz 时,有效吸波宽度(EAB)为 5.4 GHz(12.2 GHz ~ 17.6 GHz)。如图 2-5 所示。

研究者们采用静电纺丝法和聚合物共混法制备了多孔 Co/C 复合纳米纤维,并研究了它的吸波性能。在此过程中,得到了 PAN/聚甲基丙烯酸甲酯(PMMA)比例为 3∶1、2∶1 和 1∶1 的多孔复合纳米纤维,分

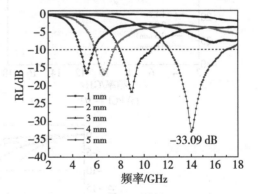

图 2-5　在 2 GHz ~ 18 GHz 频率范围内 CNs@rGO 的 RL 值随厚度的变化

别标记为 PCFs-3/1、PCFs-2/1 和 PCFs-1/1。多孔 Co/C 复合纳米纤维的扫描电镜(SEM)图像如图 2-6 所示。从这些图像中可以看到,PCFs-3/1 和 PCFs-2/1 纤维表面出现了大量的孔洞,而 PCFs-1/1 样品表面出现了断裂。结果表明,PMMA 经过热处理后分解形成孔洞,PAN 分子链经过预氧化后形成稳定的分子结构,高温下通过结晶碳化形成

碳纤维。同时,随着 PMMA 含量的增加,纤维的表面孔隙率和孔径明显增大。这是因为 PMMA 团聚成了较大的团聚体,随着 PMMA 的增加,孔径增大。

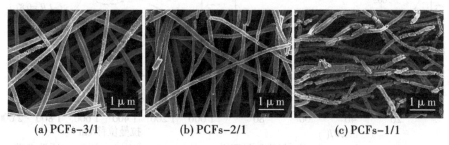

(a) PCFs-3/1　　　　(b) PCFs-2/1　　　　(c) PCFs-1/1

图2-6　多孔复合纳米纤维 PCFs-3/1、PCFs-2/1、PCFs-1/1 的 SEM 图像

由此可知,PMMA 含量的增加是影响纤维形貌和孔径大小的关键。如图 2-7 所示,随着 PMMA 混合比的增加,在相同厚度下,RL_{min} 逐渐增大,这可能是由于纤维孔径的增大造成的。三个样品的 RL_{min} 值分别为-16.8 dB、-21.5 dB、-35.0 dB,EABs 覆盖了整个 X 波段和 Ku 波段。第三种样品的吸波性能最好,在 2.0 mm 时 EAB 分别达到 6.3 GHz、6.2 GHz 和 6.1 GHz。结果表明,多孔结构的形成有效地增强了电磁波的吸收。

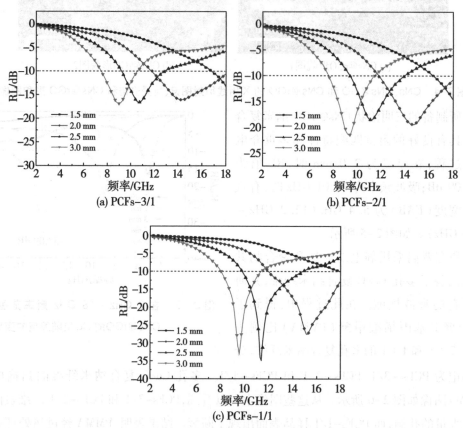

图2-7　不同厚度多孔复合纳米纤维吸波涂层的反射损耗曲线

2.1.2 石墨烯的制备及吸波性能

2.1.2.1 石墨烯概述

石墨烯是近些年来发现的碳元素二维晶体材料,是一种全新的碳纳米材料,与传统碳材料(石墨、金刚石、富勒烯)相比,特殊的单层原子结构使其具有许多独特的物理化学性质,因此受到科学家们的广泛关注和深入研究。在 2004 年之前,石墨烯一直被认为是假设性的结构,无法单独稳定存在。直到 2004 年,石墨烯的首次发现引起了巨大反响,也掀起了科学界的研究热潮。它是通过 sp^2 杂化的方式形成的,而且其厚度非常薄,仅为单层碳原子厚,其理论厚度为 0.35 nm。由于其特殊的结构,当然也具有一系列良好的物理特性,主要在光、电、热、力等方面表现极具特色的性能,是目前发现的强度最高且最薄的二维材料,拥有理论值为 2 630 m^2/g 的超高比表面积。石墨烯特定的结构使其具有如下优点:高的电子迁移率、杨氏模量和导电率,热传导系数高达5 000 $W/(m \cdot K)$,导热性能优异,导热系数比其他材料高一倍以上等。在存储能量、透明电极等方面拥有重要的研究价值和应用前景。

100 年前,由于当时思维上的固化,人们普遍认为这种二维晶体材料并不是真实存在的,因为在室温下其热力学性能极其不稳定,并且当时的人们还把这种二维晶体材料称之为石墨酸。那个年代的人们只是把石墨烯作为解释实验现象的一个抽象的概念,认为它并不能存在于自然界中。直到英国曼彻斯特大学物理学家安德烈·海姆(Andre Geim)和康斯坦丁·诺沃肖洛夫(Konstantin Novoselov)采用胶带反复粘撕高定向热解石墨,第一次从石墨中分离出二维晶体材料,这种新型的二维晶体材料才被大家所熟知。关于石墨烯二维材料的科学研究才开始慢慢地闯入人们的视线,一些科学工作者们开始把研究范围转移到关于石墨烯的力学研究、大量生长石墨烯、化学修饰石墨烯及合成新型材料等领域。

随着批量化生产以及大尺寸等难题的逐步突破,石墨烯的应用越来越广泛,如晶体管、航空航天、感光元件、复合材料、生物等方面。而且产业化应用步伐也正在加快,基于已有的研究成果,最先实现商业化应用的领域可能会是移动设备、航空航天、新能源电池。

2.1.2.2 石墨烯的结构

石墨烯是一种由碳原子以 sp^2 杂化方式堆垛而成的六方点阵蜂窝状二维晶格结构,碳原子之间主要是依靠共价键相连接,进而形成了蜂窝状结构。石墨烯是碳的一种同素异形体。理想的石墨烯结构是有机材料中最稳定的苯六元环结构(如图 2-8 所示),它由六边形晶格组成,其理论比表面积为 $2.6×10^3$ m^2/g。石墨烯是当前发现的最薄的二维材料,同一层内相邻两个碳原子间距为 0.187 nm,单层石墨烯的理论厚度仅为 0.335 nm,相当于人的头发丝直径的二十万分之一。在实际研究中,层数低于 10 层或者含有其他原子(如氮、氧或氢)等类似片层结构,都可以算是二维石墨烯材料。

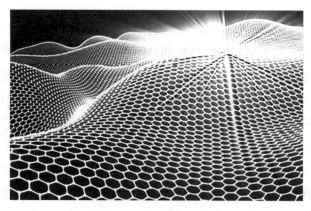

图 2-8　石墨烯结构示意图

石墨烯结构具有极大的比表面积,它能够吸附颗粒,而且具有良好的热稳定性及化学稳定性,因此很适合作为载体来吸附磁性纳米粒子,而且可以有效解决磁性纳米粒子分散性差、易团聚的难题。当处于三维空间时,二维的石墨烯晶体结构为了能够稳定存在,其表面会出现三维褶皱。研究表明,各种方法制备的石墨烯均不是理想平整且完美光洁的二维薄膜,石墨烯能够稳定存在源于其表面存在的大量微观褶皱。石墨烯的结构非常稳定,每个碳原子以 sp^2 杂化形成共价键与另外 3 个碳原子互相连接,并贡献自己剩余 p 轨道上的一个电子而形成大 π 键,其长程 π-π 共轭结构给予石墨烯优异的导电性能。

2.1.2.3　石墨烯的性质

石墨烯具有独特的结构和优异的性能,如高强度、高模量、高导热率、高导电性以及极大的比表面积,而且它还具有室温量子霍尔效应和室温铁磁性等特殊性质,具有很广泛的应用前景和发展潜力。

(1)力学性能。石墨烯的断裂强度达 130 GPa,杨氏模量在 0.5 TPa ~ 1.0 TPa。理想石墨烯的强度相当于普通钢的 100 倍,面积为 1 m^2 的石墨烯层片大约可承受 4 kg 的质量,其力学性能即使在较多结构缺陷存在的情况下也下降不大,如杨氏模量可以依然维持在 0.25 TPa,石墨烯是当前人类已知强度最高的材料。

作为复合材料的添加剂,石墨烯因其表面大量的微观褶皱和制备过程中产生的各种缺陷,能够构成复合材料增强相粗糙的界面,界面结合良好可以显著提高复合材料的力学性能。因此,石墨烯作为一种典型的二维增强材料,在复合材料领域具有潜在的应用价值。

(2)热学性能。石墨烯是一种比金刚石还要硬的二维材料,因其特殊的结构,在高温条件下,它能保持其原有的形态。石墨烯中键能以非常强的碳六元环状态存在,其热稳定性很好,导热率达到5 000 W/(m·K)。

(3)电学性能。石墨烯稳定的晶格结构使碳原子具有良好的导电性、室温量子霍尔效应和室温铁磁性等特殊性质。室温下石墨烯的载流子迁移率高达20 000 cm²/(V·s),同时表现出异常的整数量子霍尔行为,霍尔电导是量子电导的奇数倍。石墨烯的高导电性和热稳定性也进一步支持其在电子器件材料中的应用。

2.1.2.4 石墨烯的制备

目前,研究者主要采用物理法和化学法两大类方法来制备石墨烯。物理法主要包括微机械剥离法和溶剂剥离法等;化学法主要包括氧化石墨还原法、热分解 SiC 法、化学气相沉积法和化学剥离法等。

(1)物理法制备石墨烯

1)微机械剥离法:它是一种借助外部工具将石墨层层剥离的制备方法。2004 年英国曼彻斯特大学的安德烈·海姆领导的研究组采用光刻胶将高定向热解的石墨转移到玻璃衬底上,再用透明胶带反复粘贴,成功制备并观测到了最大宽度可达 10 μm 的石墨烯,之后在该团队进一步研究的过程中,取得了阶段性的进步,获得了单层的石墨烯,并因此在 2010 年获得了诺贝尔物理学奖。这种方法简单可行,易操作,且制备的石墨烯纯度较高,但生产效率很低,尺寸小且层数难以控制,从而难以进行批量化生产,不适于工业化生产,比较适合在实验室进行理论研究。

2)溶剂剥离法:该制备方法主要是将石墨放入具有一定表面张力的剥离溶剂中,然后利用球磨机或超声波的分离作用使分散液溶剂插入到石墨层间,破坏层之间微弱的范德瓦耳斯力,从而实现层层剥离。此方法不会破坏石墨烯的结构,并且所制备的石墨烯具有较高的质量,但尺寸相对较小。研究表明,剥离得到的石墨溶剂的表面张力为 40 ~ 50 mJ/m²,同时在氮甲基吡咯烷酮中石墨烯的产出率高达约 8%。

(2)化学法制备石墨烯

目前,由于化学法制备的石墨烯产率相对较高,所以最常用的制备方法是化学法,但所制备的石墨烯缺陷较多,影响了其原有的优良性能。

1)氧化石墨还原法:此方法是目前应用最广泛的石墨烯制备方法。主要采用 Bordie 法、Saudenmaier 法和 Hummers 法等方法制备氧化石墨,在石墨层边缘处引入大量羧基、羟基等基团,层间引入环氧等含氧官能团,通过超声波振荡得到氧化石墨烯,之后采用水合肼、硼氢化钠或者二甲肼等还原剂还原得到石墨烯。该方法简单易操作,且成本较低,可大量制备石墨烯,适用于规模化生产。但这种方法在氧化的过程中由于破坏了自身的

π共轭结构,以及还原不彻底导致制备出的石墨烯缺陷较多,并且制备过程中大多采用的是强氧化剂和有毒性的还原剂,会对环境造成污染,目前,研究者们主要关注采用绿色还原法制备石墨烯。

2)热分解 SiC 法:此方法是通过加热单晶 SiC,使 Si 原子脱除 SiC,在(001)面上分解得到石墨烯片。具体过程是先对 SiC 单晶表面进行氧化或者氢气刻蚀处理,在高真空下加热分解去除表面氧化物,再加热并保温脱除 SiC 表面的 Si 原子。该方法通常会产生较多缺陷,很难获得质量较好的大面积石墨烯。

3)化学气相沉积法:该制备方法是目前人们最常用的方法之一,所制备出的石墨烯面积大、质量高。该方法的主要制备工艺是将硅片、铜箔等碳原子溶解度很低的基底材料放置于高温可分解的甲烷、乙烯等气氛中,使碳原子沉积在基底表面从而形成石墨烯膜,随后用化学腐蚀法除去基底材料得到石墨烯。该方法最大的优点在于可制备出面积较大的石墨烯膜,它是生产石墨烯薄膜最有效的方法,且某些性能可以与机械剥离法制备的石墨烯相媲美。韩国三星公司的研究人员利用此方法获得了大面积石墨烯(对角线长度为 30 英寸),并成功地将其转移到了 188 μm 厚的聚对苯二甲酸乙二酯薄膜上,制造出石墨烯基触摸屏。虽然采用化学气相沉积法制备的石墨烯可以控制其尺寸和层厚,然而该方法制备的石墨烯的电子性质受衬底的影响很大,成本也较高,制备工艺较为复杂,无法精准控制加工条件,进而极大地限制了其大规模的应用。

4)化学剥离法:通过化学反应,将非碳原子插入到石墨层间,降低层间引力,然后通过化学方法或高温加热使之剥离成石墨烯。Schniepp 等将制备的氧化石墨放在氩气保护的密闭石英管中,迅速加热到 1 050 ℃,维持 30 s,氧化石墨分解产生 CO_2 冲入石墨片层的间隙中,使得片层剥离得到石墨烯。该方法简单易行,易于规模化生产,但是化学反应和超声处理往往会造成石墨烯中碳原子的缺损,得到的石墨烯质量较差而影响其应用。

另外,还有碱金属插层法、超声波剥离法、电化学剥离法、有机合成法等。

石墨烯因具有较强的力学性能、较大的比表面积、较好的热稳定性、质量小等优点,近年来被广泛应用于多领域内,在吸波材料领域也成为研究的热点。本章节中用到的石墨烯,是本课题组采用传统的水热法利用还原剂制得,参照课题组此前的研究,其具体制备过程如下:首先,利用改进的 Hummers 法制备氧化石墨,再将氧化石墨进行超声剥离,进而得到氧化石墨烯。然后,取经过超声剥离后的氧化石墨烯 40 mg 和 30 mL 无水乙醇于小烧杯中,搅拌 20 min;加入 0.1 mol NaOH,继续搅拌 20 min;加入 4 mL 水合肼,搅拌 20 min 后将混合液倒入反应釜中,并将反应釜放入 180 ℃的干燥箱中,保温 12 h;反应结束后,将沉淀在反应釜底部的黑色物质进行水洗、醇洗、离心过滤、真空干燥(60 ℃,12 h)。最后,收集样品并标记。具体制备过程如图 2-9 所示。

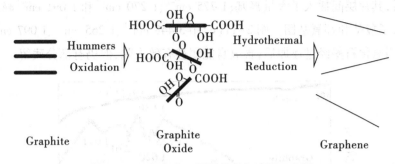

图2-9 还原氧化石墨烯的制备流程示意图

在此反应过程中,NaOH 作为反应的沉淀剂,并为反应提供碱性环境,水合肼作为还原剂,将氧化石墨烯(GO)还原为还原氧化石墨烯(rGO)。具体发生的反应如下:

$$4OH^- + N_2H_4 + GO \longrightarrow rGO \downarrow + N_2 \uparrow + 4 H_2O \qquad (2-1)$$

2.1.2.5 石墨烯的结构表征

图2-10 是石墨、氧化石墨和还原氧化石墨烯的 X 射线衍射谱图。由图 2-10 可知,石墨在 26.6°附近出现一个很尖很强的衍射峰,此峰是石墨(002)面衍射峰,(002)面衍射峰的强度反映了石墨微晶单元的叠层数。很尖很强的衍射峰说明天然鳞片石墨微晶片层空间排列完整。当石墨经高锰酸钾和浓硫酸强氧化后,原有的晶体结构被破坏,(002)面衍射峰会逐渐变弱,峰宽增加,以致消失,在9.8°附近出现氧化石墨的(001)面衍射峰。氧化石墨

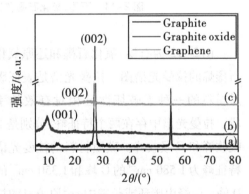

图2-10 石墨、氧化石墨和还原氧化石墨烯的 X 射线衍射谱图

经过超声剥离和还原后,(001)面衍射峰消失,同时,位于25°附近的(002)晶面重新出现,这是由于氧化石墨经过还原,石墨晶体结构的完整性下降,无序度增加,从而出现宽而平缓的特征衍射峰。即氧化石墨被有效地还原。

图2-11 为石墨、氧化石墨和还原氧化石墨烯的红外图谱。由图 2-11 可知,在 3 400 cm⁻¹附近处为羟基(—OH)的振动峰,在 1 600 cm⁻¹附近处为孤立的 —C═C 的振动峰,在 1 700 cm⁻¹附近处为羧基(—COOH)上 —C═O 的振动峰,在 1 200 cm⁻¹附近处对应于环氧基(—C—O—C)中碳氧键的伸缩振动峰,1 050 cm⁻¹附近对应—C—O 键的弯曲振动峰。由图 2-11(a)可知,石墨的红外谱图比较平滑,在 3 446 cm⁻¹、1 630 cm⁻¹附近有两个较弱的特征吸收峰,分别代表—OH 和 —C═C 键;图 2-11(b)是氧化石墨的红外谱图,相对石墨谱图出现了较多的吸收特征峰。其中 3 445 cm⁻¹峰较宽而明显,表明石

墨经氧化后，其片层间插入了大量羟基；1 725 cm^{-1}、1 270 cm^{-1}和 1 091 cm^{-1}峰说明石墨片层上引入了羧基和环氧基团。图 2-11(c)中 3 448 cm^{-1}、1 265 cm^{-1}、1 097 cm^{-1}峰强度减弱，这表明氧化石墨经过还原后，含氧官能团被有效去除，但仍有部分残留。

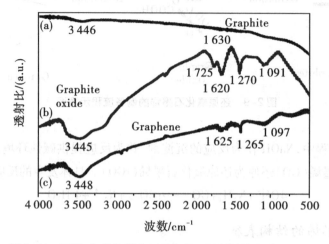

图 2-11　石墨、氧化石墨和还原氧化石墨烯的傅里叶红外图谱

图 2-12 为石墨、氧化石墨和还原氧化石墨烯的拉曼光谱图。拉曼光谱是表征碳质材料的一种无破坏性且相对有效的手段。拉曼光谱中存在两个特征峰，分别是 D 吸收峰和 G 吸收峰。碳质材料的拉曼光谱特征峰为 1 580 cm^{-1}的 G 峰和 1 350 cm^{-1}的 D 峰。G 峰由碳环或长链中 sp^{2}原子对的拉伸运动产生，与 sp^{2}杂化的碳原子的 E$_{2g}$拉曼活性模相关。D 峰由结构缺陷或无序诱导双共振拉曼散射产生，与 A$_{1g}$对称 k 点声子的呼吸模相关。氧化石墨的 D 峰相对石

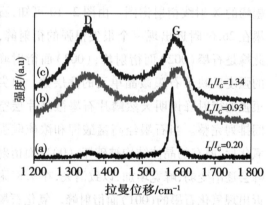

图 2-12　石墨、氧化石墨和还原氧化石墨烯的拉曼光谱图

墨的 D 峰较突出，而 G 峰相对变宽，其峰值有一定程度的偏移。还原氧化石墨烯的 D 峰则表现出急剧的突出现象，G 峰的位置也有一定程度的偏移。特别地，还原氧化石墨烯峰位置的偏移表明了材料内部无序度的增加。I_D/I_G的值则用来表示碳质材料的无序度和缺陷程度。石墨、氧化石墨和还原氧化石墨烯的 I_D/I_G 强度分别为 0.20、0.93 和 1.34，因此可以得出，石墨的晶体结构较为完整，而氧化石墨经水合肼和氢氧化钠还原后，材料的无序度和缺陷增加，这与各样品的 XRD 谱图相对应。

图 2-13 为石墨、氧化石墨和还原氧化石墨烯的扫描电镜图。图 2-13(a)是天然鳞片石墨的 SEM 图，可见其呈碎片状分布，片层较厚。图 2-13(b)是氧化石墨的 SEM 图，

由于石墨在氧化的过程中,在石墨片层间或层边产生大量羟基、羧基和环氧基等含氧官能团,使层间距增大,层间范德瓦耳斯力减弱,表现为碳层周围有明显的褶皱和毛边。图 2-13(c)是还原氧化石墨烯的 SEM 图,在超声剥离作用下氧化石墨片层间的范德瓦耳斯力被大量破坏,剥离成氧化石墨烯,在还原剂的作用下,氧化石墨烯还原转变成透明的、有明显褶皱的、绢丝状的石墨烯。

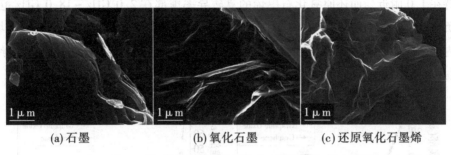

(a) 石墨　　　　　　　　(b) 氧化石墨　　　　　　(c) 还原氧化石墨烯

图 2-13　石墨、氧化石墨和还原氧化石墨烯的扫描电镜图

2.1.2.6　石墨烯的吸波性能

图 2-14(a) ~ (d)展示了石墨、氧化石墨和还原氧化石墨烯的电磁参数(复介电常数 $\varepsilon_r = \varepsilon' - j\varepsilon''$,复磁导率 $\mu_r = \mu' - j\mu''$),其中复介电常数的实部和复磁导率的实部代表了储存电能和磁能的能力;复介电常数的虚部和复磁导率的虚部分别代表了电能损耗和磁能损耗的能力。图 2-14(a)(b)是石墨、氧化石墨、还原氧化石墨烯的复介电常数,在 2 GHz ~ 4.6 GHz 范围内,石墨的 ε' 值随着频率的增大而逐渐减小,在 4.6 GHz 附近处达到最小值,之后随着频率的增大,ε' 值在 11.3 GHz 附近达到最大值;其 ε'' 值随着频率的增大而逐渐减小,在 8.1 GHz 附近达到最小值,之后随着频率的增大 ε'' 值维持在 12 附近。由于频散效应使得石墨的 ε' 值和 ε'' 值随着频率的增加而逐渐减小,极化效应则使得介电常数随着频率的增加而增加,在两种效应的作用下,石墨表现出了较大的介电常数,并产生介电共振峰。氧化石墨的 ε' 值和 ε'' 值在 2 GHz ~ 18 GHz 范围内分别保持在 3.0 和 0.3 附近。石墨经过强酸氧化后得到氧化石墨,氧化石墨中含有大量的含氧官能团,它们既非磁性又非导电性,因此氧化石墨介电常数比较小。还原氧化石墨烯的频率在 2.0 GHz ~ 10.5 GHz 范围内,其 ε' 和 ε'' 值随着频率的增大急剧减小,在 10.5 GHz ~ 18.0 GHz 频率范围内,数值的减小趋势比较平缓,此现象可能是由于共振行为引起的。另外,频率在 2.0 GHz ~ 3.6 GHz 范围内,ε'' 大于 ε',说明此时还原氧化石墨烯具有较高的介电损耗能力;频率在 3.6 GHz ~ 18.0 GHz 范围内,ε' 大于 ε'',说明此时还原氧化石墨烯具有较高的电能储存能力。

图 2-14(c)(d)是石墨、氧化石墨、还原氧化石墨烯的复磁常数,石墨和氧化石墨

的 μ' 和 μ'' 波动较大,而石墨和氧化石墨几乎无磁性,所以磁导率较小。石墨的 μ' 在 5.9 GHz 附近达到最大值,在 11.2 GHz 附近达到最小值。氧化石墨的 μ' 值在 5.2 GHz 附近达到最小值,约为 1.0,随后出现多重峰值,其 μ'' 在 3.2 GHz 附近达到最大值,随后出现多重峰值。以上现象均是由频散效应和极化效应共同作用后的结果。如图 2-14(c)(d) 所示,还原氧化石墨烯的复磁导率实部在 2.0 GHz ~ 18.0 GHz 范围内几乎没有变动,数值保持在 1.0 附近。而还原氧化石墨烯的复磁导率虚部在 2.0 GHz ~ 18.0 GHz 范围内均为负值,负值的出现是由于石墨烯在电磁场的影响和作用下,内部产生电场、磁场,将材料内部的磁能转化为电能,导致石墨烯具有较好的导电性,从而导致材料的磁导率为负值,并对还原氧化石墨烯的吸波性能有一定的影响。

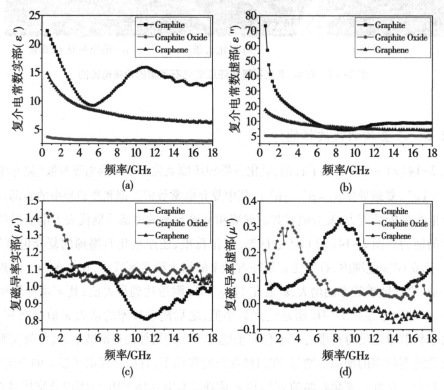

图 2-14 石墨、氧化石墨和还原氧化石墨烯的电磁参数

影响吸波材料吸波性能的因素主要包括介电损耗和磁损耗。基于以上所测试样的复介电常数和复磁导率,可得出石墨、氧化石墨和还原氧化石墨烯的介电损耗角正切值 ($\tan \delta_\varepsilon$) 和磁损耗角正切值 ($\tan \delta_\mu$),如图 2-15 所示。在 2 GHz ~ 8.5 GHz 范围内,石墨的介电损耗角正切值随着频率的增大而减小;随后随着频率的增大而减小,其磁损耗则在 2 GHz ~ 8.5 GHz 范围内随着频率的增大而增大,随后出现小范围的降低,在 9.0 GHz 附近出现低谷,并在 10 GHz ~ 14.8 GHz 范围内随着频率的增大逐渐减小。还原氧化石墨烯在 2.0 GHz ~ 18.0 GHz 范围内具有较高的介电损耗角正切值($\tan \delta_\varepsilon$),其数值在

0.68~1.29 范围内波动,且随着频率的增大,逐渐减小。对于磁损耗角正切值(tan δ_μ),还原氧化石墨烯在 2.0 GHz ~18.0 GHz范围内表现为负值,表面内部产生磁场能量转化为电能。这一现象主要与石墨烯内部的电子极化、界面极化弛豫现象有关。从图中还可以看出,相对于石墨、氧化石墨,还原氧化石墨烯的复磁导率和复介电常数较为接近,故有相对较好的阻抗匹配性。

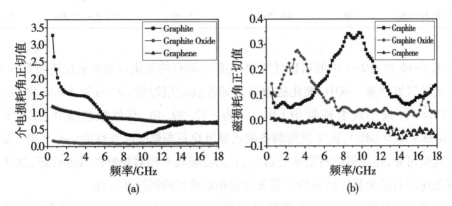

图2-15 石墨、氧化石墨和还原氧化石墨烯的介电损耗角正切值以及磁损耗角正切值

图2-16 是石墨、氧化石墨和氧化还原石墨烯在不同厚度下的微波损耗值。三者具体的吸波性能如表2-1 所示。

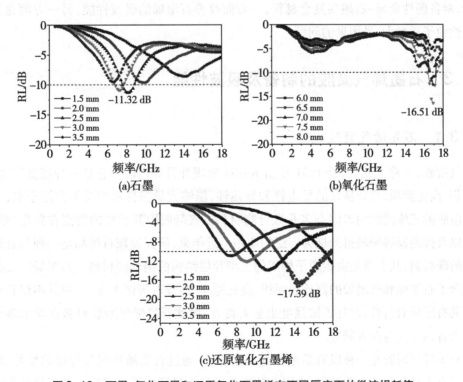

图2-16 石墨、氧化石墨和还原氧化石墨烯在不同厚度下的微波损耗值

表2-1　石墨、氧化石墨、还原氧化石墨烯的吸波性能

样品	吸波厚度 /mm	吸波频率 /GHz	最小反射损耗 /dB	有效吸波范围 /GHz	吸波宽度 /GHz
石墨	2.5	8.11	−11.32	7.57～8.83	1.26
氧化石墨	7.5	16.92	−16.51	16.56～17.1	0.54
还原氧化石墨烯	2.0	14.26	−17.39	12.1～18.0	5.9

由图2-16和表2-1中的信息可知,本实验中制得的氧化石墨和氧化还原石墨烯,均具有一定的吸波性能。其中,氧化还原石墨烯在吸波层厚度(d)为2.0 mm,频率(f)为14.26 GHz时,最小反射损耗值(RL_{min})为−17.39 dB,有效吸波宽度为5.9 GHz(12.1 GHz～18.0 GHz),比文献所制备的还原氧化石墨烯的吸波性能(−6.9 dB)要高出许多。实验可知,还原氧化石墨烯较石墨、氧化石墨具有相对较好的吸波性能,这主要归功于氧化还原石墨烯晶体结构的不完整性和相对较好的阻抗匹配性。

虽然实验制备的还原氧化石墨烯具有相对较好的吸波性能,但是其介电常数比较大,导电性能较好,而优异的导电性能会引起涡流损耗和阻抗的不匹配性,使电磁波大部分停留在材料的表面,不能进入到吸波材料的内部,故很少将石墨烯单独作为吸波剂使用。而改善还原氧化石墨烯吸波性能的有效途径是将石墨烯与具有磁性的金属或合金复合,制备磁性金属-石墨烯复合材料,一方面改善石墨烯的吸波性能,另一方面克服单纯磁性粒子质量大、易团聚的问题。

2.1.3　石墨烯气凝胶的制备及吸波性能

2.1.3.1　石墨烯气凝胶概述

气凝胶,又称干凝胶,是1931年由Kistler发现并且提出的。它是一种超低密度、大孔体积、高比面积,具有良好的导电性和导热性,能够大量保持水而又不会溶于水,并且可以溶胀的三维网状纳米固态多孔聚合物材料。气凝胶因其独特的特点在催化、吸附、储能以及探测器等领域得到极为广泛的应用。近年来,研究发现石墨烯是一种具有优异性能的碳材料,其主要是由碳原子构成的二维片层结构的纳米碳材料。石墨烯气凝胶有效融合了石墨烯和气凝胶的高比表面积、高孔隙率、高导电等诸多优点,使其不仅具有二者所共有的所有特性,而且机械强度也显著提升,因此石墨烯气凝胶材料在学术界引起了科研者的关注与深入研究。

石墨烯气凝胶是一种以石墨烯作为基础单元,通过石墨烯片层与片层的堆叠,形成内部具有发达孔隙的多孔材料,也因此被称为世界上最轻的固体材料。其不仅具有密度

低,孔隙发达的优异性能,而且还兼具石墨烯的性质(力学、电学),与普通气凝胶不同的是,它通过在石墨烯表层负载金属离子或引入其他化学基团,进而可以制备出特殊性能的气凝胶材料。正是由于石墨烯气凝胶这种优越的性能特点,使其在吸附、催化剂载体、能量储存、传感器等方面占有很大的研究价值,是目前最理想的吸附材料之一。

总之,虽然还面临着诸多挑战,但石墨烯气凝胶及其复合材料以其超凡的特性必将成为世界上最有前途的功能材料之一,更会促进科学和技术的大发展。

2.1.3.2 石墨烯气凝胶的应用

(1)能源存储和转化。当今社会,能源是一个国家重要的支撑,如何提高能源转化率,一直是广大科研工作者面临的难题。随着石墨烯气凝胶的不断发展及运用,人们想到利用它达到提高转化速率的目的,并提出把石墨烯气凝胶当作能量存储的电极材料,以期制备出性能优异的储能器件。Ye 等将制备出的石墨烯气凝胶覆盖在泡沫镍上,多孔的结构为离子的扩散和运输提供了快速的通道,获得性能优越的电容电极材料。

同样,石墨烯气凝胶在电极材料上也有明显的应用。Fan 等通过水热法制备了负载 SnO_2 的石墨烯复合气凝胶,实验测试表明,该复合气凝胶在锂离子电池的正极材料上表现出了不错的性能。正是由于石墨烯复合气凝胶的加入,大大地降低了 SnO_2 纳米粒子的团聚,相应地提高了自身的导电率,并且在经过很多次的充放电过程之后仍效果良好。Jiang 等也利用水热还原自组法成功制备出 SnS_2/石墨烯气凝胶,实验数据表明,正是由于 SnS_2 和石墨烯气凝胶的复合,充分发挥了各自独特的性能,使得复合之后的材料具有更高的容量,在经历过几十次的充放电过程之后,性能下降较少。

(2)吸附剂。石墨烯气凝胶以其高效的吸附性和独特的吸附选择性,在吸附剂方面具有很好的研究价值,主要体现在治理水污染以及吸附重金属离子等领域。Li 等在制备石墨烯气凝胶的过程中,发现用乙二胺作为还原剂制备出石墨烯气凝胶,通过性能测试分析得到该石墨烯气凝胶对正葵烷和 CCl_4 的吸附速率呈现巨大的影响,并且在多次循环使用的情况下还能保持最初的性能。

Qiu 等制备了碳纳米管-石墨烯杂化气凝胶,实验结果表明,该气凝胶不仅表现出疏水的特性,而且弹性良好,而且在进行多次压缩的实验过程中仍能保持良好的弹性。在进一步的研究情况下,发现对于柴油的吸附量在 $100 \sim 135 \ g/g$,表现出较高的吸附力。通过把气凝胶中的柴油挤出再吸收,发现在多次循环使用下,仍能继续使用,说明其可重复性强。如图 2-17 所示。

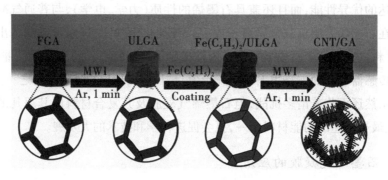

图2-17　CNT/GA 的制备流程

研究表明,为了进一步扩大石墨烯气凝胶的应用方向,研究人员可以根据石墨烯纳米片层结构,改善其组装设计,进而设计出具有不同特性的石墨烯气凝胶材料。另外,通过复合其他功能无机纳米粒子、聚合物分子材料等制备出了功能化的石墨烯气凝胶吸附材料,从而进一步开发其对新型污染物的吸附潜能。同时,在设计理想化的 GA 吸附剂时,会面临着许多问题和挑战。比如,材料复合时伴随着吸附位点的减少、吸附物种类的局限性、GA 功能化过程中的可控性、可循环利用性、气凝胶制品的环保以及工业化产品的成本控制等问题。

(3)传感器。目前,把石墨烯气凝胶运用到传感器的研究报道日益增多,因为传感器不仅在武器装备、航空航天领域有着巨大的研究价值,而且在我们的日常生活中也应用广泛。李吉豪等利用水热法制备出了不掺杂任何物质的纯石墨烯气凝胶,如图 2-18 所示。实验结果显示,纯石墨烯气凝胶不仅具有丰富的孔隙结构,而且在弹性性能方面表现突出。为了研究纯石墨烯气凝胶在弹性变化下的电阻率情况,用镊子把石墨烯整合到一个电路中,通过改变纯石墨烯气凝胶的形状大小,从而达到改变电阻的目的。

图2-18　石墨烯气凝胶的制备过程

Liu 等制备出负载 SnO_2 的石墨烯气凝胶,并将它作为气体传感器用于检测空气中的 NO_2。相比之下,利用溶剂热法获得的负载 SnO_2 石墨烯复合气凝胶,性能更加优越,凸显出对 NO_2 气体更加敏感,能够快速地感觉到 NO_2 的存在,而且反复使用之后,对气体的敏感性的下降也缓慢。Li 等通过在水热反应向混合溶液中加入 Sn^{2+} 或 Sn^{4+},成功制备出 $SnO_2/rGO-2$ 和 $SnO_2/rGO-4$ 复合气凝胶,如图 2-19 所示。实验表明,该复合气凝胶在低浓度 NO₂ 和低温的环境中表现出优良的性能。

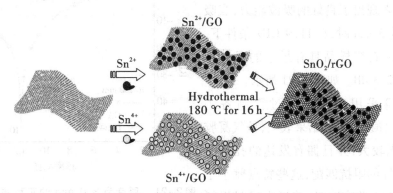

图 2-19 不同锡盐前驱体 SnO₂/rGO 纳米复合材料形成示意图

（4）吸波材料。Yue 等选用乙二胺四乙酸（EDTA）作为交联剂,成功获得 N-rGA/Ni 气凝胶。研究发现,Ni 纳米粒子均匀地吸附在石墨烯纳米片上,掺杂的氮含量以及 Ni 颗粒的尺寸大小对复合材料的介电损耗和磁损耗有着重要的影响。N-rGA/Ni 样品具有优异的吸波性能,在层厚为 2.1 mm、频率为 13.7 GHz 条件下,材料最小的反射损耗达到 -60.8 dB。但是其制备过程复杂,实验周期比较长。如图 2-20 所示。

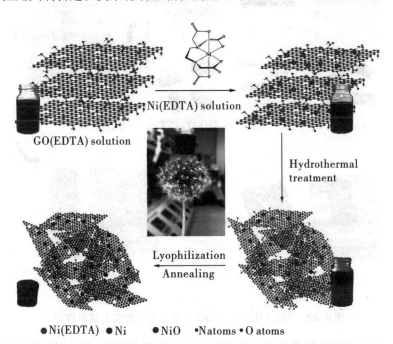

图 2-20 三维多孔结构氮掺杂气凝胶 N-rGA/Ni 的制备工艺流程

Chen 等采用水热法和原位热解法制备了磁性石墨烯复合气凝胶 GA/Ni。结果表明,该气凝胶具有超顺磁性、良好的阻抗匹配和协同作用,表现出了良好的吸波能力,当吸波层厚度为 3 mm 时,在 11.9 GHz 条件下,5% GA/Ni-石蜡样品具有最小的反射损耗,达到-52.3 dB。如图 2-21 所示。

Zhao 等采用碳化还原过程制备了 CoNi/rGO 气凝胶,实验结果表明,该气凝胶的比表面积较大,并且拥有发达的孔隙结构,以及良好的阻抗匹配,这些特点赋予了该样品优异的吸波性能,其最小反射损耗为-53.3 dB。He 等通过水热法制备了

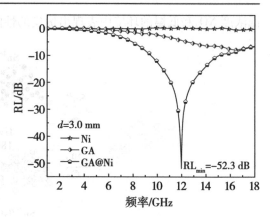

图 2-21　厚度为 3.0 mm 的三种样品的反射损耗值

$TiO_2/Ti_3C_2T_x/rGO$ 气凝胶,研究表明所获得的最佳反射损耗达到-65.3 dB,优异的电磁波吸收性能归结于发达的孔隙所形成的导电通道以及良好的阻抗匹配,此外,还包括电磁波在样品内部发生的多重反射和散射作用。如图 2-22 所示。

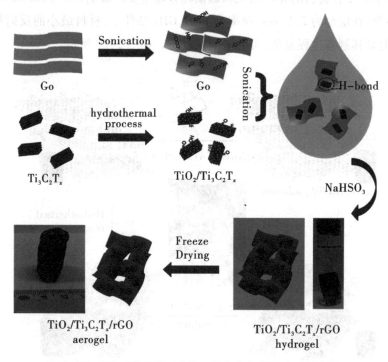

图 2-22　$TiO_2/Ti_3C_2T_x/rGO$ 三元复合气凝胶合成示意图

Chen 等利用石墨烯纳米片可以为功能性磁性组件提供丰富的活性位点的原理,通过水热法和热处理工艺制备了超疏水磁性石墨烯复合气凝胶 GA/β-Co。由于衰减特性的提高和协同作用,该复合材料最佳反射损耗值达到-51.6 dB。Wei 等采用原位自组装和热处理工艺制备了超轻密度和高可压缩性的三维多孔石墨烯气凝胶,研究表明,简单的

机械压缩可以有效地调节石墨烯气凝胶的微波吸收性能,当样品的压缩比控制在30%时,最小反射损耗达到−61.09 dB。Li 等制备出了 $Fe_3O_4/CNTs/rGO$ 三元复合气凝胶,结果表明,CNTs 完全分散在石墨烯纳米片上并形成了连续的网状结构,这不仅提高了气凝胶的机械性能,还提供了空间效应,有助于 Fe_3O_4 磁性纳米颗粒吸附在石墨烯纳米片的边缘。纳米粒子的交联作用确保相邻石墨烯纳米片之间的界面连接,再加上磁性纳米粒子带来的超顺磁性能,赋予了 $Fe_3O_4/CNTs/rGO$ 气凝胶优异的微波吸收性能,其最小反射损耗达到−49.0 dB,有效吸收带宽为 4.4 GHz ~ 18 GHz。

新型吸波材料气凝胶具有优异的吸波性能,同时该类材料的密度低,机械性能好,适合应用于隐身材料等军事领域,具有良好的发展前景。但是,现有的相关报道很少有关于石墨烯复合气凝胶在 K 频段(18 GHz ~ 27 GHz,主要应用于数字通信、卫星通信等)的吸波性能研究。同时,相应的吸波机理缺乏系统的研究,并且还存在制备方法困难、吸收频带较窄等问题。此外,石墨烯气凝胶还具有其他方面的应用,如光催化、催化剂载体、生物材料、组织工程等。

2.1.3.3 石墨烯气凝胶的制备

目前,石墨烯气凝胶的制备方法大致可以分为溶胶−凝胶法、还原组装法、模版导向法等,在不同的制备方法以及实验条件下所制备的石墨烯气凝胶,其结构和特性有较大差异。因此,选择合适的制备方法以及工艺对于获得特殊性质的石墨烯气凝胶很重要。

(1)溶胶−凝胶法。从目前的研究来看,溶胶−凝胶法是一种人们最为常用的制备石墨烯气凝胶的方法。利用氧化石墨烯和化合物,让其在溶液中充分混合,形成均匀的溶液,再加入一些其他的成分,在一定的温度下水解、缩合形成凝胶,最终经过冷冻干燥或者 CO_2 超临界干燥去除溶剂。Zhang 等通过长时间的摸索,他认为碱性的溶液环境更有利于形成凝胶化,于是对氧化石墨烯分散液进行碱化处理,并把用到的碱性物质当作催化剂来使用,结果发现经碱性处理后获得的石墨烯气凝胶性能更好,如图 2−23 所示。Pauzauskie 等也提出了利用该方法制备石墨烯气凝胶,由于实验过程中耗时少,极大地缩短了制备的时间,节约了时间成本,为以后的研究工作提供了很好的思路。

(2)还原组装法。还原组装法一般是以氧化石墨烯(GO)为基体。由于 GO 片层间存在羧基、烃基、环氧基等含氧基团,进而使得 GO 片层带负电,并能够均匀、稳定地分散在溶液中。在一定条件下,消除 GO 的含氧官能团,GO 片层间的静电斥力减小、疏水性增加、共轭结构恢复,导致还原的 GO 片层相互搭接、堆垛,形成具有三维结构的石墨烯水凝胶。然后采用超临界流体干燥或冷冻干燥技术,在维持三维网络结构完好的状态下,水凝胶中的溶剂分子被气体分子取代,最终获得所需要的石墨烯气凝胶。水热还原、化学还原都可以实现 GO 的还原位组装。所以还原组装法主要包括水热法还原组装和化学还原组装。

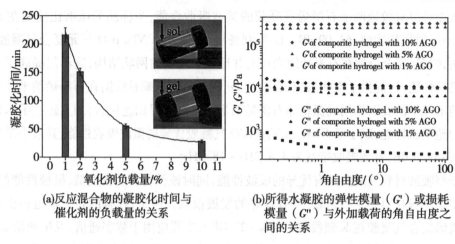

(a)反应混合物的凝胶化时间与
催化剂的负载量的关系

(b)所得水凝胶的弹性模量（G'）或损耗
模量（G''）与外加载荷的角自由度之
间的关系

图2-23　AGO作为固体碱催化剂存在下R与F的聚合

注：(a)中的插图分别是含有AGO的R-F sol和水凝胶的数码照片。

1）水热法还原组装。清华大学的石高全课题组首次利用水热法成功制备出石墨烯水凝胶，如图2-24所示。结果表明，获得的水凝胶具有极好的力学性能，三个水凝胶可以承受100 g的力，并且得到的石墨烯水凝胶具有大量的空隙结构。此外，水凝胶的形成与GO浓度有很大关系，当GO浓度小于1 mg/mL时，无法形成稳定的凝胶结构，他认为当浓度过低时，还原的石墨烯片之间无法形成有效的交联最终导致无法形成凝胶，此后该方法在制备石墨烯气凝胶方面被广泛地采用。

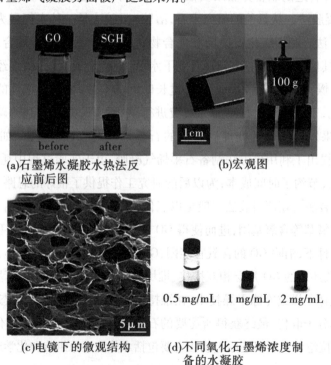

(a)石墨烯水凝胶水热法反
应前后图

(b)宏观图

(c)电镜下的微观结构

(d)不同氧化石墨烯浓度制
备的水凝胶

图2-24　利用水热法成功制备出石墨烯凝胶

Liu 等在溶液中加入 MnO_2,利用水热法得到 $MnO_2/MnCO_3/rGO$ 复合气凝胶,数据显示该气凝胶不仅力学性能好,而且导电性能也很优异。加入 MnO_2 之后,MnO_2 在水热的溶液中形成了 MnO_2 纳米棒和 $MnCO_3$ 纳米粒子,最终获得的三元复合气凝胶在不对称超级电容器上的应用显示出极佳的性能(图 2-25)。

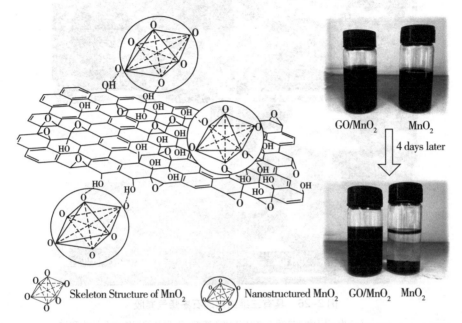

图 2-25　GO/MnO_2 络合物形成的机理示意图以及 MnO_2 在 GO 胶体悬浮液中均匀分散图

Xiao 等在水热混合溶液中加入 $FeCl_3$,$FeCl_3$ 在 80 ℃ 条件下形成 $FeO(OH)/GO$,再通过水热法还原,成功制备了具有三维结构的石墨烯气凝胶,如图 2-26 所示。实验结果显示,石墨烯片层上负载了大量的 Fe_2O_3 粒子,正是由于该粒子大范围地存在导致了该复合材料在电极材料领域表现出了优越的性能。

大量研究表明,使用水热法还原组装制备石墨烯气凝胶时,一般要求石墨烯水凝胶(GO)具有一定的浓度,这样被还原的石墨烯片之间才能形成有效接触,进而形成稳定的三维整体性结构;GO 在水溶液中具有 pH 依赖自组装行为,其所含羧酸基团在不同 pH 下的电离状态不同,进而导致石墨烯自组装行为的差异;另外,影响制备石墨烯气凝胶的因素之一是水热反应时间,若水热反应时间增大,GO 的自组装交联位变多,制备的 GA 的比表面积和孔容降低、密度增大。在水热还原法的制备过程中,不使用黏结剂和化学添加剂,这是为了避免引入非碳杂质,同时,该方法操作简便,但其所要求的反应环境相对较为苛刻,从而在一定程度上限制了其应用。

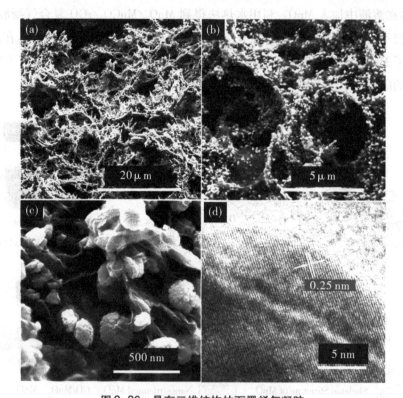

图2-26 具有三维结构的石墨烯气凝胶

（a）～（c）为不同放大倍数下 rGO 片层负载 Fe_2O_3 颗粒的三维大孔结构和均

匀分布图；（d）为透射电镜下的石墨烯片包裹 Fe_2O_3 粒子图。

　　2）化学还原组装。张学同等很早以前就想到了利用化学还原的方法制备气凝胶，采用 4 mg/mL 的 GO，还原性能较弱的抗坏血酸为还原剂，不进行超声处理和搅拌的情况下直接进行水热处理，把制备的石墨烯水凝胶进行冷冻干燥处理，最终获得了石墨烯气凝胶，其工艺流程如图 2-27 所示。实验数据表明，该气凝胶拥有极低的密度，很高的力学性能，7.1 mg 的石墨烯气凝胶可以承受 100 g 的力，并且具有优异的电化学性能。通过与其他强还原剂比较，可以发现，以抗坏血酸还原剂制备出的石墨烯气凝胶具有其他还原剂所没有的性质，比如说，结构更加均匀，没有其他杂质的存在，在还原时也没有气泡产生。

　　Hu 等选用乙二胺成功制备出石墨烯气凝胶，采用乙二胺作为还原剂，在 GO 浓度为 3 mg/mL、95 ℃ 的水热环境下，让其在干燥箱里反应 6 h，制得石墨烯水凝胶，接着利用冷冻干燥机进行冷冻干燥获得石墨烯气凝胶，之后利用微波处理得到超轻可压缩的石墨烯气凝胶。李吉豪等也采用同样的还原剂对氧化石墨烯进行还原，但是把 GO 浓度、反应的温度和时间进行了变化，最终得到的石墨烯气凝胶具有了非常低的密度，以及发达的孔隙，而且该方法更为简单，力学性能也好。

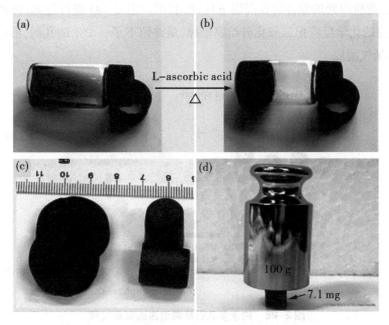

图2-27 利用化学还原的方法制备气凝胶工艺流程

(a)(b)抗坏血酸还原制备石墨烯水凝胶；(c)所制备的石墨烯气凝胶；

(d)石墨烯气凝胶力学性能展示。

对苯二胺、氨水、三聚氰胺、聚乙烯亚胺(PEI)、2-氨基苯丙酸、多巴胺等，这些还原剂都是弱还原剂，以往的实验研究中也应用于石墨烯气凝胶的制备中，这些胺类还原剂不仅能够在石墨烯气凝胶的制备中起到还原剂的作用，而且胺类还原剂中的氮元素还能掺杂到石墨烯气凝胶的构建中，从而形成了氮掺杂的石墨烯功能气凝胶，这更加有助于石墨烯气凝胶性能的提升。除了胺类还原剂之外，一些有机、无机还原剂，例如 PVA、巯基乙酸、$NaHSO_3$、HI 等也经常被广大研究者应用到制备石墨烯气凝胶。同样的，一些金属离子作为还原剂的例子也有很多，如 Fe^{2+}、La^{3+}、Cr^{3+}等。Liang 等成功制备出了 SnO_2^-石墨烯杂化气凝胶，他正是利用 Sn^{2+} 作为还原剂，在反应的过程中形成 SnO_2 纳米粒子均匀地分布在这些相互交联的孔洞中，实验数据表明，该气凝胶在锂离子电池正极材料上具有很高的研究价值。

综上，与水热还原法相比较，利用化学还原法制备石墨烯气凝胶的优点是其反应装置简单以及反应环境温和等，还有就是该方法更适合大规模生产。

(3)模版导向法。模板导向法对于石墨烯气凝胶的构建也具有深远意义，它可以控制石墨烯气凝胶孔洞的大小，以及孔洞的数量。目前，大多数的石墨烯气凝胶中的孔隙分布不均匀，而且数量也参差不齐。

Huang 等采用二氧化硅球作模板成功地制备出石墨烯气凝胶，工艺流程如图2-28。首先，把二氧化硅球和 GO 溶液充分混合均匀，具有柔性的氧化石墨烯覆盖在二氧化硅球的表面,最后把所得到的混合物在高温下处理,利用高温对 GO 进行还原,再利用二氧化硅与 HF 反应的化学反应把二氧化硅给腐蚀掉,最终留下了一个个的孔洞,形成具有多孔结构的石墨烯气凝胶。

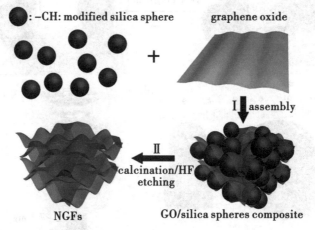

图 2-28　纳米多孔石墨烯泡沫的制备过程

(4)本课题组石墨烯气凝胶的制备与表征

1)石墨烯复合气凝胶的制备

第一步,取 5 mL 浓度为 5 mg/mL 的 GO,通过磁力搅拌和超声分散 1 h 后,获得均匀混合的凝胶状溶液。

第二步,将所制得的 GO 凝胶状溶液通过冷冻干燥,获得 GO 气凝胶。

第三步,通过真空管式炉在 Ar 气氛中,以 5 ℃/min 的加热速率,升温至 400 ℃,保温 1 h,高温还原处理后获得 rGO 气凝胶。

2)石墨烯复合气凝胶的表征。从图 2-29 中可以看到,rGO 片层呈现薄而透明、轻微卷曲的状态,并出现褶皱起伏的片层结构。这是石墨烯材料典型的结构特征,这种褶皱结构可为磁性金属的负载提供更多的存储空间。

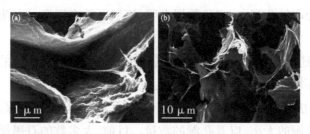

图 2-29　不同放大倍数的 rGO 气凝胶的 SEM 图

2.1.4 碳纳米管的制备及吸波性能

2.1.4.1 碳纳米管概述

碳元素是人类最早接触并使用的元素之一,在未发现富勒烯之前,人们一直认为碳元素只有金刚石和石墨两种同素异形体结构,因而富勒烯的发现极大地扩展人们对于碳材料的认识。1985 年英国科学家 Korto 和美国 Smelly 通过激光轰击石墨靶,在产物中发现一种新的碳单质——富勒烯。富勒烯的代表产物为 C_{60},它是由 60 个碳原子在一个截角 20 面体的顶点构成足球式的分子,并将具有类似结构的物质如 C_{70}、C_{76} 等命名为富勒烯,它们都是具有独特的笼形结构的三维芳香化合物,其独特的分子构型都是 Dsh 点群对称性,从而使其具有一些特殊的物理或化学性质,该特殊的性质对于材料科学、药物科学以及电子学等领域的发展提供了很大的空间。之后在 1991 年,日本电气公司基础研究实验室的电镜专家 Iijima 在制备 C_{60} 的产物中意外发现一种针状物,该物质在高分辨显微镜下呈现管状,长约 1 μm,直径 3 ~ 30 nm 不等,据直径的尺寸称该物质为碳纳米管,这是最早的碳纳米管。1993 年报道发现了只有一层碳原子的圆管,即单壁碳纳米管。因此,碳纳米管有单壁和多壁之分,单壁碳纳米管可看成由单层石墨片卷积而成,多壁碳纳米管由多层石墨片卷积而成,它的层片间距比石墨的要稍大(如图 2-30 所示)。因此,碳纳米管被发现后,因其独特的物理和化学性质在学术界引起了广泛关注,并成为近年来的一大研究热点。

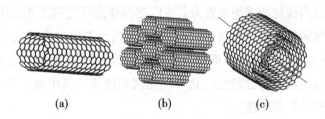

$$(a) \qquad (b) \qquad (c)$$

图 2-30 单壁和多壁碳纳米管的结构模型

2.1.4.2 碳纳米管的应用

研究发现,碳纳米管是一种一维中空的纳米结构,不仅质量轻,而且具有优异的热传导性能、较高的机械强度、优良的电磁波吸收性能、良好的吸附储氢能力、独特的金属性或导电性(是铜线的 1 000 倍,同时还具有半导体性质),还具有很强的耐酸碱能力等。这些优良的性能使得碳纳米管在尖端科技领域拥有广阔的应用前景,如在场发射电极、微电子元件、吸波材料、电池、储存材料等领域。

（1）场发射材料方面应用。碳纳米管具有很强的机械性能和电学性能，因此成为场发射电极的优良材料。碳纳米管可以作为场发射平板显示器（FED）和微波放大器中的电子枪等，而且碳纳米管场发射电子源可以用来做真空电源开关和 X 射线源等具有很大的潜力。

（2）微电子元件方面应用。碳纳米管在电子工业方面具有很大的应用空间，尤其是在微电子产业中，以硅为基础的半导体器件无法持续地微小化，因此其工业发展将受其限制。许多研究者正在寻找一些可能替代的材料。1998 年，Deker 研究小组在室温下用单根半导体型单壁碳纳米管做成了场效应晶体管，这种晶体管的性能超过硅晶体管的性能。碳纳米管具有高的杨氏模量和稳健性能，这些特性使其成为应用于扫描探针显微镜，如原子力显微镜等针尖的理想材料。碳纳米管的直径小，长径比大，制成的显微镜探针比传统的硅针尖的分辨率更高，探测的深度更深，而且更有可以探测狭缝和深层次等优点。第一个碳纳米管显微镜探针针尖是由 smalley 等用手工制成的。制备碳纳米管探针针尖的方法，除了将碳纳米管接到硅悬臂杆上外，也可以利用化学气相沉积方法在原子力显微镜针尖上直接生长碳纳米管针尖，这种方法克服了手工制作的缺点，有利于大规模生长。

（3）储氢材料方面应用。由于碳纳米管的高比表面和独特的孔结构，使其储氢能力跟传统的储氢材料相比有很大的优势。受碳管结构和吸附温度等的影响，氢气分子可以大量吸附在碳纳米管内表面。

2.1.4.3 碳纳米管的制备方法

制备出高质量高纯化的碳纳米管为其更广泛的理论研究和工业应用提供了前提，因此人们在开拓碳纳米管的应用前景的同时，也在逐渐改善碳纳米管的制备方法，向管径均匀、缺陷和杂质少、产量高、成本低以及操作简单等方向努力。目前，碳纳米管的制备方法主要有电弧放电法、激光烧蚀法、化学气相沉积法等。其中电弧放电法和化学气相沉积法是常用的两种制备方法。

（1）电弧放电法。电弧放电法是最早合成碳纳米管的制备方法。此种方法的装置中有一对间距为 1 mm 的石墨电极，在 10^4 Pa 的氮气气氛下进行，放电过程中电极放电是产生的等离子体使阳极的碳升华，并在石墨阴极上沉淀出含有碳纳米管的多种产物。此制备方法中关键的参数有电压、气压、电流密度、电极的形状和位置。该方法的优点是技术制备比较简单、易操作，可以制备出缺陷较少的碳纳米管；缺点是高温电弧放电过程中碳纳米管易与其他粒子结合，使得碳纳米管难以分离和纯化。

（2）激光烧蚀法。激光烧蚀法主要是在 1 273 K 的高温下用高能量密度的激光照射真空腔体内的靶子表面，将靶体表面的碳原子激发出来，并在载体气体中使得碳原子或是原子团簇相互碰撞而生成碳纳米管。载体气体一般为氩气或氮气。此种方法是最早发现 C_{60} 的方法。但该方法的生产成本较高,且制备规模不能太大,生产体系的温度很高,产物的分离和纯化也很困难。

(3)化学气相沉积法。化学气相沉积法是指使含有碳源的气体(或蒸气)流经金属催化剂表面时分解生成碳纳米管。最早人们发现碳源气体流经金属催化剂表面时会生成碳纤维,Dai、Ento 和 Yacaman 分别用乙炔-氢气、苯蒸气和乙炔-氮气制备了碳纳米管,金属催化剂主要是 Fe、Co、Ni 等。碳源主要是碳氢化合物。此种方法对于单壁碳纳米管和多壁碳纳米管均适用,而且它的独特之处在于能够合成直径和长度一定的碳纳米管阵列。此种方法制备的碳纳米管不仅纯度高、尺寸分布均匀,而且操作简单、适用于工业化大规模生产,并且生产率相对较高。缺点是生产出的碳纳米管结构缺陷较多,易发生弯曲和变形,这对碳纳米管的电学性能和力学性能有很大影响。因此,对此种方法制备的碳纳米管需要进行高温退火处理以消除缺陷,使得管径变直、石墨化程度提高。

(4)其他制备方法。除了以上三种方法外,还有许多其他方法可制得碳纳米管,例如等离子喷射沉积法、微孔模板法、太阳能法、火焰裂解法、聚合物热解法等。

现在对碳纳米管的制备工艺研究相对比较多,但是碳纳米管的制备方法以及制备工艺中仍然存在着许多问题未解决。比如,某些制备方法得到的碳纳米管生长机理还不明确,从而影响碳纳米管的产量、质量及生产率的因素也不清楚。另外,无论哪一种方法制备得到的碳纳米管都存在杂质高、产率低等缺点。这些都是制约碳纳米管研究和应用的关键因素。因此如何制备得到高纯度、高比表面积和长度、螺旋角等可控的碳纳米管,是目前研究者所需要关注的问题。

2.1.4.4 碳纳米管作为吸波材料的研究

由于碳纳米管的准一维特性,因此在可见光到红外波段有很好的吸收特性。研究碳纳米管吸波机理表明,能带间的跃迁导致对可见光的吸收,呼吸振动的激发导致对红外波段的吸收。碳纳米管电容率高,磁导率小,限制了在微波吸收性能上的提高,所以碳纳米管的本征吸收较弱。研究人员为了获得性能更好的碳纳米管微波吸收材料,复合化越来越受到人们的重视。目前国内外对于碳纳米管吸波材料研究的重点主要集中在碳纳米管薄膜、碳纳米管/聚合物基复合吸波材料、碳纳米管/磁性物质复合吸波材料等方面。

(1)碳纳米管薄膜。孙晓刚等将直径为 30~50 nm 排列规则的阵式碳纳米管薄膜平铺在铝板上并用环氧树脂固定制成试样。研究发现阵列式碳纳米管在 2 GHz ~ 18 GHz 较高频段表现出良好的吸波性能。阵列式碳纳米管薄膜厚度为 0.2 mm 时,雷达波吸收性能最佳,峰值 RL 为 -15.87 dB,波峰出现在 17.83 GHz,带宽分别为 4.25 GHz(RL<-10 dB)和 6.40 GHz(RL<-5 dB)。对碳纳米管进行镀镍后,将镀镍碳纳米管与环氧树脂混合,制成 2 mm 厚的吸波涂层,测试其吸波性能。结果表明,镀镍碳纳米管最大反射衰减达 -12 dB,虽然吸收峰比纯碳纳米管的小,但有宽化的趋势,这对吸波性能是有利的。

（2）碳纳米管/聚合物基复合吸波材料。碳纳米管具有较优良的导电性能，引入聚合物中可以形成导电网络从而制得宽频吸波材料。碳纳米管/聚合物基复合材料是一类新型的结构和功能材料。由于碳纳米管具有极好的力学性能将其与聚合物复合可以实现组元材料的优势互补以及加强，最经济有效地利用碳纳米管的独特性能，进而制得既具有吸波能力又具有承载能力的结构型吸波材料，集吸波、承载于一体，进而有效提高材料的综合性能。

Grimes 等在 2000 年研究了单壁碳纳米管/聚甲基丙烯酸乙酯复合材料。研究表明，随着碳纳米管含量的增加，复合材料的复介电常数的实部和虚部也随之增加。随着频率的提高，复介电常数的实部和虚部随之减小。如图 2-31 所示。

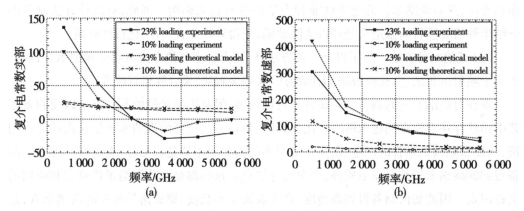

图 2-31　复合材料的复介电常数的实部和虚部变化

沈曾民等制备了表面处理碳纳米管/ABS 树脂复合材料。用液相阳极氧化法对碳纳米管进行表面处理，然后与 ABS 树脂混合，制备成 180 mm×180 mm×2 mm 的碳纳米管/ABS 树脂复合材料薄片。RL<-5 dB 的范围在 5.39 GHz～7.19 GHz，具有一定的吸波性能。从整体来看，吸收峰值不强，最大吸收值为-10 dB。随着碳纳米管含量的增加，复合材料的吸波性能在低频区无明显变化，在高频区吸收频带有变化的趋势。碳纳米管的增加提高了复合材料的力学性能，当碳纳米管含量为 12% 时，材料的拉伸强度提高了54.4%，杨氏模量提高了 157%。

双频吸收是吸波材料研制的一个难点，双频甚至更多频吸收是吸波材料所追求的。卿玉长等研究了不同直径和含量的多壁碳纳米管/环氧有机硅树脂复合吸波涂层在2 GHz～18 GHz 频率范围内的介电性能和吸波性能。研究表明，随着碳纳米管含量的增加，复合吸波涂层的介电常数随之增大；当碳纳米管含量相同时，随着碳纳米管直径的增大，复合吸波涂层的介电常数也随之增大。多壁碳纳米管/环氧有机硅树脂复合吸波涂层在 7 GHz～14 GHz 的吸波反射损耗可达到-10 dB，具有较好的吸波性能。如图 2-32所示。

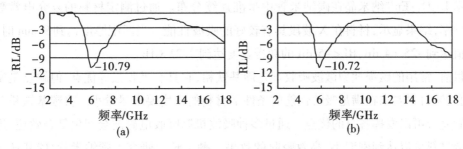

图2-32 复合材料的反射率测定曲线

（3）碳纳米管/磁性物质复合吸波材料。由于碳纳米管是具有中空结构的一维材料，利用碳纳米管的毛细现象可以将某些元素填入碳纳米管内部，制成具有特殊性能的一维量子线。而碳纳米管基本没有磁性，磁损耗也很小，经过碳管外磁性金属包覆或者管内部铁磁性材料的掺杂可形成碳管/磁性链复合物。既具有铁磁性又具有导电性，可以实现通过磁损耗与电损耗多种机制来损耗电磁波能量，制得密度小、吸收强的吸波材料。

沈曾民等用化学镀在碳纳米管表面均匀镀上一层金属镍。从透射电镜照片可以看出，在碳纳米管表面形成了镍的纳米粒子。对于镀镍碳纳米管，最大吸收峰值为-22.89 dB（位置在11.4 GHz处），RL<-10 dB的频带宽度为3.0 GHz，RL<-5 dB的频带宽度为4.7 GHz；对于碳纳米管，最大吸收峰值为-11.85 dB（位置在14 GHz处），RL<-10 dB的频带宽度为2.23 GHz，RL<-5 dB的频带宽度为4.6 GHz。镀镍碳纳米管对于吸收峰的宽化有一定作用，对吸波性能的提高是有益的。

Zhu等研究表明，碳纳米管中填充铁纳米粒子后，材料的介电损耗和磁损耗均有明显的增加，微波吸收性能明显增强。如图2-33所示。

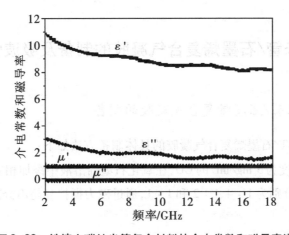

图2-33 铁填充碳纳米管复合材料的介电常数和磁导率谱

林海燕等用湿化学方法制备了$La_2O_3:Eu^{3+}$纳米晶填充碳纳米管复合材料，高分辨透

镜显示 $La_2O_3:Eu^{3+}$ 纳米晶在碳纳米管中呈准连续分布。通过测定材料的复介电常数和复磁导率,结果显示,材料在 X 波段具有较好的吸波性能。当匹配厚度达到 9 mm 时,吸收峰值达到 −25.64 dB,RL<−5 dB 的频带宽度达到 2.21 GHz。

目前,常用的磁损耗型微波吸收剂是羰基铁粉,它具有吸收强等优点,但缺点是密度大,而吸波材料要求在满足吸波性能的条件下材料的密度要求尽量小。将羰基铁粉与碳纳米管复合可以发挥各自的优点。通过多种吸波机制吸收电磁波会产生复合效应,进而使复合材料可以达到密度小、高效吸收的效果。卿玉长等研究了碳纳米管/羰基铁复合吸波材料的介电性能和微波吸收性能。研究表明,将碳纳米管和羰基铁粉均匀分散在环氧有机硅树脂中,从电镜照片中可看出复合材料分散良好(如图 2-34 所示)。在碳纳米管含量为 0.5%,羰基铁粉含量为 50% 时,复合材料的吸波反射率 <−10 dB 的带宽为 3.4 GHz ~ 18 GHz。

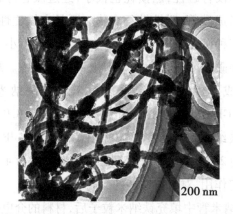

200 nm

图 2-34 碳纳米管/羰基铁复合吸波材料的透射电镜图

2.1.5 碳纳米管/石墨烯复合气凝胶的制备及吸波性能

2.1.5.1 碳纳米管/石墨烯复合气凝胶的制备

本课题组的 CNT/石墨烯复合气凝胶的具体制备方法如下:

(1)取 5 mL 浓度为 5 mg/mL 的 GO,在氧化石墨烯溶液中添加相应含量的 CNT,按照 CNT 和 GO 质量比分别为 1∶4、1∶2 和 1∶1,通过磁力搅拌和超声分散 1 h 后,获得均匀混合的凝胶状溶液。

(2)将所制得的 CNT/GO 凝胶状溶液通过冷冻干燥,获得 CNT/GO 复合气凝胶,三种不同比例下制备的气凝胶样品分别标记为 20% CNT/GO、33.3% CNTs/GO、50% CNT/GO。

（3）通过真空管式炉在 Ar 气氛中，以 5 ℃/min 的加热速率，升温至 400 ℃，保温 1 h，高温还原处理后获得 CNT/rGO 复合气凝胶。三种不同比例下制备的气凝胶样品分别标记为 20% CNT/rGO、33.3% CNT/rGO、50% CNT/rGO。

2.1.5.2 碳纳米管/石墨烯复合气凝胶的表征

图 2-35 为不同 CNT 含量的 CNT/GA 气凝胶的 XRD 图。由图可知，相比 GA，CNT/GA 复合气凝胶的 C 峰 2θ 向右偏移至 CNT 的峰所在位置，且 C 峰的强度随着复合气凝胶中 CNT 含量的增加而降低，此外，无其他杂峰的存在。

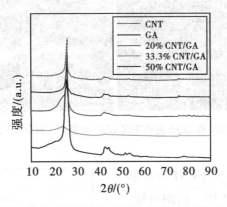

图 2-35　不同 CNT 含量的CNT/GA气凝胶的 XRD 图

图 2-36（a）为 GA 的 SEM 图谱，可以明显地看出所制备的气凝胶由三维多孔微观结构组成，为 CNT 的负载提供了一定的理论依据。图 2-36（b）（c）（d）分别为 20%、33.3%、50% CNT 制备的 CNT/GA 复合材料的 SEM 图。可以发现，CNT 含量对所制备的样品的微观形貌有一定的差异影响，20% CNT/GA 显示少量 CNT 零散的与比表面积大的石墨烯结合。随着 CNT 含量的增加，33.3% CNT/GA 样品中石墨烯与 CNT 更加有效的均匀分散和紧密结合，孔洞效果明显。但是，随着 CNT 的含量继续增大，发现石墨烯孔洞塞满了 CNT，在一定程度上影响电磁波进入样品内部，界面反射能力减弱。由此可以推出，适量的 CNT 可以保持三维多孔的构筑，并能有效降低片层与片层之间的团聚，有效地保持 CNT/GA 气凝胶材料优异的吸波性能。

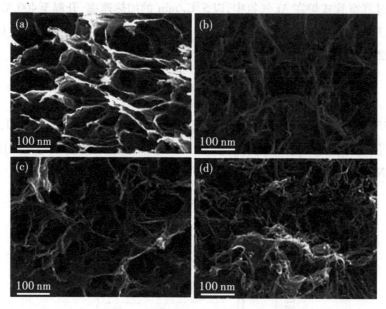

图2-36　GA 的 SEM 图和不同 CNT 含量的 CNT/GA 的 SEM 图

图2-37 为纯 GA 和不同 CNT 含量的 CNT/GA 气凝胶的 FT-IR 图。由图可知，~3 441 cm^{-1} 附近存在着一个较宽较强的特征吸收峰，此峰代表着—OH(羟基)的伸缩振动峰；~2 923 cm^{-1}、~2 853 cm^{-1} 为—CH$_2$—对称和反对称伸缩振动吸收峰；~1 629 cm^{-1} 为水分子的变形振动吸收峰，说明氧化石墨中仍然含有水分子；~1 384 cm^{-1} 为羧基的 C—O 伸缩振动；~1 050 cm^{-1} 为 C—OH 伸缩振动引起的吸收峰。跟含氧官能团相关的吸收峰 O—H、C=O 和 C—O 强度均大幅度减弱，进一

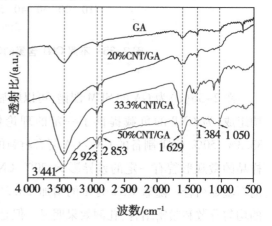

图2-37　纯 GA 和不同 CNT 含量的 CNT/GA 气凝胶的 FT-IR 图

步证实了 GO 被部分还原成了 rGO，这些含氧官能团在外加电磁场的作用下，易成为多种极化的中心，影响材料的介电损耗，对 CNT/GA 气凝胶的微波吸收能力有重要作用。

图2-38 为纯 GA 和不同 CNT 含量的 CNT/GA 气凝胶的拉曼光谱图。由图可知，所得到的拉曼光谱都有两个明显的特征峰，其中 D 峰和 G 峰波数均位于 1 348 cm^{-1} 和 1 598 cm^{-1} 附近。据了解，D 峰表示碳原子晶格 sp^3 的缺陷，G 峰表示 sp^2 杂化碳原子伸缩振动引起的无序碳。同时，在拉曼光谱中，D 峰和 G 峰的强度比(I_D/I_G)反映碳材料的缺陷程度。通过计算得出，纯 GA、20% CNT/GA、33.3% CNT/GA、50% CNT/GA 的 I_D/I_G 值

分别为 1.08、1.05、1.03、0.94,由此可知,CNT/GA 复合材料中碳原子的晶格缺陷高于 GA。此外,随着 CNT 含量的增加,CNT/GA 的 I_D/I_G 值逐渐降低,这是由于有少量 CNT 转化为无定形碳涂层,而覆盖在石墨烯表面,这表明 CNT 的掺入可以稍微减少 GA 的碳缺陷和无序状态。

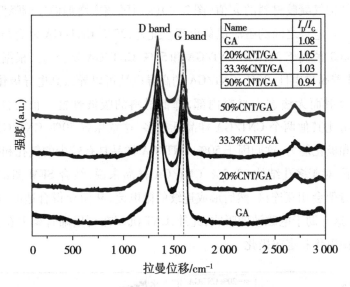

图 2-38　不同 CNT 含量的 CNT/GA 气凝胶的拉曼光谱图

2.1.5.3　碳纳米管/石墨烯复合气凝胶的吸波性能

图 2-39 展示了在 18 GHz ~ 26.5 GHz 频率范围内,厚度为 2.0 mm 时具有不同 CNT 比例的三维多孔结构 CNT/GA-PDMS 复合材料的微波吸收能力。在 PDMS 基质中,不同 CNT 含量下的 CNT/GA 样品与 PDMS 的质量比始终保持 4%,在一定条件下维持了网络结构的稳定性,保护气凝胶内部微观结构的导电网络,有利于逐渐产生导电损耗以消散微波吸收。对于 33.3% CNT/GA 样品,在 20.3 GHz 处的最小反射损耗为−49.3 dB,在 18 GHz ~ 26.5 GHz

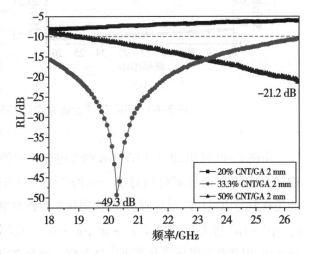

图 2-39　在 2 mm 厚度下,不同 CNT 含量的 CNT/GA 气凝胶的反射损耗值

范围内的有效带宽(RL<−10 dB,微波耗散 90%)全频覆盖。但是,当 CNT 含量进一步增

加到50%以上时，吸波性能开始减弱，这归因于高导电性能导致阻抗匹配差，进而影响电磁波的吸收。因此，33.3% CNT/GA相比其他两种不同CNT含量的样品，具有增强的微波吸收性能，这表明合适的CNT含量在改善微波吸收性能方面具有重要作用。

图2-40显示了CNT/GA复合材料中复介电常数随频率的变化示意图。应当指出，所制备的多孔结构气凝胶材料的ε'值[图2-40(a)]随频率增加而单调降低，这可能会导致位移电流和累积电势之间的磁滞现象出现。此外，20% CNT/GA复合材料的ε''值[图2-40(b)]和$\tan\delta_\varepsilon$值高于33.3% CNT/GA和50% CNT/GA复合物。根据自由电子理论可知，高ε''意味着高导电性，20% CNT/GA的高导电性可以导致高电导极化，导致更多的电磁波在表面反射而无法进入材料内部，降低材料的吸波性能。值得注意的是，50% CNT/GA的ε'值比其他两个CNT/GA样品低很多，这意味着50% CNT/GA样品具有较差的能量储存和极化能力，这归因于50% CNT/GA样品具有较少的气孔和掺杂了较多的CNT。相比之下，对于多孔结构33.3% CNT/GA样品来说，结合SEM图谱，均匀分散的CNT和石墨烯骨架会相互连接，然后形成连续的微电流，从而获得合适的电导率，引起电导和电子损耗，这有助于电磁波的吸收；此外，CNT沉积在石墨烯骨架上在交变的电磁场中能够诱导电偶极化和定向极化。

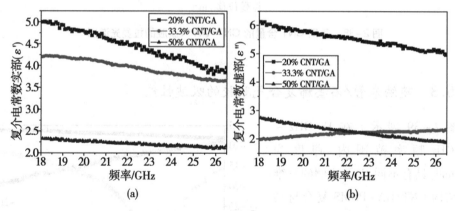

图2-40 不同CNT含量的CNT/GA气凝胶的电磁参数

由图2-40可知，20% CNT/GA的介电损耗ε''值比其他的样品要高很多，然而吸波性能却不是很好，而是ε''值相对小一点的33.3% CNT/GA表现出优异的电磁吸收性能。此类现象是由阻抗匹配性所引起的，阻抗匹配性要求复介电常数$\varepsilon_r = \varepsilon' - j\varepsilon''$和复磁导率$\mu_r = \mu' - j\mu''$相接近，即要求$\varepsilon' - \mu'$，$\varepsilon'' - \mu''$。众所周知，CNT以及石墨烯样品几乎没有磁性能，因此其复磁导率几乎可以被忽略。虽然20% CNT/GA有较大的介电损耗值，可是其复介电常数的实部ε'也是最大的，进而不满足良好的阻抗匹配性。如图2-41(a)所示，尽管20% CNT/GA和50% CNT/GA样品在测量频率范围内的样品中显示出比较大的衰减常数，这表明该样品可能具有最强的微波消散能力。但是，我们还应该结合阻抗匹配进行分析[图2-41(b)],结果表明,33.3% CNT/GA 具有合适的阻抗匹配性,进而表现出优异的电磁吸收性能。

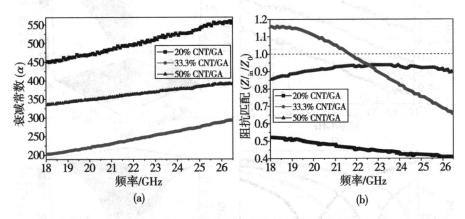

图2-41 不同 CNT 含量的 CNT/GA 复合材料的衰减常数和阻抗匹配

为了进一步分析 CNT/GA 气凝胶的电磁波吸收能力,通过模拟不同的吸波层厚度计算不同 CNT 含量的 CNT/GA 气凝胶的反射损耗(RL)值。图2-42 为不同 CNT 含量的 CNT/GA 气凝胶的反射损耗(RL)值示意图。如图2-42(a)(b)所示,当吸波层厚度为 1.8 mm 时,在 18.9 GHz 条件下,20% CNT/GA 样品呈现出最大 RL 值为-9.2 dB,因此 20% CNT 含量下的样品吸波性能较差。图2-42(c)显示,随着 CNT 含量的增加,33.3% CNT/GA 复合材料表现出最佳的微波吸收性能,当吸波层厚度为 1.9 mm 时,在 21.7 GHz 条件下,最小 RL 值可以达到-50.1 dB;此外,明显地可以发现随着复合材料厚度的减小,吸收峰值逐渐转移到高频段。图2-42(d)中的三维图表明,33.3% CNT/GA 通过在 1.8~2.2 mm 内调节厚度,其有效吸波频宽在 18 GHz~26.5 GHz,覆盖了整个 K 波段。优异的吸波性能归因于围绕石墨烯表面框架互连的 CNT 层,CNT 层增加了复合材料的电导率,充当电磁波吸收增强材料;同时,发达的孔洞结构提供了高速的导电通道,让含有 33.3% CNT/GA 复合材料的导电性增大,也有利于电磁波的吸收。当 CNT 含量继续增加,50% CNT/GA 样品在图2-42(e)中也拥有好的吸波性能,在层厚 2.0 mm 时,在 26.5 GHz 条件下,最小的 RL 值为-21.2 dB。另外,厚度在 2.1~2.2 mm 时,50% CNT/GA 在 18 GHz~26.5 GHz 也具有有效的吸收能力[图2-42(f)]。但是,相比于 33.3% CNT/GA 样品,吸波性能减弱,这可能是由于越来越多的 CNT 的加入增大了材料的导电性,减少了电磁波能量的吸收;另一方面,CNT 没有均匀地分布在复合材料中,不能很好地保持低表面反射率。由以上分析可以得出,33.3% CNT/GA 气凝胶复合材料具有较强的微波吸收特性,且具有涂层薄和吸波频带宽等优点。

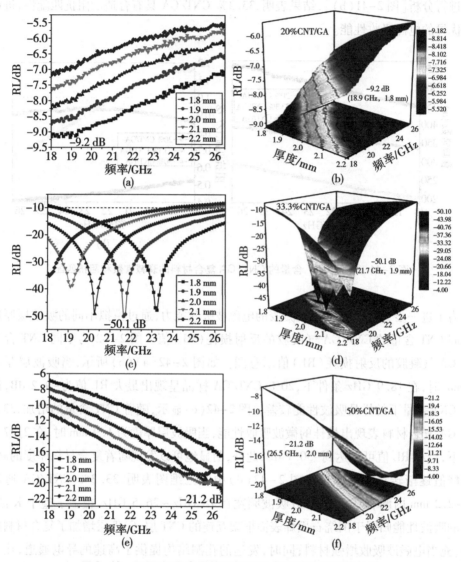

图2-42　不同 CNT 含量的 CNT/GA 气凝胶的反射损耗值

石墨烯复合气凝胶材料的吸波机制分析。首先,多孔 CNT/GA 复合材料的结构是用于电磁波传播的。由于具有较高的多孔微结构,因此入射的电磁波很容易进入石墨烯泡沫,而表面反射较少。其次,材料中的多孔结构可以引入更多的界面反射和多重反射效应,有利于促进电磁波的吸收并消耗。由于复合材料中的高导电石墨烯层,入射电磁波由于多次反射而被捕获在石墨烯网格单元中,避免了入射电磁波从样品中逸出。再次,CNT 的加入可以增加电导率损失,通过多孔结构复合材料的界面可以增加极化损失,并且通过 CNT/GA 材料可以有效地衰减入射的电磁波。同时,多次反射允许反射波作为热量在泡沫内消散或吸收。最后,复合材料是由多孔的电磁吸收基体组成,该基体经过材料改性增强电磁波吸收,具有更好的电磁防护性能。

总之,通过水热还原法自组装制备 CNT/GA 材料,研究了不同 CNT 含量对三维多孔结构 CNT/GA 微波吸收特性的影响。可以看到,CNT 含量对气凝胶的孔隙分布有重要的影响。此外,33.3% CNT/GA 样品具有出色的微波吸收性能。在21.7 GHz处,最小反射损耗为-50.1 dB。通过调整吸收层厚度(1.8~2.2 mm),小于-10 dB 的 RL 的吸收带宽可以在 K 波段全频覆盖。极好的阻抗匹配造就了该材料具有不一般的吸波能力,发达的孔洞结构不仅可以调节介电常数以改善阻抗匹配,还可以引起多次反射和散射,从而延长了微波的传播路径并消耗了更多的电磁能。

2.2 金属及金属氧化物吸波材料研究现状

2.2.1 金属及金属氧化物吸波材料概述

金属及金属氧化物吸收体是一种具有介质损耗和磁损耗双重损耗机理的吸波材料。它是最早被关注的吸收材料之一,如铁、钴、镍、氧化铁、氧化锌、二氧化锰等,其对电磁波造成的磁损耗主要是通过磁滞现象及自然共振损耗等形式吸收电磁波来实现的。虽然这些材料在一定程度上具有优良的反射损耗值(RL),但其易氧化、导电性高,并且在电磁波的作用下会产生 Snoek 定律限制,可能不利于电磁波的吸收。常用的磁性金属微粉吸波材料主要有羰基 Co 粉、羰基 Fe 粉及羰基 Ni 粉等。磁性金属微粉的磁导率实部、虚部以及二者比值较大,有利于材料吸收电磁波,但磁性金属微粉存在吸收频带窄等缺点。另外,对于这类材料,为了有效地利用它,往往与其他材料结合在一起制备复合材料拓宽频带。

He 等报道了 MnO_2/ZnO 复合材料的制备及其吸波性能的研究。MnO_2/ZnO 复合材料呈现出夹层晶体结构,晶体形成过程如图 2-43(a)所示。二元异质-双相过渡金属氧化物为电子在网络结构中的输运提供了可能,这有利于材料的吸波性能。合成的 MnO_2/ZnO 复合材料的微观结构如图 2-43(b)(c)所示。在这些图像中,可以看到纳米棒状 MnO_2 表面存在大量的 ZnO 纳米粒子,MnO_2 表面变得粗糙。最终形成了 MnO_2/ZnO 复合材料,该复合材料具有纳米棒状分支结构。结果表明,MnO_2 和 ZnO 的混杂生长限制了复合材料的枝晶生长,最终形成棒状结构。

MnO_2/ZnO、MnO_2、ZnO 的 RL 值随频率和厚度的变化如图 2-44 所示。可以看出,随着吸收层厚度的增加,RL_{min} 峰向低频方向移动。与单一 MnO_2、ZnO 相比,MnO_2/ZnO 复合材料具有更好的电磁波吸收性能。MnO_2/ZnO 复合材料在 3.8 GHz 和 5.4 mm 时的 RL 值为-41.3 dB,EAB 为 5.93 GHz。结果表明,MnO_2/ZnO 复合材料在较宽的频率范围内具有较好的电磁波吸收性能,可以完全覆盖整个 C(4 GHz~8 GHz)、X(8 GHz~12 GHz)

和 Ku(12 GHz ~ 18 GHz)。

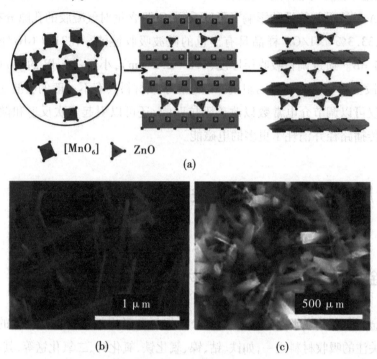

图 2-43 MnO₂/ZnO 复合材料的晶型示意图和表面有颗粒的纳米棒
状结构 MnO₂/ZnO 复合材料的 SEM 图像

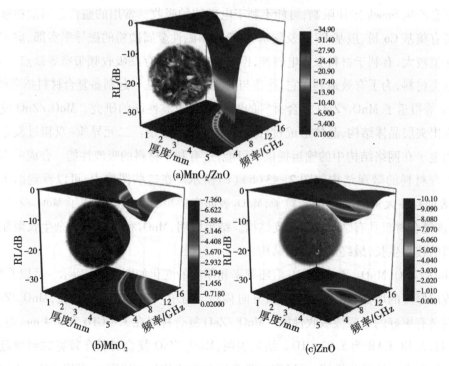

图 2-44 MnO₂/ZnO、MnO₂、ZnO 的 RL 三维图

Fang 等研究了以 SiO_2 包覆 β-FeOOH 纳米棒为前驱体,通过水热法制备多孔 Fe_3O_4 纳米棒。Fe_3O_4 纳米棒较好的吸波性能归功于多重机制。然而,衰减常数(α)是其中较为重要的因素之一,如图 2-45(a)所示,可以清楚地看到,多孔 Fe_3O_4 纳米棒所显示的 α 值远高于 β-FeOOH 纳米棒和 Fe_3O_4 纳米粒子,这表明 Fe_3O_4 纳米棒对进入材料内部的电磁波具有较强的衰减能力。此外,多孔 Fe_3O_4 纳米棒的阻抗匹配比(Z_r)在 2.0 mm 时最接近于 1,这意味着大量电磁波可以进入到材料内部,如图 2-45(b)所示。为了进一步揭示电磁波进入材料后的行为并验证吸收器设计原理[四分之一波长抵消模型($n\lambda/4$)原理],揭示多孔 Fe_3O_4 纳米棒的 $n\lambda/4$ 与 RL 值之间的关系,如图 2-45(c)所示。可以发现,所有的 RL_{min} 峰都对应于 $n\lambda/4$ 波长($n=1$ 或 3),双吸收峰位置对应于 $n\lambda/4$ 波长($n=3$)。因此,多孔 Fe_3O_4 纳米棒优异的电磁波吸收性能可以用 $n\lambda/4$ 匹配模型来解释。

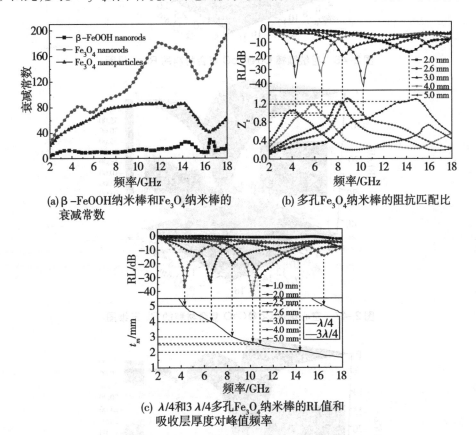

(a) β-FeOOH纳米棒和Fe_3O_4纳米棒的衰减常数

(b) 多孔Fe_3O_4纳米棒的阻抗匹配比

(c) $\lambda/4$ 和3 $\lambda/4$多孔Fe_3O_4纳米棒的RL值和吸收层厚度对峰值频率

图2-45　在 $\lambda/4$ 和 $3\lambda/4$ 模型下,多孔 Fe_3O_4 纳米棒的吸波机制

我们团队制备了蓬松型 Co/CoO 微棒复合材料(图 2-46)和具有特殊核-壳结构的花状空心 Co@CoO 复合材料(图 2-47)及多孔型 Co_3O_4 和 Co/CoO 复合材料(图 2-48)。在此过程中,研究了阻抗匹配、界面极化效应和特殊核-壳材料形貌对该复合粉末材料电磁波吸收性能的影响。在此基础上,提出了热效应、界面极化和复杂结构促进电磁波吸收的相关观点。其中,轻质多孔 Co_3O_4 和 Co/CoO 复合材料具有轻质、宽频带和强吸波性的

特点。这种多孔结构可以改变介电常数,提高电磁阻抗的匹配性。同时可以抑制电磁波在孔径内的活动,延长电磁波的传播路径和传播时间,耗散电磁波能量。

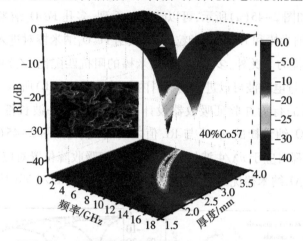

图2-46　毛绒微棒 Co@CoO 复合材料的 RL 三维图

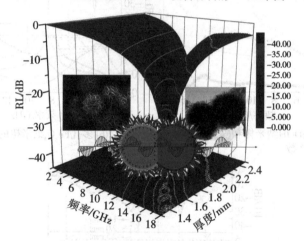

图2-47　空心花形 Co@CoO 复合材料的 RL 三维图

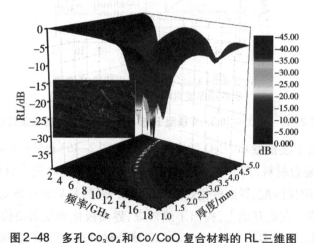

图2-48　多孔 Co_3O_4 和 Co/CoO 复合材料的 RL 三维图

另外,Lv 等采用液相还原法制备得到了粒径为 300 nm、铁钴比例为 5∶5 的六角锥形铁钴合金,其饱和磁化强度达到了 225 emu/g,最大反射损耗为−22 dB,有效频宽为 7.1 GHz(10.5 GHz~17.6 GHz)。此方法制备的铁钴合金虽然有效频宽很大,但最大反射损耗值却不高,也就是说其对电磁波的衰减能力不强,仍需进一步改进。Shokuhfar 等采用微乳液法和化学气相沉积法制备了 FeCo/C 纳米颗粒,在其厚度为 2.5 mm 时,最大反射损耗为−40 dB,有效吸收频宽为 5.6 GHz。Liang 等采用化学气相沉积法制备了粒径为 10~50 nm 的 FeCo/C 纳米颗粒,并通过调节温度来调控 Fe、Co 的摩尔比以及碳层的石墨化程度,进而调控材料的电磁参数,当复合材料厚度为 3.3 mm 时反射损耗为 −60.4 dB,有效吸收频宽为 9.2 GHz(8.8 GHz~18.0 GHz)。以上结果表明,包覆碳层不仅能保护 FeCo 不被氧化,同时还能有效改善 FeCo 纳米颗粒的吸波性能。Li 等采用碳热还原法制备了硬币状介孔 FeCo/C 复合材料,重点研究了复合材料中 Fe、Co 摩尔比对阻抗匹配的影响,并且设计的硬币状介孔结构可以对电磁波造成多次散射并延长电磁波的传输路径,有利于电磁损耗。结果表明,当 Fe、Co 摩尔比为 4∶6 时,2 mm 厚度下复合材料的有效吸波频宽为 6 GHz(11.36 GHz~17.36 GHz),这为吸波材料的研究提供了新的方向。

同时,通过磁场辅助、电场诱导、添加有机物表面活性剂、形状调节剂等方法可以合成具有纳米片状、纳米棒状、纳米线状、纳米树枝状结构的软磁金属单质及合金。相对于传统的球状金属合金,不同形状的纳米软磁材料具有一定取向性,一方面增加了材料的形状各向异性,进而使得矫顽力增大;另一方面,它的比表面积更大,这将增加材料在微波频率范围内由界面极化、畴壁共振带来的吸波损耗。例如,Tang 利用微波诱导的方法合成具有纳米链状的金属 Ni,表现出不同的磁性能。Yu 利用电场诱导和电化学还原方法直接合成具有树枝状纳米结构的 α-Fe 单质,具有优异的微波吸收性能,最大反射损耗值为−32.3 dB,并且具有高达 12 GHz 的宽吸收频带。Yang 通过化学法合成 FeCo 纳米片在吸收层厚度为 1.8 mm 时,达到的最大吸收强度为−43 dB,并且在 1.5~3.5 mm 厚度范围内,低于−20 dB 的频率带宽范围为 3.7 GHz~10.5 GHz。Yan 改变配比低温化学还原合成具有花状结构的 FeCo 合金,在厚度为 3.6 mm 时最大吸收强度为−59 dB,在吸收层厚度为 1.0~2.9 mm 范围变化时,超过−20 dB 的带宽范围为 5.4 GHz~18 GHz。仅仅通过调节金属合金的结构形状并不能达到最优的微波吸收,所以很多研究者考虑金属合金与其他类型吸波材料的复合。含 Fe、Co、Ni 等铁磁性元素的纳米金属颗粒越来越多地被研究应用于电磁波吸收领域。因其具有较高的饱和磁化强度,故在高频范围内仍具备较高的磁导率水平和磁损耗,同时铁磁金属的居里温度较高,具有较好的温度稳定性,并且 μ' 和 μ'' 随频率上升逐渐降低,具有较好的频谱特性,从而有利于实现宽带吸收。

铁、钴、镍金属单质及其合金作为典型的软磁材料,具有较高的磁导率,较大的饱和磁化强度,较低的矫顽力,虽然已广泛用作吸波材料,但是软磁合金仍存在密度大、抗氧化及耐酸碱能力差、电阻率低、在涂层中容易产生趋肤效应、介电常数较高、频谱特性差、低频段吸收性能较差等问题需要解决。因此针对纳米合金颗粒自身形状的调节和与不同吸波剂的复合成为研究者的目标。

2.2.2 金属及金属氧化物吸波材料的制备及吸波性能

磁性金属微粉主要分为Co、Fe、Ni等金属单质及其合金,相关的理化性质如下:

(1)镍粉。导磁性能、导电性能良好,其整体形貌对于其自身理化性质具有重要影响。我们根据这一性质,将其掺杂在一些高分子材料中制成新型的电磁波吸波材料。掺杂后的复合材料导电涂层散射和吸收电磁射线的能力比掺杂前有很大提高,抗潮、抗氧、抗腐能力也会有明显改善。

(2)钴粉。磁学性能良好,具有较好的金属特性。研究发现金属钴粉的掺杂量对其吸波效能有直接的影响。随着钴粉含量的增加,介电常数增加,反射率增强,吸波效能明显增强。

(3)铁粉。电导率和磁性较高,铁粉不但可以直接应用形成吸波材料,也可以将其与某些特殊材料进行复合而形成吸波材料。科研人员经过长时间的实验验证发现具有针状和棒状的铁粉性能最好,从而证明铁粉本身的形貌对于整体的吸波性能具有一定的影响。

(4) Fe-Si 合金粉末。矫顽力小(Hc),饱和磁化强度和磁导率高。邓联文等人将FeSi 合金粉末填充在环氧树脂中以制备新型的吸波材料,经过测试表明其在低频具有较好吸收。Xie 等利用甩带法制备 $Fe_{100-x}Si_x(x=10,20,30)$ 合金粉末,研究表明吸波频段的改变与 Si 含量有关,与此同时证明 FeSi 含量的改变对材料的吸波效能有显著的影响。

(5)Fe-Ni 合金。高频范围内饱和磁导率、磁化强度和抗氧化能力较强,导热系数较低,对于电磁波具有良好的吸收作用。Lu 等采用一定方法制备 Fe-Ni 纳米粒子,使其表面薄膜钝化,介电常数降低,对阻抗匹配更加有利。

(6) Fe-Si-Al 合金。属于一种金属材料,具有一定的金属特性。Yanagimono 等对 Fe-Si-Al 合金中的组分含量进行优化,使其对于电磁噪声具有明显的抑制作用,正好达到预期效果。

2.2.2.1 金属微粉镍的制备及吸波性能

本课题组采用较简单的水热手段利用热液还原的方法制得,其具体制备过程如下:

(1)制备平均粒径为 780 nm 的镍球:将 $NiCl_2 \cdot 6H_2O(1.2 g)$、柠檬酸三钠(0.4 g)和乙酸钠(3.2 g)溶解于 60 mL 1,2-丙二醇中,然后将 6 mL $N_2H_4 \cdot H_2O$ 快速添加到混合溶液中,然后将其转移到聚四氟乙烯内衬的不锈钢高压釜中,并在 140 ℃下保持 15 h。分离深灰色沉淀,用蒸馏水和无水乙醇洗涤几次,并在 50 ℃下真空干燥 12 h。

(2)合成平均尺寸为 420 nm 的镍颗粒:将 $NiCl_2 \cdot 6H_2O$(1.2 g)、二水柠檬酸三钠(0.2 g)和乙酸钠(3.0 g)溶解在含有 30 mL 甘油和 30 mL 蒸馏水的混合溶液中,向上述溶液中添加 1.6 g NaOH。然后,向上述溶液中加入 3.2 g 次磷酸钠($NaH_2PO_2 \cdot H_2O$)。最后,将溶液转移到聚四氟乙烯内衬的不锈钢高压灭菌器中,密封并在 140 ℃的烘箱中干燥 15 h。收集黑色沉淀物并用蒸馏水和乙醇冲洗,在真空烘箱中干燥。

(3)以 30 mL 的 1,2-丙二醇代替 30 mL 的甘油,在其他合成条件不变的情况下,可得到平均直径为 100 nm 的镍亚微球。为了方便起见,将平均粒径为 780 nm、420 nm 和 100 nm 的单分散镍亚微球分别命名为 Ni-780、Ni-420 和 Ni-100。

所制备样品的 XRD 图谱如图 2-49(a)所示。从图中可以看出,所有的强衍射峰都可以标为镍的典型相(JCPDS file no.10-0319),同时,未检测到其他晶体杂质,这表明镍样品的纯度高。三个样品的 SEM 图像如图 2-49(b)~(d)所示,可以看出,单分散的镍亚微米颗粒显示出从 780 nm 到 100 nm 的粒径减小,这与 XRD 图谱一致。

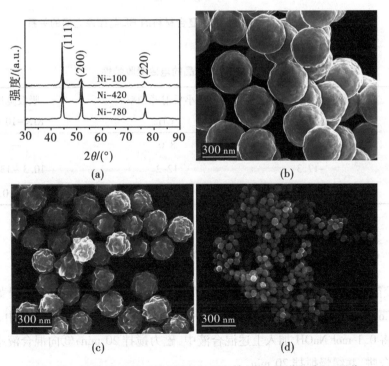

图 2-49　样品 Ni-780、Ni-420、Ni-100 的 XRD 图谱和 SEM 图像

图 2-50 显示了厚度为 2 mm 的三个样品的微波吸收特性,表 2-2 总结了三种镍样品的电磁性能。对于 Ni-780,在 8.0 GHz 下,最小 RL 为-7.5 dB。结果表明,Ni-780 在 1 GHz ~ 18 GHz 波段对电磁波的吸收能力很弱。对于 Ni-420 样品,清晰地观察到一个强

峰值（-17.3 dB、12.2 GHz）。反射损耗低于-10 dB（90% 微波衰减）的吸收带宽高达 3.2 GHz（10.3 GHz ~ 13.5 GHz）。与前两种 Ni 样品相比，Ni-100 蜡基复合材料具有不同的 RL 峰强度和位置。RL 峰值在 9.3 GHz 时达到-26.4 dB，并获得了覆盖 8.3 GHz ~ 10.0 GHz 频率范围的有效吸收带（RL<-10 dB）。

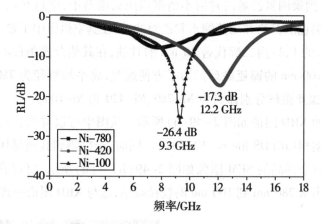

图 2-50　厚度为 2 mm 的镍/蜡复合材料的 RL 与频率之间的关系

表 2-2　三种镍样品的电磁吸收特性

样品	最小反射损耗值 /dB	最小反射峰频率 /GHz	吸波宽度 （RL<-10 dB）
Ni-780	-7.5	8.0	——
Ni-420	-17.3	12.2	10.3 ~ 13.5
Ni-100	-26.4	9.3	8.3 ~ 10.0

2.2.2.2　CoNi 合金的制备及吸波性能

采用较简单的水热手段利用热液还原的方法制得，具体制备过程如下：①将 0.5 mmol CoCl$_2$·6H$_2$O 和 0.5 mmol NiCl$_2$·6H$_2$O 溶于 30 mL 去离子水中，磁力搅拌 20 min；②将 0.1 mol NaOH 加入上述混合液中，磁力搅拌 20 min；③向混合液中匀速加入 4.0 mL 水合肼，并缓慢搅拌 20 min。

待搅拌结束后将上述混合液转移至已经洗净并干燥好的聚四氟乙烯内衬反应釜中，密封好后放入预先升温好的鼓风干燥箱中，并在 180 ℃下保温 12 h。待反应结束后，将沉淀在反应釜底部的灰白色物质分别进行水洗，醇洗，离心过滤，真空干燥，收集。在此反应过程中，NaOH 作为反应的沉淀剂，并为反应提供碱性环境，水合肼作为还原剂，将 Co^{2+} 和 Ni^{2+} 还原为 CoNi 合金。

图 2-51 是上述制得的灰白色物质的 XRD 图谱。观察图中信息可知,在面心立方 Co 和面心立方 Ni 的衍射峰之间出现了三个较强的衍射特征峰,位置分别在 $2\theta = 44.48°$、$51.68°$、$76.20°$ 附近,与标准 PDF 卡对照可知,三个衍射峰分别对应 Co、Ni 的 (111)、(200)、(220) 晶面。由此,可以推断出灰白色物质即为 CoNi 合金,而且产物中 Co、Ni 单质处于互相固融状态。

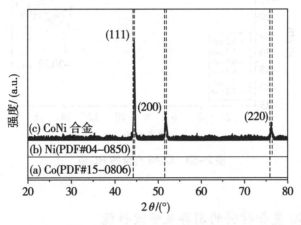

图 2-51　CoNi 合金的 XRD 图谱

图 2-52 是上述制得的灰白色物质 CoNi 合金的 SEM 图像。从图中可以观察到,CoNi 球呈现出固融状态,表现为灰白色,单个合金球尺寸处在 500 ~ 800 nm(亚微球),且 CoNi 合金球分布较集中,呈现出团聚现象。团聚现象将大大降低材料的吸波性能,不利于吸波材料的设计。值得一提的是,CoNi 合金间出现大量的空隙结构,此种结构有利于电磁波在材料内部发生多重反射和吸收。

(a) ×10 000　　　　　　　(b) ×20 000

图 2-52　CoNi 合金的 SEM 图像

根据传输线理论并结合 MATLAB 软件,模拟出了 CoNi 合金的反射损耗值,如图 2-53 所示。从图中可以看出,随着吸波层厚度的增大,材料的最小反射损耗值向着低频段区域移动。其中,CoNi 合金在吸波层厚度为 7 mm,频率为 15.48 GHz 时,最小反射损耗值(RL_{min})为 -30.73 dB,其中有效反射损耗值 RL < -10 dB 对应的频率范围为 13.5 GHz ~ 16.38 GHz(2.88 GHz)。

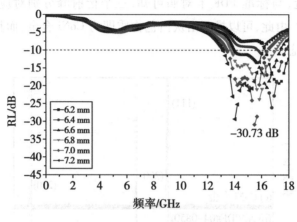

图 2-53　CoNi 合金的 RL 值

2.2.2.3　Ni@Cu 复合材料的制备及吸波性能

采用原位水热还原的方法对 Ni@Cu 复合材料进行制备,具体的实验过程如下:

(1)将 1 mmol CuCl₂·6H₂O 和 1 mmol NiCl₂·6H₂O 溶于 60 mL 蒸馏水中并搅拌 15 min,使其充分溶解。

(2)向上述混合溶液中加入 0.12 mol NaOH,剧烈磁力搅拌 15 min。

(3)在搅拌过程中将 5 mL 的乙二胺(EDA)滴入混合物中,溶液变得浑浊,之后将 6 mmol NaBH₄ 引入溶液中,分别搅拌 15 min,使其充分混合均匀。

(4)将混合溶液转移到干燥聚四氟乙烯内衬反应釜中,然后密封并在 90 ℃下保温 15 h,然后在此条件下反应。

(5)通过离心收集 Ni@Cu 产物,用蒸馏水和乙醇洗涤数次,并在 60 ℃真空干燥。

使用粉末 X 射线衍射(XRD)测量来描述样品的晶相和结晶度。如图 2-54 所示, Ni@Cu 复合材料主要由 Cu 和 Ni 组成。在 $2\theta = 43.41°$、$50.56°$ 和 74.30°处图像的三个峰值对应于纯 Cu 金属的衍射峰。在 $2\theta = 44.51°$、$51.85°$ 和 76.37°处的另外三个峰被指向 Ni 金属的标准衍射峰。图 2-54 中的主要衍射峰分别与 Ni 和 Cu 的(111)、(200)和 (220)晶面可以很好地吻合,以此可以确认这两种金属都具有相同的晶体结构。而 XRD 图谱中并没有观察到其他相的杂质峰,这表明样品中的主要物质是 Ni 和 Cu,由此可以说明 Ni@Cu 复合材料晶相的纯度和结晶度较高。

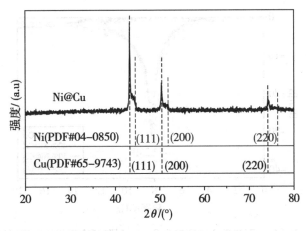

图 2-54 Ni@Cu 复合材料的 XRD 图谱

通过 SEM 分析得到了 Ni@Cu 复合材料的微观形貌,图 2-55(a)显示了低放大倍数 SEM 照片,结果表明 Ni@Cu 复合材料的微观形貌为由平均直径 300~550 nm 和直径 1~4 μm 的鱼骨状。如图 2-55(b)(c)所示的是 Ni@Cu 复合物的高放大倍数的 SEM 图像。从图 2-55(c)可以看出,每个鱼骨状的单独结构具有明显的茎结构,高度有序细枝分布在单个鱼骨结构的圆柱上,这些茎上的分枝结构更像是小颗粒的定向沉积物,并且具有高度的相似性。

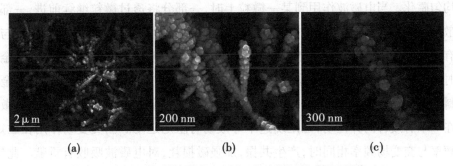

图 2-55 不同放大倍数 Ni@Cu 复合材料的 SEM 图像

由图 2-56 可知,含量为 50% Ni@Cu-石蜡复合物具有这四种复合材料中最强的电磁波损耗性能。电磁波频率为 8.2 GHz,薄吸收体厚度为 2.0 mm 时,石蜡复合物的最小 RL 达到-32.2 dB。在 7.5 GHz~9.1 GHz 范围内观察到 RL 值<-10 dB(90% 吸收)的吸收带宽。当 Ni@Cu 复合材料处于低负载(30% 和 40%)比例时,Ni@Cu 复合材料高度分散在石蜡基质中,它们不能彼此连接,不能产生导电的 Ni@Cu 网络。当将高比例的 Ni@Cu(60%)复合材料引入蜡基质中时,从图中可以看出,吸收性能得到了很大改善。此外,减轻吸波材料总质量这一重要客观要求和阻抗匹配性能的适配也是需要考虑在内的。

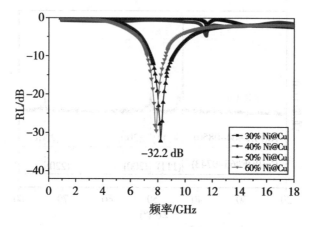

图 2-56　Ni@Cu-石蜡复合物厚度为 2 mm 时随频率变化的电磁波损耗曲线

2.2.3　金属及金属氧化物材料吸波机制

由于过渡族金属具有磁性,其吸波机制不同于电导型和电介质型,属于磁介质型,具有一定的磁损耗,其电磁波衰减能力依赖于磁滞损耗、畴壁共振、涡电流和自然共振等机制。当微粒线度远小于趋肤深度且远小于电磁波波长时,可认为过渡金属微粒被外来交变场均匀磁化。当电磁波作用到某一微粒上时,一部分将透过微粒继续前进,一部分被微粒散射,另一部分电磁波能量被微粒损耗,损耗部分与材料和微波频率有关,还与微粒尺寸有关。当电磁波经过多个微粒作用后,衰减电磁波能量也越大。铁磁性过渡金属材料同时具有介电损耗和磁损耗能力及高效吸收电磁波的潜能。通常情况下,过渡金属磁性材料内部存在介电弛豫,对电磁波损耗有贡献。过渡金属由于其磁各向异性,微粒内部存在一个有效各向异性场,磁矩绕这个等效场有阻尼运动。当交变场作用在磁矩上,进动频率与交变场频率相同时,产生共振,加强磁损耗,对电磁波吸收有贡献。此外,厚度匹配也是高效吸收电磁波的重要条件。

综上所述,低维过渡金属吸波材料由于其比表面积比较大,增大了电磁波散射,而且有较强的铁磁性,集成了介电损耗和磁损耗,有望成为一种高效电磁波吸收材料。

2.2.4　金属及金属氧化物吸波材料的机遇与挑战

铁、钴、镍过渡金属吸波材料制备及吸波性能研究取得了重要进展,但仍存在需要进一步研究的问题。归纳起来,关于过渡金属吸波材料的研发方向和趋势如下:

(1)改进过渡金属吸波材料制备工艺,探索介电损耗和磁损耗匹配的新型吸波材料,使其电磁波损耗能力进一步提高,研制出轻质高效的电磁波吸收材料。

(2)非晶化和纳米化仍然是过渡金属吸波材料的重要研究内容。通过优化材料微结构,进一步调整过渡金属吸波材料的尺寸与结构、各向异性等,增强其小尺寸效应、表面效应和量子尺寸效应等,从而改善过渡金属的电磁特性,提高材料包括吸波性能在内的综合性能。

(3)基于过渡金属,引入其他优异电磁波吸收性能材料,制备出多层结构或多功能复合材料,获得高性能过渡金属复合材料,大幅度提升其电磁波吸收能力并拓宽材料对电磁波的有效吸波带宽。

(4)针对过渡金属吸波复合材料,需要进一步探索新的电磁波吸收机制,如多重弛豫、多重磁共振及其电磁协同吸波机制,从而有力支撑高性能吸波材料技术的发展。

2.3 高分子基吸波材料研究现状

2.3.1 高分子基吸波材料概述

聚苯胺、聚吡咯、聚氨酯等高分子材料因其相对较好的稳定性、耐化学性和方便大规模生产而被广泛应用于吸波材料领域。然而单一的高分子材料并不能表现出优异的微波吸收性能,且许多高分子材料具有特殊的气味,会影响人类的健康和环境安全。目前的改进主要集中在与其他介质材料的复合及以高分子材料为主作为基体材料。

2.3.1.1 填充型高分子基质吸波材料

(1)可生物降解 PVA 薄膜。水溶性 PVA 薄膜是在国际上崭露头角的一种新型塑料产品,它利用了 PVA 的成膜性、水和生物两种降解特性,可完全降解为 CO_2 和 H_2O,是名副其实的绿色高新环保包装材料。在欧美、日本,水溶性 PVA 薄膜已广泛用于各种产品的包装。在我国水溶性 PVA 薄膜的发展还处于起步阶段,工业性研发在近 5 年间才真正有所展开,主要应用在刺绣及水转印(玻璃、陶瓷、电器外壳等的彩色印刷)两个领域。在电磁波吸收材料应用方面也有所应用,设计先进的结构来调节介电常数和磁导率是提高材料吸收性能的有效途径,羰基铁粉(CIP)与 PVA 球磨后,可以最终均匀分散在石墨烯氧化物(GO)表面。然而,单一的磁性吸波材料有许多明显的局限性。例如,它们的损耗机制主要是磁损耗,但介电损耗相对较低,其次,磁性材料的复磁导率和复介电常数不平衡,导致阻抗匹配不良。这两个主要限制阻碍了单一磁性材料的进一步应用,此外,传统磁性材料的高密度不能广泛应用于实践中。磁性材料和较轻的介电元件的组合是克服这些限制的有效途径之一。石墨烯以其独特的结构和性能,可以与其他材料如聚合物有机化合物、金属(氧化物)颗粒等组成石墨烯基复合材料。其中磁粉复合材料是石墨烯基吸波材料研究的热点之一。氧化还原石墨烯与羟基铁粉在一起可用于构建互补的介电/磁微波吸收复合材料,通过控制两种材料的尺寸、形状和分布,可以大大改变复合材料的电磁性能。此外,在非磁性聚合物基体中加入羰基铁粉(CIP)制备核壳结构复合材料是提高 CIP 吸波性能的另一种方法,CIP 在核壳结构中起着核心作用,提高了复合材料的复合渗透率,导致了磁损耗的增加。聚合物基体作为一种外壳,不仅是界面极化的核心,而且是磁颗粒之间的绝缘基体,增强了介电损耗,具有良好的阻抗匹配性。

(2)聚偏氟乙烯(PVDF)均聚物或者偏氟乙烯与其他少量含氟乙烯基单体的共聚物。它兼具氟树脂和通用树脂的特性,除具有良好的耐化学腐蚀性、耐高温性、耐氧化性、耐候性、耐射线辐射性能外,还具有压电性、介电性、热电性等特殊性能,是含氟塑料中产量名列第二位的大产品,全球年产能超过 5.3 万吨。作为一种吸收材料,在 rGO@ 赤铁矿(0~15%)的不同负载下制备了 RGO@ 赤铁矿/聚偏氟乙烯(PVDF)复合材料,并表现出较强的微波吸收范围为 2.0 GHz~18.0 GHz。例如,负载量为 5% 的 rGO@ 赤铁矿/PVDF 复合材料在 5.76 GHz 有很强的吸收峰,最大吸收值为 -43.97 dB。此外,原始 rGO 纳米片的分散性和团聚效应很差,限制了这些 rGO 基材料在电磁干扰屏蔽中的应用。解决这些问题的一个有前途的方法是使用无机纳米材料在 rGO 纳米片表面进行装饰。总的来说,具有壳核结构的石墨烯基杂化结构在许多研究领域都比其他结构表现出更优异的性能。此外,在以往的研究中,壳芯杂化材料也表现出独特的电磁波吸收材料性能。近年来,无机-有机纳米复合材料表现出增强的微波吸收能力,具有广阔的应用前景,无机纳米粒子与有机聚合物基体之间存在协同效应,可以明显增强纳米复合材料的波吸收。在这些聚合物中,聚偏氟乙烯(PVDF)作为一种复合聚合物基体材料,由于其结合性,在无机-有机纳米复合材料的制备中受到了广泛的关注,具有柔韧性、低质量、低导热率、高耐化学腐蚀、耐热性和优异的介电性能。在此,我们报道了低温湿化学方法原位一锅合成 rGO@ 赤铁矿杂化物。在 180 nm 左右的赤铁矿纳米颗粒嵌入 rGO 层中,获得独特的核壳纳米结构。同时,采用简单的共混和热成型工艺制备了 rGO@ 赤铁矿/PVDF 复合吸波材料。

(3)聚对苯撑苯并二噁唑(PBO)。作为一种具有优异的热稳定性、环境稳定性和力学性能的共轭聚合物,在许多屏蔽材料中得以应用。磁性材料在 PBO 基体中的复合材料由于其优异的微波吸收性能和热稳定性,有望具有潜在的应用前景。例如,将 $g-Fe_2O_3-$MWNTs 掺入到 POL 中得到了具有高机械强度、优异的热稳定性和氧化稳定性的共轭聚合物中得到了 $g-Fe_2O_3-$MWNTs 的特殊结构,对介电损耗和磁损耗有协同作用,并获得了较好的匹配特性阻抗。

(4)环氧树脂。轻量化材料已成为航空航天应用的必然要求,其形式有机身、机翼、卫星有效载荷、火箭等。在这类材料中,环氧/碳纤维(CF)复合材料由于其优异的强度与重量比、热和电行为、易于制造和设计,是最受欢迎的材料之一。环氧/碳纤维复合材料的这些优点可以转化为各种高性能的应用。目前,战斗机和商用飞机(如机身、机翼等)的主要部件由 CF 增强聚合物(CFRP)组成。此外,它们还经常被用于航空电子系统、电子包装材料、光纤指南、结构应用、机器人、有效载荷等,以及最近的电磁干扰(EMI)屏蔽应用。简单地说,EMI 可以解释为由于来自周围设备的多个信号的干扰而在设备中引起的不期望的干扰/性能。在某些情况下,它变成了保护设备免受这种干扰,以避免对关键电子元件的任何损坏。例如,飞机、潜艇和火箭的导航系统需要高效的电磁干扰屏蔽材料。早些时候,金属被用来从电磁波(EM)中筛选设备,但在过去的十年中已经转向聚合物复合屏蔽材料。聚合物比金属具有低密度、耐腐蚀、易于加工和成型等优点。从 EMI 屏蔽机制的理论出发,我们了解了电磁波可以通过三种机制衰减,即反射、吸收和多次反射。在有效的 EMI 屏蔽行为上,材料应该有电荷载流子或磁偶极子来衰减电磁波。大多数聚合物在性质上是电绝缘的,不含磁偶极子,因此,它们对电磁波是透明的。因此,可以为这一特殊应用探索嵌入导电或磁性粒子的聚合物。因此,聚合物复合材料可以很容易地设计,以达到预期的 EMI 性能。环氧复合材料在开发前瞻性和高效材料方面取得了很有前途的结果。

2.3.1.2 柔性高分子薄膜型吸波材料

最近,一些磁性粒子被添加到 PANI 中,以提高微波吸收性能。研究 PANI 形貌对微波吸收性能的影响,发现片状 PANI 可以改善微波吸收性能。然而,这些电磁吸收器的实际应用由于其刚性结构而受到阻碍。这些超硬材料在规模化生产方面面临困难。相比较而言,在超硬材料中,柔性器件具有更明显的优点。在考虑其实际应用时,具有灵活性的器件可以提供各种形状和保护的电子器件。

2.3.1.3 导电高分子吸波材料

(1)导电聚合物及其复合材料引起了广泛的关注,并在储能、传感器、金属腐蚀防护、电磁屏蔽和微波吸收等领域得到了广泛的应用。近年来,许多研究成功地将导电聚合物用于微波吸收领域。作为介电型微波吸收材料(MAMs)的一种,与传统的材料相比,导电聚合物具有质量轻、耐腐蚀、加工方便和电导率范围很宽等优点。目前,对于导电聚合物吸波材料的研究主要集中在聚吡咯、聚苯胺、聚噻吩等。

(2)聚苯胺因良好的环境稳定性、高导电性和低密度而被认为是一种很有前途的电磁波吸收材料。Liu 等还报道了一种原位聚合工艺合成还原氧化石墨烯-聚苯胺膜复合材料,RGO/PANI 的最大反射损耗为-41.4 dB,厚度为 2 mm。虽然许多研究人员一直专注于聚苯胺/石墨烯片复合材料的路线,但在目前的大多数路线中,PANI 纳米棒的生长是由非反应基团或在石墨烯上吸收添加剂,仅通过范德瓦耳斯力或 p-p 堆积力与石墨烯结合。因此,这种纳米棒不可避免地会受到石墨烯剥落的风险,特别是在长期使用或大规模生产后更糟。同时,电子转移速率与共价键合聚苯胺/石墨烯复合材料相比,非共价键合聚苯胺/石墨烯复合材料速度慢。因此,PANI 与石墨烯之间引入强、永久和共轭相互作用显然成为一个重要的挑战。为此,以氨基功能化石墨烯片(AFG)为聚合引发剂模板制备有序高密度 PANI 纳米棒阵列被开发。进一步,与无机纳米离子的杂化也是获得优异吸波效果的有效途径。

(3)磁性石墨烯@ PANI@ 多孔 TiO$_2$ 可以通过两步合成策略合成。将 PANI 和多孔 TiO$_2$ 与负载在磁性石墨烯上,形成了磁性石墨烯@ PANI@ 多孔 TiO$_2$ 复合材料。通过详细研究多孔 TiO$_2$ 的结构和 PANI 的存在对电磁波吸收性能的影响,作为电磁波吸收器,在厚度仅为 1.5 mm 和 -45.4 dB 吸收率的情况下,更好的归一化阻抗(接近1),复合材料的最大反射损耗可达 -45.4 dB,当厚度为 1 ~ 3.5 mm 时,有效带宽(<-10 dB)的带宽可达11.5 GHz。

2.3.1.4 以高分子为模板的吸波材料

与传统的 A/B 电磁波吸收模型相比(低介电常数的 A 相不具有电磁波损耗能力,B 相介电常数高,起到 EM 吸收剂的作用),异构结构设计主要包括 A/B/C 型和 A/B 芯/C 壳型,已被证明是提高电磁吸收性能的有效途径,引入中等介电常数的 C 相,优化了 A 相和 B 相的阻抗匹配。此外,C 相和 B 相形成了丰富的异质结构,增强了极化效应。如果将固体 B 芯相设计为由多个原子厚度的二维导电材料构建的空心球结构,则可以最大限度地形成非均质界面,大大降低了密度,特别注意,优化空气作为 A 相,而不是传统的高密度材料(PDMS、蜡、环氧树脂等),可以在不牺牲 IM 平衡的情况下进一步减小其密度阻抗匹配和介电损耗。相关研究者证明了 rGO 包覆的 MXenes 空心核壳球和三维大孔泡沫的制备,通过牺牲高分子 PMMA 模板策略将 rGO 与 Ti$_3$C$_2$T$_x$ 和三维大孔泡沫复合。以 RGO 为轻骨架,而空心 Ti$_3$C$_2$T$_x$ 球则起着增强力学性能的作用。由于独特的微观结构和相组成,获得了具有可控复介电常数的独立、薄和轻质高性能 EM 吸收材料。

根据以上研究,本章节综述了几种高分子材料相关的电磁波吸收、屏蔽方面的研究,具体如下:

研究者们采用溶剂热法和原位聚合方法设计了芯@ 双层外壳纳米结构,提高了 Fe$_3$O$_4$@ Polyaniline(PANI)@ MnO$_2$ 纳米球(FPM)的电磁波吸收性能。同时,研究了其形貌、磁性和电磁波的吸收性能。FPM 的 FESEM 和直径分布如图 2-57(a)(b)所示。FPM 的纳米球表面生长了大量的 MnO$_2$ 纳米片,其平均直径约为 574 nm。Fe$_3$O$_4$ 的饱和磁化强度为 73.5 emu/g,FP 为 63.6 emu/g,FPM 为 58.2 emu/g。饱和磁化强度的降低归因于非磁性聚苯胺和 MnO$_2$ 的加入。Fe$_3$O$_4$、FP 和 FPM 的矫顽力分别为 32.6 Oe、7.2 Oe 和

8.4 Oe,这主要与样品中 PANI 和 MnO_2 的壳层和尺寸效应有关。根据上述结论,衰减常数 α 值和阻抗匹配率是影响电磁波吸收性能的最重要因素。从图 2-57(d)可以看出,FPM 的衰减常数 α 值明显大于其他样品,这说明 FPM 纳米球在所有样品中都具有更好的衰减能力。图 2-57(e)显示了各样品的阻抗匹配比,发现 FPM 的整体阻抗匹配比更接近于 1。结果表明,FPM 具有更好的阻抗匹配,这意味着更多的入射电磁波进入 FPM 纳米球,并显示出良好的微波吸收性能。从图 2-57(f)可以观察到 2.0 GHz ~ 18.0 GHz 范围内不同厚度 FPM 的 RL 图。相比之下,厚度为 3.5 mm 的 FPM 在 15.76 GHz 时的 RL_{min} 值为-14.7 dB,对应的 EAB 可以达到 4.75 GHz。由此可以推断,双壳结构的构建可以有效地提高微波吸收性能。这样,新制备的 core@ double-shell 结构 Fe_3O_4@PANI@ MnO_2 纳米球可能是微波吸收的理想候选材料。

当谈到 FPM 的微波吸收机制时,如图 2-58 所示,FPM 复合材料中,Fe_3O_4 芯、PANI 和 MnO_2 壳层形成了多界面,并伴随着大量的界面极化效应,有利于材料中电磁波的衰减。此外,特殊结构扩展了电磁波的传输路径,更有利于电磁能转化为热能或其他形式的能量。FPM 特殊的芯@ 双壳结构在改善阻抗匹配方面起着关键作用,有助于电磁波进入吸收器。换句话说,FPM 的最佳吸波性能是由于其特殊的芯@ 双壳结构、介电损耗、磁损耗和衰减常数以及较好的阻抗匹配比。

Qiao 等报道了一种新型的蛋黄壳吸收剂 Fe_3O_4@空@ SiO_2@PPy 纳米链(FVSP),扩大了微波吸收的应用。在此过程中,采用改性水热法和磁场诱导沉淀聚合法制备了蛋黄壳 Fe_3O_4@空@ SiO_2 纳米链(FVS)和 Fe_3O_4@空@ SiO_2@PPy 纳米链。由图 2-59(a)(b)可以看出,主链的表面是粗糙的,这是由于 PPy 纳米颗粒的堆积。此外,为了解释 FVSP 纳米链的核双壳结构,透射电子显微镜(TEM)图像[图 2-59(c)(d)]显示了纳米链中明显的核双壳结构。从 TEM 图像中可以看出,PPy 壳层厚度约为 20 nm。图 2-59(e)为 Fe_3O_4@空@ SiO_2 和 Fe_3O_4@空@ SiO_2@PPy 纳米链的磁化特性。可以看出,Fe_3O_4@空@ SiO_2 和 Fe_3O_4@空@ SiO_2@PPy 纳米链的饱和磁化强度分别约为 42.3 emu/g 和 24.7 emu/g。而非磁性 PPy 壳层则会导致饱和磁化强度的下降。然而,两种纳米链在 71.5 Oe 左右具有相同的共活度,这可能归因于相同的各向异性,在一定程度上,这可能会对材料的吸波性能产生一定的影响。

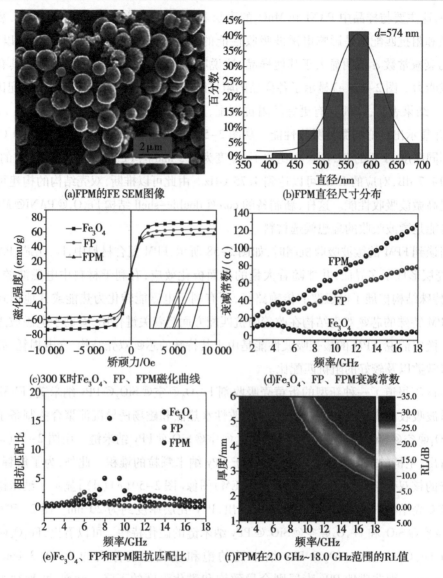

(a)FPM的FE SEM图像

(b)FPM直径尺寸分布

(c)300 K时Fe₃O₄、FP、FPM磁化曲线

(d)Fe₃O₄、FP、FPM衰减常数

(e)Fe₃O₄、FP和FPM阻抗匹配比

(f)FPM在2.0 GHz~18.0 GHz范围的RL值

图 2-57　FPM 形貌、磁性和电磁波吸收性能

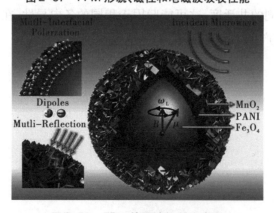

图 2-58　FPM 的吸波机制示意图

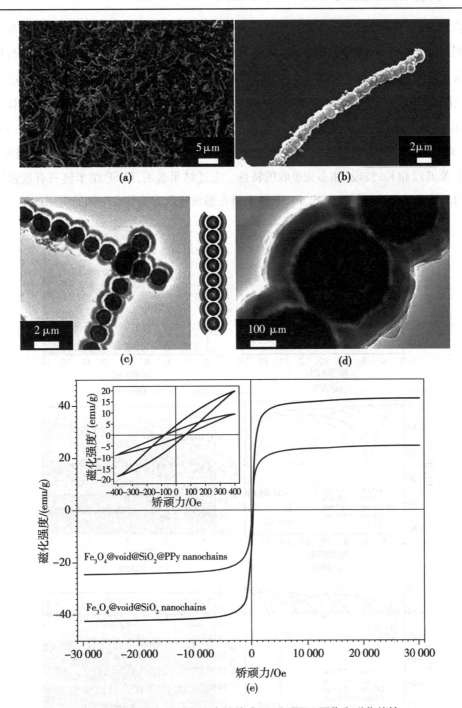

图 2-59 蛋黄壳 FVSP 纳米链的 SEM 和 TEM 图像和磁化特性

FVS 纳米链和 FVSP 纳米链的滞后环。插图是磁滞回线的放大视图。

FVSP 纳米链在频率范围为 2 GHz ～18 GHz 时，在不同层厚下，含 20%、35% 和 50% 的石蜡基复合材料的 RL 曲线和 EAB 见图 2-60。石蜡基复合材料中 FVSP 纳米链的质量分数对材料的吸波性能有一定的影响。图 2-60（a）为含有 20% FVSP 纳米链的石蜡基复合材料,在层厚为 1.8 mm 时,RL_{min}值为-54.2 dB,EAB 为 17.70 GHz。图 2-60(b) 为不同层厚 FVSP 纳米链的 EAB。最大的 EAB 达到 3.94 GHz(8.4 GHz ~ 12.34 GHz),几乎覆盖了整个 X 频段。当比例从 20% 增加到 35% 甚至 50% 时,RL_{min}和 EAB 有一定的变化。由图 2-60(c)(e)可知,35% FVSP 纳米链和 50% FVSP 纳米链在 3.1 mm 时的 RL_{min}值和 EAB 分别为-44.62 dB 和 13.55 GHz,在 6.0 mm 时的 RL_{min}值和 EAB 分别为-45.33 dB 和 14.52 GHz。对于 EAB,35% FVSP 纳米链和 50% FVSP 纳米链分别表现出宽带吸收(覆盖整个 X 波段和 Ku 波段)和多频吸收的特性。上述结果表明,FVSP 纳米链具有较强的吸收能力和较宽的吸收频带。因此,FVSP 纳米链在微波吸收方面具有广阔的应用前景。

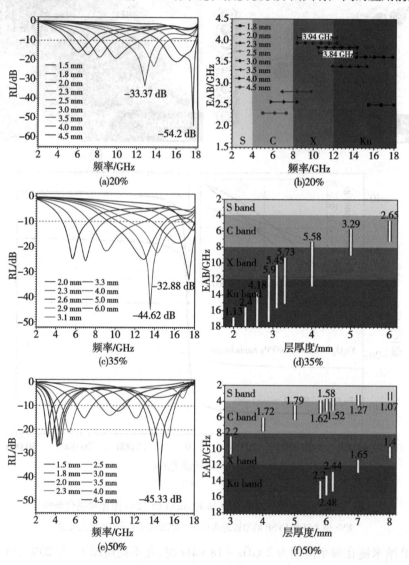

图 2-60 20%、35% 和 50% Fe_3O_4@空@SiO_2@PPy 不同层厚的纳米链

石蜡基复合材料的 RL 曲线和 EAB

图 2-61 展示了蛋黄壳 FVSP 纳米链的吸波机制。良好的阻抗匹配使得更多的电磁波进入材料,增加了电磁波与吸收器之间的协同作用。特殊的核壳结构增加了导电损耗、偶极极化、界面极化和多次反射的机会,有利于微波吸收性能的提高。

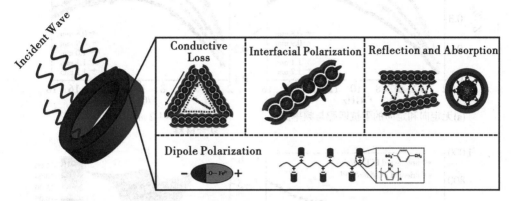

图 2-61　蛋黄壳 FVSP 纳米链的吸波机制

利用剪切力成功地制备了具有宽吸收带宽的薄膜取向片状羰基铁和 MoS_2/聚氨酯 (FC1 & MoS_2/PU) 复合材料。计算了厚度为 $0.8 \sim 1.2$ mm 的无取向和有取向 FC1 & MoS_2/PU 复合材料的阻抗匹配 Z 曲线,如图 2-62(a)(b)所示。

由图可以看出,所有的 Z 值都小于 1。Z 值越接近 1,越有利于电磁波进入材料。另外,有取向 FC1 & MoS_2/PU 的衰减常数 [图 2-62(c)] 高于无取向 FC1 & MoS_2/PU 的衰减常数,这意味着当电磁波进入材料时,有取向 FC1 & MoS_2/PU 的衰减能力更强。图 2-62(d)计算了 $0.5 \sim 4.0$ mm 不同厚度样品的 RL 值的三维图。在 2.6 GHz 下,定向 FC1 & MoS_2/PU 复合材料的 RL_{min} 值为 -23.52 dB,厚度为 3.9 mm。根据四分之一波长消去模型,随着厚度的增加,样品的 RL_{min} 值的所有频率都向低频偏移。定向 FC1 & MoS_2/PU 复合材料在厚度为 $0.5 \sim 1.1$ mm 时具有较好的微波吸收性能,而定向 FC1 & MoS_2/PU 复合材料经剪切力定向后的复介电常数和磁导率均有所提高。

结果表明,吸附剂的取向对 FC1 & MoS_2/PU 复合材料在较薄厚度下的微波吸收性能的提高具有积极的作用。但对于 PU 在复合材料中的作用及其对材料吸波性能的影响,本章没有详细描述和比较。

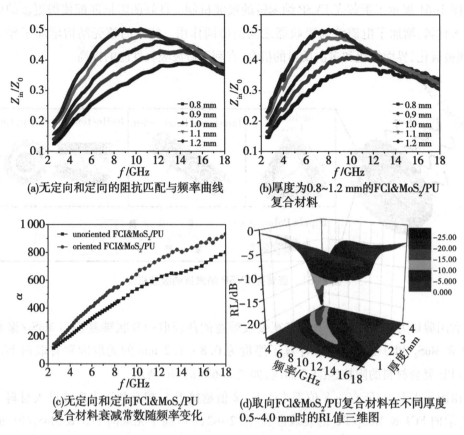

(a)无定向和定向的阻抗匹配与频率曲线　　(b)厚度为0.8~1.2 mm的FCl&MoS$_2$/PU
　　　　　　　　　　　　　　　　　　　　　　　复合材料

(c)无定向和定向FCl&MoS$_2$/PU　　　　　　(d)取向FCl&MoS$_2$/PU复合材料在不同厚度
复合材料衰减常数随频率变化　　　　　　　0.5~4.0 mm时的RL值三维图

图2-62　FCl&MoS$_2$/PU 复合材料微波吸收性能

　　研究者们采用水热法和原位聚合技术合成了共价键聚苯胺(PANI)/石墨烯气凝胶(GA)。从 XRD 图谱、SEM 和 TEM 图像中可以看出,PANI/GA 被成功合成,PANI/GA 呈现出三维多孔网络结构。与 GA 相比,PANI/GA 具有更好的吸波性能,如图 2-63(a)(b)所示,在 11.2 GHz 时,RL$_{min}$ 达到-42.3 dB,在匹配厚度 3.0 mm 时,EAB 接近 3.2 GHz(8.7 GHz~11.9 GHz)。进入吸收器的电磁波耗散也是影响电磁波消耗的关键因素,可以用 $n\lambda/4$ 模型来描述。吸收层厚度(t_m)与 GA 和 PANI/GA 的频率(f_m)和 RL$_{min}$ 的关系如图 2-63(c)(d)所示。显然,RL$_{min}$ 频率服从 $n\lambda/4$ 匹配模型的样本。

　　图2-64描述了 PANI/GA 的微波吸收机制模型。首先,GA 的高孔隙度有助于防止石墨烯的积累,加速电子传导通路和电荷转移的扩张,并促进电磁波能量转化为热能。其次,聚苯胺纳米棒与 GA 的杂化促进了材料内部的电子转移,形成了电子转移通道,促进了电子极化的发生。此外,该杂化还改善了 GA 上的非均相电子云密度,增强了聚氰胺与 GA 的协同效应。再次,聚苯胺纳米棒与多孔 GA 孔之间的特殊结构增加了电磁波在材料中的反射机会,促进了界面极化的发生,这将有助于电磁波的衰减。由于适当的阻抗匹配、协同效应以及聚苯胺和 GA 的纳米级结构的结合,复合材料的微波吸收性能明显

提高,如预期的那样,PANI/GA 可作为高效的电磁波吸收器。

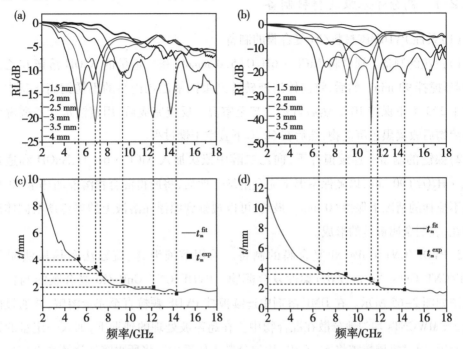

图 2-63　不同厚度的 GA(a)和 PANI/GA(b)在 2 GHz~18 GHz 时的 RL 曲线以及 λ/4 条件下 GA(c)和 PANI/GA(d)吸收体厚度与频率的数值模拟

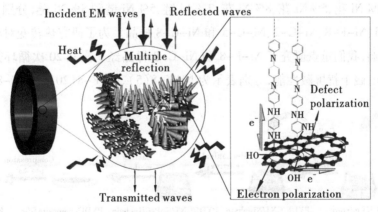

图 2-64　基于 PANI/GA 吸收器的吸波机制示意图

2.3.2　高分子基吸波材料制备及吸波性能

　　高分子基吸波材料以本课题组所开展的有关柔性 PVDF/碳材料/Ni 复合膜作为屏蔽材料及具有微孔结构的 MWCNT/PVDF 纳米复合泡沫材料的工作为例。

2.3.2.1 高分子基吸波材料制备

（1）柔性 PVDF/碳材料/Ni 复合膜的制备

1）镍花的制备。通常将 $NiCl_2 \cdot 6H_2O$（5.0 mmol）和一定量的 NaOH 溶解在乙二醇中，剧烈搅拌 90 min。然后，将前体溶液转移到聚四氟乙烯内衬的不锈钢高压釜中。干燥箱中 200 ℃下保持 10 h，然后自然冷却至室温。反应完成后，用蒸馏水和乙醇洗涤黑色沉淀物后收集黑色沉淀物，然后在 60 ℃下真空干燥过夜。

2）镍链的制备。连续搅拌下，向乙二醇中依次加入 $NiCl_2 \cdot 6H_2O$、NaOH 和适量的 $N_2H_4 \cdot H_2O$ 约 90 min，以确保室温下完全溶解。然后，将所得混合物溶液加热至 70 ℃并且在不搅拌的情况下保持 60 min。最终，可以观察到漂浮在溶液上的黑色蓬松固体产物的存在，表明金属镍链的形成。

3）PVDF/CNT/GnPs/Ni 复合膜的制备。采用溶液混合、流延法和热压法制备了 PVDF/CNT/GnPs/Ni（链或花）柔性复合薄膜。PVDF/CNT/GnPs/Ni 复合膜的制备工艺示意图如图 2-65 所示。在 DMF 溶剂中连续搅拌 PVDF 颗粒直至完全溶解，并通过磁搅拌使 3% MWCNTs 均匀地分散在混合物中。在超声波处理的辅助下，加入一定量的镍样品。然后，通过机械搅拌将 6% GnPs 均匀分散于体系中。将所得溶液浇铸在玻璃皮氏培养皿上，使溶剂蒸发，然后真空干燥 24 h，以完全去除截留的溶剂。为了研究 Ni 含量和 Ni 形状的各向异性对电磁屏蔽的影响，制备了一系列 PVDF/3%-MWCNT/6%-GnPs/Ni 复合膜，即 2% Ni 花、5% Ni 花、8% Ni 花、2% Ni 链、5% Ni 链和 8% Ni 链，分别表示为 Ni-F-2、Ni-F-5、Ni-F-8、Ni-C-2、Ni-C-5 和 Ni-C-8 样品。为了研究热转变对电磁干扰屏蔽性能的影响，我们重点研究了 Ni-F-8 和 Ni-C-8 样品经 5 次和 20 次循环微波辐照后的电导率和电磁干扰屏蔽性能，分别表示为 Ni-F-8(5)、Ni-F-8(20)、Ni-C-8(5) 和 Ni-C-8(20)。

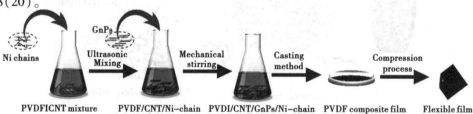

图 2-65 PVDF/CNT/GnPs/Ni 复合膜制备工艺示意图

（2）具有微孔结构的 MWCNT/PVDF 纳米复合泡沫材料的制备。PVDF/CNT 纳米复合材料的制备。利用一个简单的两步方法,包括制备固体 PVDF/MWCNT 纳米复合材料和分批发泡,用于制备 PVDF/MWCNT 纳米复合泡沫,如图 2-66 所示。首先,制备了固体 PVDF/MWCNT 纳米复合材料。采用溶液共混和压缩成型工艺制备 PVDF/MWCNT 纳米复合材料,这与之前的研究类似。对于典型工艺,使用磁力搅拌器在 70 ℃下将一定量的 PVDF 颗粒(5.0 g)溶解在 30 mL DMF 中 1 h,同时通过超声波将适量的 MWCNT(0.5%)同时分散在 DMF 中 1 h。随后,我们将 MWCNT-DMF 悬浮液添加到 PVDF 溶液中,并继续搅拌 1 h。然后,将混合物放置在 60 ℃ 的干燥箱中,直到黏性液体完全蒸发。所得混合物在设计的模具中,在 200 ℃、30 MPa 的压力下压缩成型 20 min,在此过程中,纳米复合材料被迫单向变形,最终形成"砖泥"结构。

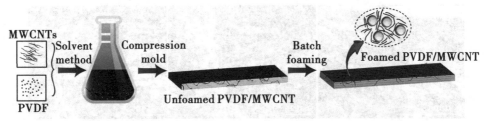

图 2-66　轻质 PVDF/MWCNT 纳米复合泡沫的制备工艺示意图

（3）轻质 PVDF/MWCNT 纳米复合泡沫塑料的制备。PVDF/MWCNT 纳米复合泡沫是通过超临界 CO_2 间歇发泡工艺制备的。在一个典型的实验中,PVDF/MWCNT 纳米复合材料被切割成 15 mm×15 mm×10 mm 大小的小块,放入黄铜容器中。接下来,使用带有高压液体泵的注射器将 CO_2 加压到容器中,以达到超临界 CO_2 状态。当达到所需压力时,将系统保持在给定压力和表 2-3 所示的指定温度下 1 h,以确保足够量的 CO_2 溶解到 PVDF 基体中。浸泡时间结束后,快速减压(1～2 s)。然后立即将容器置于水/冰浴中以稳定泡沫。我们还研究了饱和温度(167.5～170.5 ℃)对泡沫度和泡沫形态的影响。为方便起见,相应地,PVDF/MWCNT 纳米复合泡沫被描述为 FC1-FC7 样品,如表 2-3 所示。

表 2-3　PVDF/MWCNT 泡沫塑料的制备工艺参数及孔隙率

泡沫样品	FC1	FC2	FC3	FC4	FC5	FC6	FC7
温度/℃	167.5	168.0	168.5	169.0	169.5	170.0	170.5
孔隙率/%	45.7	55.7	69.5	84.3	65.6	50.4	48.7

2.3.2.2　高分子基吸波材料的表征

为了直观地发现 MWCNTs、GnPs 和 Ni 在聚合物基体中的分布,采用 SEM 从断裂的

PVDF/MWCNT/GnPs/Ni 复合膜的横截面获得特定的结构信息(图 2-67)。预期在 PVDF 聚合物中可以观察到分布相对均匀的 MWCNTs、GnPs 和 Ni 的存在。此外,随着镍含量的增加,在相同放大倍数的 SEM 区域中可以发现更多的镍链[图 2-67(a)~(c)]和镍花[图 2-67(d)~(f)]。XRD 分析了含有不同数量镍花或镍链的 PVDF/MWCNT/GnPs/Ni 复合膜的晶体结构,结果如图 2-67(g)所示。根据 XRD 图谱,推断所有复合膜均显示出相似的 PVDF 晶体,由 α 相和 β 相 PVDF 组成。这是由于在添加填料的情况下从 α 相转变为 β 相。此外,通过引入超过 5% 的 Ni 链或 Ni 花,可以观察到分配给镍相的衍射峰的存在,并且其强度随着镍含量的增加而增强。镍的化学状态通过 XPS 图谱进一步表征[图 2-67(h)]。通过 $Ni_2p_{3/2}$ 光谱(Ni-F-8)分析,发现复合膜中存在 Ni^0 和 Ni^{2+}。Ni^{2+} 的存在源于制备过程中加热步骤产生的少量 Ni^0。

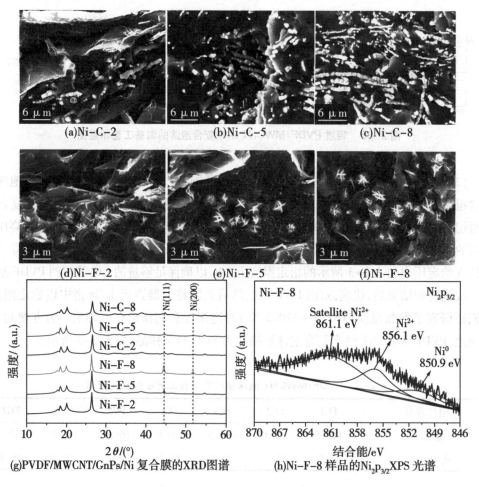

图 2-67 各种 PVDF/MWCNT/GnPs/Ni 链、Ni 花复合膜交叉断裂的 SEM 图像、XRD 图谱和 XPS 光谱

　　图2-68为PVDF/CNT纳米复合泡沫的SEM图。由图可知,泡沫的泡孔形态呈现出均匀的发泡行为,这是由于"砖泥"结构提高了熔体强度,减缓了气体的损失。此外,纳米复合泡沫塑料的形态在泡孔形状、尺寸和壁厚上都有明显的变化。在高度放大的SEM图像(图2-68中的插图)中,在细胞壁中观察到多壁碳纳米管。

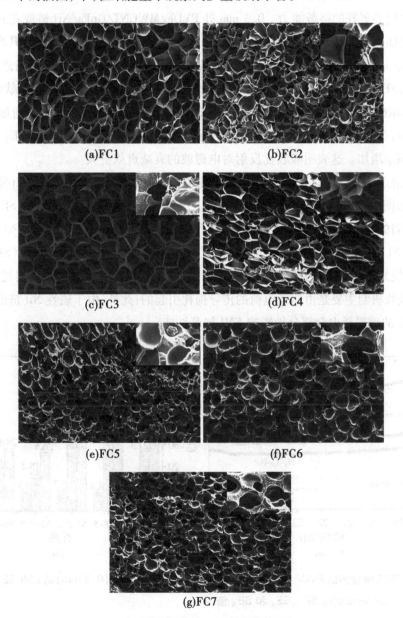

(a)FC1 (b)FC2

(c)FC3 (d)FC4

(e)FC5 (f)FC6

(g)FC7

图2-68　各种PVDF/CNT纳米复合泡沫的SEM图

插图是相应的高倍扫描电镜图像。

2.3.2.3 柔性 PVDF/碳材料/Ni 复合膜的屏蔽性能

通常,当电磁辐射遇到 EMI 屏蔽材料时,一部分波在表面上反射,其余部分穿透材料,导致吸收和多次反射(SEM)。此外,SEM 总是被省略,而 SEA 高于 15 dB。较高的 EMI SE 值代表更好的屏蔽能力。0.3 mm 处 PVDF/MWCNT/GnPs/Ni(链或花)复合膜的 EMI SE 值如图 2-69(a)所示。EMI 的值显示出随着 Ni 含量的增加而显著升高的趋势。值得注意的是,所有复合膜的 SE 值在整个 K 波段都在一个相对稳定的值附近波动。电导率越高,SE 值越大。我们选择 22 GHz 频率作为例子来研究 EMI 屏蔽贡献(SE_T、SE_A 和 SE_R),如图 2-69(b)所示。SE_T 从 Ni-C-2(C:chain,链)样品的 26.5 dB 增加到 Ni-F-8(F:flower,花)样品的 43.7 dB。此外,值得注意的是,SE_R 值几乎稳定,而 SE_A 值大大提高,导致 SE_T 增加。这表明吸收比反射对电磁波的衰减贡献更大。

为了清楚地研究各向异性形状 Ni 对电磁吸收机制的影响,我们计算了百分比(SE_A/SE_T)值,如图 2-69(b)的插图所示。直观地说,随着 Ni 含量的增加,百分比(SE_A/SE_T)值显示出微弱的增长趋势。值得注意的是,具有 Ni 花的 PVDF/MWCNT/GnPs/Ni 复合膜比具有相同 Ni 链含量的 PVDF/MWCNT/GnPs/Ni 复合膜显示出更高的百分比(SE_A/SE_T)。其原因可能是由于 Ni 花的晶粒越小,晶界越大,电磁屏蔽材料的多次散射损耗越大。一般来说,吸收机制主要是由运动电荷的传导损耗引起的;此外,由于磁性 Ni(链或花)成分的存在,Ni 的磁损耗也会部分地影响 EMI 屏蔽性能。

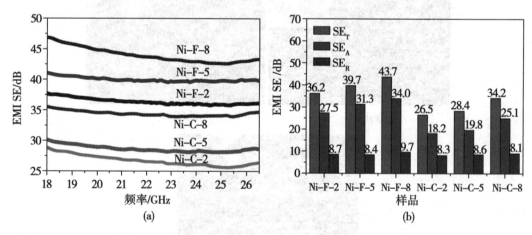

图 2-69　不同 Ni 含量的 PVDF/MWCNT/GnPs/Ni(链或花)复合膜(0.3 mm)的 EMI SE 值和频率为 22 GHz 时的 SE_T、SE_A 和 SE_R 值

为了说明吸收体厚度如何影响 MA 性能,图 2-70 显示了具有不同吸收体厚度 (1.5~3.0 mm)的 FC3 的 RL 值的三维图像和 $\delta(\Delta)$ 值。如图 2-70 所示,在大多数测量的吸收体厚度中获得了有效带宽。在厚度为 1.7 mm 的 FC3 泡沫中可以看到最小 RL 值

达到-34.1 dB(99.9%的微波损耗)[图2-70(a)]。图2-70(b)显示了吸收体厚度为
1.5~3.0 mm 的 FC3 泡沫样品的计算 δ 值图。结果表明,FC3 泡沫试样具有较大的 0.5
以下的面积。这一发现与上述 MA 性能分析结果一致,说明 FC3 泡沫样品的 MA 性能
优越。

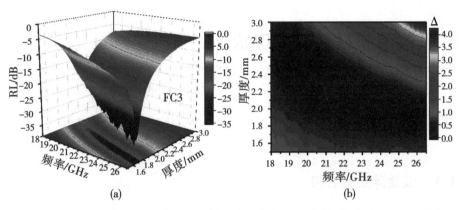

(a)   (b)

图2-70 FC3 泡沫样品的三维 RL 值和计算 δ 值

2.3.3 高分子基吸波材料的吸波机理

高分子基吸波材料的吸波机理研究以本课题组所开展的有关具有微孔结构的
MWCNT/PVDF 纳米复合泡沫材料作为屏蔽材料的工作为例。

微孔 PVDF/多壁碳纳米管复合材料的电磁屏蔽机理研究(图2-71)。经研究发现:

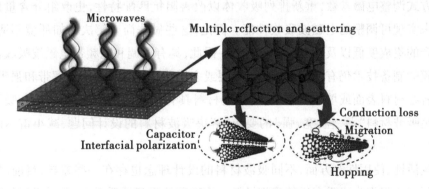

图2-71 微孔 PVDF/多壁碳纳米管复合材料的电磁屏蔽机理

(1)微孔结构和材料内部的孔隙中存在着大量的固-气界面,改善了材料的特征阻抗
匹配。

(2)电磁波在材料内部的空穴处发生多次反射和散射,增加了电磁波在样品中的传
播路径,使得电磁波在材料内部得到衰减,增加了电磁屏蔽性能中的吸收/反射比。

（3）复合泡沫材料内部的聚偏氟乙烯（PVDF）、碳纳米管和孔隙之间存在着较多的界面，导致界面电荷积累，进而发生了界面极化。

（4）复合泡沫塑料具有较高的导电性，材料内部发生导电损耗，导电损耗与电子的迁移、跳跃和隧道机制有关，均有助于提高材料的电磁屏蔽性能。

2.4 吸波薄膜材料研究现状

2.4.1 吸波薄膜概述

2.4.1.1 吸波薄膜的应用

电子技术发展飞速，使得电子系统向低功耗、集成化、小型化方向发展，同时电磁干扰的灵敏度也逐渐提高，强度较大的电磁波就可能干扰其正常工作。另一方面，随着便携式电子设备的不断发展，以应对诸如保护电子设备和电池等挑战，对具有宽带和可调谐电磁波吸收功能的高效吸波材料提出了很高的要求。常规的微波吸收策略是将固体粉末状吸收剂（即铁氧体、陶瓷、碳材料及其混合物）作为涂层或填料应用到基体中，以实现微波吸收功能。由于吸收体的结构限制（涂层厚度），这种制备方法通常固定在某些微波宽带或更小的微波宽带上。为解决上述挑战，研究者们进行了一些尝试，以通过化学或物理方式调整电磁参数，重新排列吸收体以改善阻抗匹配特性，更改组分含量以及控制厚度来实现可调整的电磁波吸收性能。但是，这些做法尚未解决诸如环境不适应、规模化生产的集成度低以及稳定性差等缺点。因此，具有可调和宽频带电磁波吸收性能的吸波薄膜的制备技术仍有待充分探索。单层或多层薄膜不仅可以实现宽带和强吸收，还可以附着在材料表面或填充材料中，使吸波材料具有优异的承载能力。因此，吸波薄膜有望满足吸波材料"薄、轻、宽、强"的要求，解决吸波材料的设计问题，减小雷达的反射截面。

在灵活性、使用性等方面，不同吸波材料的设计理念也存在一些差异，目前，使用较多的是环氧树脂作为成膜介质的薄膜材料。从物质的物理性质考虑，薄膜吸波材料成膜介质一般使用氯化聚合物、聚酰胺、聚氨酯、聚酯或氟化聚合物。与此同时，薄膜的环保性能、力学性能和吸波性能是薄膜吸波材料研究的主要内容。具有高稳定性或弹性的高分子基体如 PDMS、PVDF 和 PVA 等，因能够保持形状记忆和易于电子封装成型而往往更受青睐。

2.4.1.2 吸波薄膜的分类

根据电磁波吸收原理,吸波薄膜可分为吸收型吸波薄膜和干涉型吸波薄膜两种。

吸收型吸波薄膜主要是由于材料本身高电磁波吸收,通过物质与电磁波的相互作用,实现一系列物理现象的电磁吸收。

干涉型吸波薄膜即当吸收薄膜的厚度是垂直入射电磁波波长的四分之一的奇数倍时,入射波和反射波具有相同的幅度和相位180°,干涉现象大大地衰减了电磁波。

根据损耗机制不同将纳米吸波薄膜分为磁损耗型、介电损耗型和两种损耗机制兼备型、电阻损耗型共4种类型。

(1)磁损耗型吸波薄膜。具有磁损耗机制的纳米吸波剂包括铁氧体、磁性金属及其氧化物、羰基铁等。磁损耗型吸波薄膜主要是通过磁滞损耗、自然共振以及畴壁共振等磁效应通过与电磁波作用进行磁介质衰减。磁介质型吸波材料通常具有很高的损耗角正切值,并且具有较大的饱和磁化强度以及更高的 Snoek 极限,其共振频率在 1 GHz ~ 2 GHz 频段内。所以,近年来广泛应用于电磁波吸收材料研究,其中 Ni、Co、Fe 等磁性金属颗粒在低频范围内都呈现出良好的电磁波吸收性能。以磁性金属颗粒为填料的吸波薄膜一般都具有较高的磁导率和介电常数,利于电磁波的有效吸收,是有前景的电磁波吸收材料研究方向之一。

磁性材料的吸波特性与其在高频下的磁谱密切相关。一般情况下,材料的磁谱可以分为五个区域,即低频段、中频段、高频段、微波频段、超高频段。由于趋肤效应和涡流损耗的影响,材料在不同的频段有不同的磁特性及共振机制。在高频段和微波频段,磁性材料的共振机制一般有自然共振和畴壁共振两种。在平行于样品的交变磁场下,畴壁在其平衡位置振动。一般情况下,畴壁共振通常具有弛豫型的磁谱。磁化强度的矢量围绕着静磁场做运动,当运动频率与所施加交变磁场的频率相一致时,能量损失最大,形成自然共振。

磁性材料的磁谱可以由三个参数来确定,磁导率 μ_0、固有频率 f_r 和阻尼系数 λ。一般情况下,由测试磁谱中磁导率虚部 μ'' 最大值所对应的频率值读取的 f_R,与材料本身的固有频率 f_r 并不相等。对于自然共振来说,磁导率虚部的最大值 μ''_{max} 与频率的关系如下所示

$$\mu'' = \frac{1}{2}(\mu'_0 - 1)\left(1 + \frac{1}{\lambda^2}\right)^{\frac{1}{2}}_{max} \tag{2-2}$$

频率

$$f_R = \left(1 + \frac{1}{\lambda^2}\right)^{\frac{1}{2}} f_r \tag{2-3}$$

因此,对于小的阻尼因子 λ 来说,$\dfrac{\mu''_{max}}{(\mu'_0 - 1)}$ 的比值较大,当 $\dfrac{\mu''_{max}}{(\mu'_0 - 1)} = \dfrac{1}{2}$ 时,$\lambda \to \infty$。

因此,当 λ 足够小时,即使材料的磁导率 μ_0 很小,也可以获得很大的 μ''_{max}。当 $\lambda = 0$ 时, $f_r = f_R$,当 λ 值较大时,f_r 和 f_R 的值有明显差别。根据 λ 的量级,磁谱的形状有两种类型的分布,分为共振型和弛豫型。当 λ 值较小的时候,对应的磁谱形状为共振型;当 λ 值较大时,对应的磁谱形状为弛豫型。一般情况下,具有弛豫型磁谱的复合物,可以获得较宽的吸波频段。

(2)介电损耗型吸波薄膜。典型的介电损耗型纳米吸波剂主要包括碳纳米纤维、碳纳米管、石墨烯、导电高分子等。电介质型吸波薄膜主要依靠界面效应或电子的极化效应来衰减吸收电磁波。电介质型吸波材料的电磁损耗机制主要包括界面极化、分子极化、介质极化、离子极化等机制。半导体材料介电损耗高,与电磁波的阻抗匹配性强,能带和费米能级与电磁波的能量相近,因此呈现很强的电磁波吸收能力。ZnO、MnO_2、SiC、CuS 等半导体材料的电磁波最小反射损耗都非常小,尤其在高频率范围,电磁波吸收性能突出。此外,导电高分子材料如聚苯胺具有一定的介电损耗,且质量轻,也被尝试用作电磁波吸收薄膜。

(3)电阻损耗型吸波薄膜。电阻型吸波薄膜的吸波性能主要和本身材料的导电率有关,载流子所引起的电流越大,导电率越大越有利于电磁能转化为热能从而对电磁波进行耗散。石墨等碳材料均属于电阻型吸波材料,碳类材料电导率高,电磁阻抗匹配性差且存在表面涡流,引起电磁波反射而非吸收,通常不适宜单独用于电磁波吸收材料。但是,碳类材料尤其是石墨烯,质量轻,且具有一定的介电损耗等优点,因此在电磁波吸收领域与其他材料结合的复合材料越来越受到关注。

(4)兼备磁损耗和介电损耗型的吸波薄膜。将磁损耗型和介电损耗型吸波剂通过多种方式复合在一起,然后采用薄膜技术制备纳米薄膜是一种简单而有效的制备高性能吸波薄膜的方式。复合型吸波薄膜是两相及多相材料的复合,使其电磁波吸收能力明显高于各单相介质材料的本征特性,兼备了多种类型的吸波衰减机制,多种界面易于产生界面极化,性能差异的组元能够实现电介质损耗、磁介质损耗等多种电磁波损耗机制协同作用,具有良好的阻抗匹配,达到宽频高效的吸波效果。性能的改善与多相材料复合形成的界面有关,界面的存在利于电磁波与材料的相互作用会产生复杂的电磁效应。各类单相材料尽管都具备电磁波吸收能力,但都存在不足,限制了其实际应用,如电阻型吸波材料阻抗匹配差,磁性金属材料抗氧化能力差,半导体材料电磁波吸收频率范围窄等。而新型电磁吸波薄膜必须满足"薄、轻、宽、强"以及抗氧化和耐腐蚀等要求,因此,必须对单相材料进行改性或复合,以改善各自性能缺陷。

2.4.1.3 吸波薄膜的设计思路

从目前对薄膜的研究结果来看,吸波材料成薄膜的主要方式包括镀膜(化学镀、电镀)及磁控溅射。这两种方式获得的薄膜多为非柔性,且设备复杂,成本昂贵。另外一种方法就是将具有电磁损耗的吸波材料分散到高分子载体中制备成薄膜,但是一般情况下这种方式分散的无机粉体的性能会在制备过程中有所降低且选择的高分子对性能具有一定的影响。因此,选择合适的有机载体及在制备薄膜过程中使吸波剂保持良好性能是要解决的关键问题。

目前国内研究较多的仍然是涂层型吸波材料,已经报道的一些理论设计研究亦认可了薄膜型吸波材料的优势。从一些专利和文献分析,目前国内制备的薄膜材料大多以环氧树脂为成膜介质,在柔韧性、使用方式等方面与薄膜型吸波材料的设计理念还有一定的差别。从材料的物理性能考虑,薄膜型吸波材料的成膜介质应该选用聚氨酯、聚酯、聚酰胺、氟化高分子或氯化高分子等。综合考虑薄膜的力学性能、环境性能和吸波性能是薄膜型吸波材料研究的主要方向。

研究者们通过调整薄膜厚度、吸波剂成分及比例来匹配吸波材料的介电常数和磁导率,设计出吸波能力更强、吸收频带更宽的纳米吸波薄膜。

2.4.2 吸波薄膜的制备及性能

2.4.2.1 电阻损耗型吸波薄膜

(1)碳纳米管基吸波复合薄膜材料。自 1991 年发现以来,碳纳米管优良的力学性能、导电性能、导热性能、光电性能和其他特殊性能,在传感器、增强复合材料、光学材料、场发射器等领域引起了研究者的广泛关注。同时碳纳米管具有独特的微结构和几何构形,由于小尺寸效应和高比表面积效应,具有较高的介电损耗角正切,依靠介质的电子极化或界面极化衰减吸收电磁波;而且由于量子限域效应,电子在碳纳米管中的运动是沿轴向的,碳纳米管表现出金属或半导体特性,有利于电磁波的衰减吸收。

由于各种材料都有其各自的特点,在实际应用中,很少单独使用,更多的是使用两种或两种以上的吸波材料进行复合,并调节不同材料的比例,以期在吸波性能方面获得更大的提升。碳纳米管拥有细小而狭长的管腔,使其具有很强的毛细作用,外界的微小颗粒可在管腔内部紧密的排列。利用这个特殊的性质,碳纳米管的中空管内可填充磁性颗粒,制成磁性复合材料,还可以在其管壁上接枝聚合物制成导电复合材料。

导电聚合物(如聚苯胺、聚吡咯)既有无机导体和金属的光学和电学特性,又具有有机高分子聚合物的可加工性和柔韧的力学性能,还具有电化学的氧化还原活性。因此,导电高聚合物是一类非常重要的隐身材料,通过与碳纳米管的复合制备出的导电聚合物复合材料能够进一步提高材料的化学、力学和电学性能。Ting 等通过原位聚合制备了聚苯胺/多壁碳纳米管(PANI/MWCNTs)吸波复合材料,PANI 呈针状黏附在 MWCNT 管壁上,非均相界面间产生极化作用,使复合材料具有较高的导电性,而且 PANI 质量分数对复合材料的介电损耗及电磁波吸收性能具有显著地影响。PANI/MWCNTs 在 2 GHz ~ 40 GHz 频率范围内具有优异的电磁性能，比单独的 CNT 吸波效果显著，其反射损耗峰随 PANI 质量分数的增加而不断变化。对于绝缘聚合物，使 CNT 均匀分散于聚合物基体中而且具有良好的传导性是获得优异吸波材料的关键问题。在环氧树脂/碳纳米管（EP/CNT）掺杂不同的填料可获得不同吸波性能的复合薄膜。不同组分 EP/CNT 吸波复合薄膜吸波性能如表 2-4 所示，Qing 等将陶瓷材料的不同成分掺入到 EP/CNT 中，虽然减少了 CNT 的含量和复合材料的厚度，但吸波效果并不理想。Liang 等以丙酮为介质使得 CNT 在环氧树脂中实现了良好的分散，其吸波性能较高，但 CNT 的含量相对较高。多层结构复合材料的设计对提高吸波性能有显著影响，Choi 等以玻璃纤维（E-glass）为填料，将第一层和第三层设计为吸波层，有效地提高了复合材料的吸收带宽，但样品厚度太大，质量较高。不同的分散方法对 EP/CNT 的吸波效果也具有显著影响，Yang 等分别通过超声分散法和三辊球磨法制备了环氧树脂/CNT 吸波复合材料，结果表明，通过球磨作用凝聚的 CNT 有效减少，而且均匀地分散在环氧树脂中，相比于超声分散，其吸波效果显著提高。

表 2-4　不同组合环氧树脂/CNT 复合材料的吸波性能

填料	CNTs 含量	最低反射损耗 /dB	频率 /GHz	有效吸收带宽 /GHz	厚度 /mm
$MOSi_2$	0.2%	-5	—	—	0.89
—	1%	-28	15.6	4.8	1.3
E-glass	0.15%	-22.3	11.8	9	5.5

　　（2）石墨基复合材料。石墨烯与导电聚合物的复合薄膜是获得具有优异吸波性能材料的研究热点之一，如聚苯胺、聚吡咯、聚噻吩等，众多学者将其与铁氧体粒子复合，获得的吸波性能最大。rGO 的平面结构容易形成堆叠雪花状 rGO 薄片，电磁波在 rGO 表面中发生多次反射，从而提高它们在吸波剂中的传播，这些多重反射导致分子运动如离子传导、偶极弛豫等，并且产生阻力以抵制这些分子运动，使得电磁波能量以热能的形式损耗。由于石墨烯较高的介电性能，将其分散到聚合物中以获得综合性能优异的电磁屏蔽和吸波复合材料。多层或多孔的石墨烯不仅具有较强的介电性能，而且可以使电磁波发生多反射进而干涉相消。

　　Yu 等在石墨烯/聚苯胺（rGO/PANI）纳米复合薄膜材料中，将纳米棒生长在石墨烯表面，因石墨烯具有很高的载流子迁移率，造成了电子极化，使得介电损耗增强。但是石墨烯的高导电性也因此发生了严重的趋肤效应，强趋肤效应使得材料内部屏蔽，与电磁波不能发生作用，会导致总体上的磁导率下降，使得吸波性能减弱。但复合材料的吸波效果比 PANI 显著增强，其原因与复合材料特殊的结构有关，PANI 纳米棒在石墨烯片的表面生长且石墨烯具有良好的导电性,这些因素均使得 PANI 纳米棒被视为对外部施加电场的平行连接,从而使薄膜吸波性能增强。如图 2-72 所示,在 2 mm 到 4 mm 的检测样品中,最低反射损耗达到-45 dB,有效吸收带宽(RL<-20 dB)为 10.6 GHz(7 GHz ~ 17.6 GHz)。

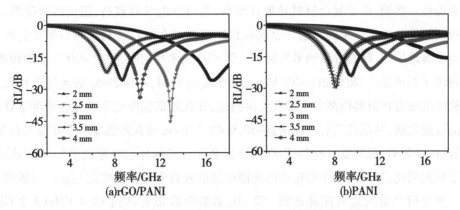

图 2-72　rGO/PANI 纳米棒及 PANI 纳米棒的反射损耗曲线

　　Singh 等将其分散到丁腈橡胶(NBR)中制备出了 rGO/NBR 复合薄膜,样品最低反射损耗达到-57 dB。在石墨烯/聚环氧乙烷(rGO/PEO)复合材料中,由于氢键的存在,氧化石墨烯 (GO) 以分子形式分散在 PEO 中,PEO 作为屏障可以防止 rGO 层在还原过程中堆叠。PEO 介电常数较高,可以使比表面积较高的导电 rGO 更加均匀分散,同时 rGO 片可形成大量的导电通道,使微波能有效转化为热能,且在 rGO/PEO 界面诱导出介电弛豫和界面散射,以增强吸波性能。Li 等通过原位聚合制备了聚酰亚胺/石墨烯(PI/rGO) 复合材料薄膜,rGO 与 PI 界面间形成了化学键。复合材料的电磁屏蔽主要机理是电磁波的吸收损耗,rGO 片层均匀地分散在复合材料泡沫中提高了整体的导电性能从而介电损耗增强,而且 rGO 增强了复合材料的热稳定性和力学性能。当样品厚度为 0.8 mm 时材料具有良好的电磁屏蔽性能,随着 rGO 质量分数的增加,PI/rGO 的热稳定性和韧性显著提高。如图 2-73 所示。

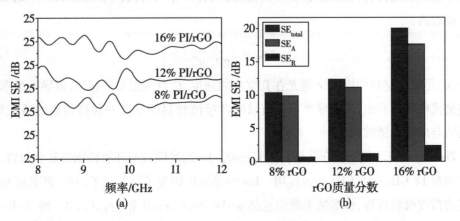

图 2-73　不同含量 rGO 的 PI/rGO 的电磁干涉屏蔽效率和 SE$_{total}$、SE$_A$、SE$_R$

2.4.2.2 介电损耗型吸波薄膜

在纳米复合材料体系中,德拜极化松弛、界面极化以及取向极化使得材料的吸波性能显著提高。然而,由于复合材料导电性较高,使得介电常数较高,阻抗匹配降低,对样品的吸波效果产生了一定的影响。金属氧化物较高的介电性能对提高石墨烯的吸波性能具有显著地影响,研究者将纳米片层插入到 rGO 纳米片层间,增大 rGO 片层的距离,成功制备出了石墨烯/二硫化钼(rGO/MoS₂)纳米复合材料,rGO/MoS₂ 纳米复合材料的多级结构使电磁波在材料内部发生多次反射损耗,并在较低的厚度和填充物浓度下获得了较高的吸波性能,其最低反射损耗达到−50.9 dB。Zhang 等在水热反应下获得了石墨烯/氧化锌(rGO/ZnO)吸波复合材料,ZnO 晶体嵌套在石墨烯片层间形成了"三明治结构",增强了界面极化,界面间产生的振动电流使样品的复合介电常数实部与虚部呈现较大的波动。复合材料最大反射损耗达到−52 dB,有效吸收带宽达到 13.8 GHz(3.2 GHz ~ 17 GHz)。Zhang 等以十六烷基三甲基溴化铵(CTAB)为表面活性剂,在石墨烯纳米片上原位生长硫化铜纳米微球,成功制备了石墨烯/硫化铜(rGO/CuS)纳米复合材料,CuS 纳米微球均匀嵌入 rGO 层间形成独特的核壳结构。在纳米复合材料体系中,德拜极化松弛、界面极化以及取向极化使得材料的吸波性能显著提高。然而,由于复合材料导电性较高,使得介电常数较高,阻抗匹配降低,对样品的吸波效果产生了一定的影响。随着样品厚度的变化,复合材料的吸收峰也随之变化,因此可通过调节材料厚度来获得可吸收特定频率电磁波的吸波材料。

2.4.2.3 兼备磁损耗和介电损耗型的吸波薄膜

金属基磁性纳米吸波材料的电磁波吸收性能主要由材料的复介电常数和复磁导率决定,近几年来科研工作者对金属纳米基进行了大量的研究工作,使用物理的、化学的方法用于合成吸波材料,包括金属及其氧化物、铁氧体等材料,其中 Ni、Co、Zn 等元素的吸波性能较高。

$$d_m = \frac{c}{2\pi f_m \mu_r''} \tag{2-4}$$

式中,d_m 是吸波材料的厚度,c 是光在真空中的速度,f_m 为匹配频率,μ'' 为磁导率虚部。从上述公式中可以看出,高磁导率可以有效减薄吸波材料的厚度并保持较高的匹配频率,尤其适合应用在微波频段。

Zhou 等研究了低密度介孔结构的 C-SiO₂-Fe 纳米颗粒与环氧树脂的复合材料,该材料有望在 12 GHz ~ 18 GHz 频段使用。Liu 等系统地研究了铁基纳米颗粒-环氧树脂复合材料的微波吸收特性,铁基纳米颗粒包括 α-Fe、Fe₃C、Fe₂B 和 Fe₁.₄C₀.₆B。将 α-Fe 与一定比例的无定形碳混合后球磨,所得到的样品与纯的 α-Fe 颗粒相比,介电常数实部可以维持在较低的数值,而磁导率变化不大,有利于样品在高频下的电磁匹配。中国科学院北京物理研究所的陈玉金等报道了 ZnO 纳米线-聚酯复合材料的微波吸收特性,制成 180 mm×180 mm 厚度约 1 mm 的薄膜,最小反射损耗为-12.28 dB,4 GHz 频宽范围内反射损耗均低于-5 dB。韩国蔚山技术和质量防御局的 Dong-Young Kim 等以 LiNiZn-铁氧体复合材料为填料使用氯化聚乙烯(CPE)作为聚合物黏合剂制成薄膜,采用网络分析仪研究了 10 MHz 至 12 GHz 范围内微波损耗与频率的变化。当电磁波吸收体的厚度为 6 mm、频率为 5.17 GHz、厚度为 6 mm 时电磁波最小微波损耗值为-28.58 dB。西北工业大学的候翠岭等以 La(NO₃)₃ 和 Ce(NO₃)₃ 掺杂的碳纳米管作为吸收剂以聚氯乙烯(PVC)为基体制备成电磁波吸收薄膜,运用矢量网络分析仪对其性能进行了测试,结果显示其电磁波最小微波损耗值为-27 dB。韩国昌盛公司研发中心 Kyung-Sub Lee 等制备出一种 FeSiAl 掺杂颗粒为填料的柔性磁性复合吸波薄膜,在频率为 2 GHz、厚度为 0.5 mm 时的最小反射损耗值为-11 dB。浙江科技大学的朱耀峰等提出了一种简便的方法来制备气相生长碳纤维/聚二甲基硅氧烷-环氧树脂形状记忆复合材料(VGCFs/PDMS-SMEP)的智能吸波薄膜,以实现智能可调和宽带微波吸收性能。最大吸收强度是通过改变由 SMEP 的优异形状记忆特性驱动的复合材料的变形来调节的。实际上,在 16.0 GHz 厚度为2.0 mm时,最小反射损耗(RL$_{min}$)达到-55.7 dB,有效吸收带宽(EAB)高达 9.8 GHz,几乎覆盖了整个应用频率范围(8.2 GHz ~ 18.0 GHz)。

另外,通过不同的方法将石墨烯与 Fe 及 Fe₃O₄ 进行复合获得的纳米复合材料表现出了较高的介电性能,石墨烯较高的介电性与 Fe 纳米粒子优异的磁损耗性相结合,两者界面之间形成良好的导电网络及界面极化,极大地增强了复合材料的吸波效果。不同的微观结构对电磁波的反射损耗具有显著影响。各种石墨烯与 Fe 复合薄膜的吸波参数见表 2-5。

表2-5 不同的 rGO/Fe 纳米复合材料的吸波性能

复合材料	制备方法	最低反射损耗 /dB	有效吸收带宽 /GHz	厚度 /mm
rGO/Fe	共沉淀	-31.50	5.5	2.5
rGO/Fe₃O₄	表面接枝改性	-78.00	6.7	2.0
rGO/ Fe₃O₄	分解法	-22.20	3.7	2.0
rGO/ Fe₃O₄	共沉淀	-44.60	4.3	3.9
rGO/ Fe₃O₄	溶剂热法	-26.40	2.8	2.0
rGO/ Fe₃O₄/C	化学法	-30.10	5.4	1.8
rGO/α-Fe₂O₃	水热法	-33.50	6.4	3.0
GO@ Fe₃O₄/FePc	溶剂热法	-27.92		2.5

续表 2-5

复合材料	制备方法	最低反射损耗 /dB	有效吸收带宽 /GHz	厚度 /mm
$rGO/Fe_3O_4/SiO_2$	溶胶-凝胶法	-51.50	5.1	1.8
$rGO/CoFe_2O_4$	水热法	-47.90	5.0	2.0
$rGO/NiFe_2O_4$	水热法	-47.30	4.7	2.5
$rGO/Ni_{0.4}Zn_{0.4}Co_{0.2}Fe_2O_4$	水热法	-38.70	6.2	1.9

对比表 2-5 中的数据可以看出,Chen 等通过可控表面活性剂活化的方法获得了具有核壳结构的 rGO/Fe_3O_4 纳米复合薄膜,此种结构使复合材料的电磁波损耗方式明显增多,相比于石墨烯及其他纳米粒子,其吸波性能明显增强,不仅最低反射损耗达到了 -78 dB,有效吸收带宽也显著增强。

当今社会,电子信息和通信产业的迅猛发展促使电子器件逐步向微型化、薄膜化、集成化和高频化的方向发展,吸波薄膜正符合了市场的需求。提高纳米复合材料在聚合物基体中的相容性,获得综合性能优异的吸波复合材料;同时,也可以借助仿真模拟技术,对复合材料的吸波机理进行深入的研究。

2.5 特殊结构吸波材料研究现状

2.5.1 特殊结构吸波材料

2.5.1.1 热塑性混杂纱吸波复合材料

热塑性混杂纱吸波复合材料是通过增强纤维之间特定的混杂比例和结构设计形式制造成的,能够满足特殊性能要求或综合性能较好的复合材料。这种材料具有优良的吸波性能,又兼具复合材料质量轻、强度大、韧性好等特点。用于制造隐身飞机机身、导弹壳体等部件,能大大减少隐身飞行器雷达散射截面。大多数的非金属材料的透波性能优异,其介电损耗和介电常数都比较低。通常将 PEEK、PEK 等材料的树脂制成单丝或复丝,然后跟其他特种纤维按照一定的比例混杂成束,再编织成立体网格材料或者轻质夹芯材料,其具有良好的吸波性能和透波性能,并且其质量轻,强度高,可塑性好,可以用于制造飞机机身、机翼、导弹壳体等部件。

2.5.1.2 高温结构型吸波复合材料

随着技术的进步和发展,飞行器对承受高温部件的要求越来越高。诸如发动机部位、导弹前端等部位的工作温度可以高达 700 ~ 1 000 ℃,高温工况下的部件对电磁波的反射较强,已经成为飞行器整体隐身性能的重要影响因素。在此类部件处进行雷达吸波时,需要具有良好的耐高温、耐热冲击性能,传统的涂覆式雷达吸波涂层远不能满足现实需要,所以结构型雷达吸波材料在这些部位的应用具有很强的现实意义。

目前耐高温结构型吸波复合材料的研究和使用中,陶瓷基复合材料(如 SiC 纤维、Al_2O_3 纤维、SiGN 纤维吸波材料)的高比强度、高比模量、耐高温烧蚀、耐氧化的特点使其能够在高温下具有良好的力学性能,并且优于其基体和增强相的介电性能具有可调节的能力,可以实现介电性能较为容易的匹配。

近年来,国外诸多研究机构对高温环境中的雷达吸波材料进行了诸多研究,包括氧化铝、碳化硅、硼硅酸铝等吸波材料。其中,碳化硅是近年来发展最快、应用最广泛、最成熟的吸波材料。碳化硅的熔点高达 2 840 ℃,在受到氧化后可以在表面生成致密的氧化物薄膜,高温稳定性好,并且其介电性能具有可调节性,但是其介电损耗较低,雷达吸波效果较差。20 世纪 70 年代,日本科学家首次制备得到碳化硅纤维,其特别耐高温,可以在 1 200 ℃工况下长期工作,其具有强度高、韧性好、密度和热膨胀率低的优点。通过掺杂改性、引入异质金属元素等方式,提高其介电损耗性能,以获得良好的雷达吸波效果。法国 ADE 公司研制出了一种使用陶瓷基体的吸波材料,其材料主体是掺杂处理的碳化硅纤维,其不仅能够在 1 000 ℃的温度下具有良好的吸波性能,而且具备良好的可加工性。

国内对高温结构型复合吸波材料进行深入研究较少,没有具体的实际应用。目前高品级的碳化硅纤维作为战略资源,对我国是禁运的。随着隐身技术愈发重要,高温结构型吸波复合材料的研发也迫在眉睫,该领域的突破也在不断地进行。

2.5.1.3 C-C 吸波材料

C-C 吸波材料能够很好地减少红外信号和雷达信号,它具有极其稳定的化学键,抗高温烧蚀性能好,强度高,韧性大,还具有优良的吸波性能。缺点是抗氧化性差,在氧化气氛下只能耐 400 ℃,涂有 SiC 抗氧化涂层的 C-C 材料抗氧化性能大大提高。

2.5.1.4 多层夹芯型吸波复合材料

夹芯型结构吸波复合材料是指在面板与底板间加入芯材,从而形成一种三明治结构的吸波材料。目前主要使用的芯材有蜂窝、波纹状结构或角锥结构夹芯材等。夹芯型结构吸波材料相比于其他种类的吸波材料具有较多的优势,比如,吸收频带宽、可设计性强、机械力学性能好。国外的研究机构利用软件设计模拟每一层介电性能,继而将复合材料制成多层结构,这种结构可以在保证良好吸波性能的同时,拥有优良的承载能力,并且可以减轻整体部件质量,是隐身飞机蒙皮材料的最佳选择。

2.5.1.5 蜂窝结构型吸波复合材料

蜂窝结构材料的设计灵感来源于天然蜂巢,其结构呈现六边形蜂窝状。蜂窝结构吸波材料相较于其他结构的吸波材料有如下特点:质量轻,比强度高,比刚度高。质量轻、密度小的特性使其非常适合做夹层结构中的夹芯,达到减轻结构质量的效果;比强度、比刚度高的特性使其满足了各向异性设计与制造的要求;此外它还具备导热系数低的特点,因此在某种程度上能够作为保温结构部件。在吸波领域蜂窝结构具有两方面优势,一方面它可以起到结构部件的作用,实现承载功能;另一方面它还可以降低电磁波的反射率,以达到吸波隐身的效果。比如,F-22 飞机具有良好的雷达隐身性能,其雷达吸波材料可谓是全面覆盖,它所采用的吸波材料大多是形式各异的结构型雷达吸波复合材料,其中在机身采用了大高度蜂窝夹芯结构型雷达吸波复合材料,并且复合了大量的天线等传感器,使机体外表面呈现出流线型的特点,进一步降低了飞机的雷达散射截面积。

2.5.2 高熵陶瓷吸波材料

继高熵合金后,材料科学家又成功开发出高熵陶瓷,这是一种全新的陶瓷材料,与传统陶瓷相比,高熵陶瓷具有一系列优异的性能,应用前景非常广阔。高熵的概念自 2004 年提出,随后用于开发各种金属及其他材料,高熵陶瓷于 2015 年成功开发并迅速发展起来,相应的科学研究也成为热点。目前,关于高熵陶瓷吸波材料的研究主要包括高熵 $(Ti_{0.2}Zr_{0.2}Hf_{0.2}Nb_{0.2}Ta_{0.2})C(TMC)$、新型高熵稀土硅化物/稀土氧化物、高熵稀土六硼化物、六硼化物/四硼化物等。与传统吸波材料相比,高熵陶瓷材料具有阻抗匹配性好、电磁耗散能力强、偶极极化多、有效极化和界面极化、特殊应用环境(如高速飞机和深海)等优点。因此,高熵陶瓷有望成为有前途的电磁波吸收材料。

周延春教授的研究小组首先研究了属于超高温陶瓷的高熵 $(Ti_{0.2}Zr_{0.2}Hf_{0.2}Nb_{0.2}Ta_{0.2})C(TMC)$ 的电磁波吸收特性。如图 2-74(a) 所示,表明已经制备了 TiC、ZrC、HfC、NbC、TaC 和 HE-TMC。从图 2-74(b) 可以看出,这些碳化物样品的平均尺寸在 200~500 nm 之间。RL 值用于量化材料的电磁波吸收特性,并且制备的 TMCs(TM = Ti、Zr、Hf、Nb、Ta)的 RL 值和阻抗匹配(Z_{in}/Z_0)值如图 2-75 所示。从图 2-75(a) 可以看出,HfC 和 TaC 在 2.0 mm 处表现出优异的微波吸收性能。这可以解释微波耗散能力和阻抗匹配起了重要作用。为了便于比较材料的阻抗匹配,工作人员计算了 TMC(TM = Ti、Zr、Hf、Nb 和 Ta)的特征阻抗值($Z = |Z_{in}/Z_0|$)。根据上面的讨论,Z 越接近 1,电磁波就越有利于进入材料,

而不是反射到材料表面。如图 2-75(b)所示,HfC 和 TaC 的 Z 值等于 1,这意味着它们的阻抗匹配更好。因此,HfC 和 TaC 优异的微波吸收性能归因于介电/磁损耗耦合以及阻抗匹配和损耗能力的平衡。

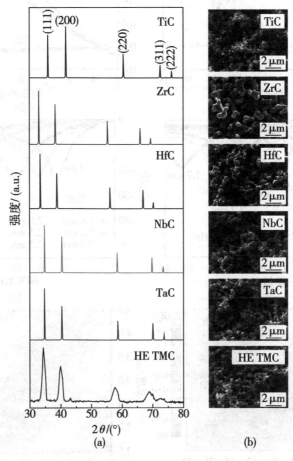

图 2-74　TiC、ZrC、HfC、NbC、TaC 和 TWC 粉末的 XRD 图谱和 SEM 图像

此外,吸收体厚度对材料的吸收性能也有一定的影响。不同厚度下 HfC 和 TaC 的 RL 值如图 2-75(c)(d)所示。从图 2-75(c)(d)可以看出,当厚度增加时,RL 峰向低频移动。在图 2-75(c)中,对于 HfC,厚度为 3.8 mm 的情况下,在 6.0 GHz 时,RL_{min} 值为 -55.8 dB。对于 TaC,在厚度为 2.0 mm 的 16.2 GHz 下,RL_{min} 值达到 -41.1 dB,如图 2-75(d)所示。总的来说,HfC 和 TaC 的有效吸收带宽(EAB,RL 值小于 -10 dB 的区域)包括 C 波段(4 GHz ~ 8 GHz)、X 波段(8 GHz ~ 12 GHz)和 Ku 波段(12 GHz ~ 18 GHz)。对于 HfC 和 TaC,阻抗匹配值随频率和吸收层厚度的变化而变化,并且在不同厚度下可以实现良好的阻抗匹配,如图 2-75(e)(f)。

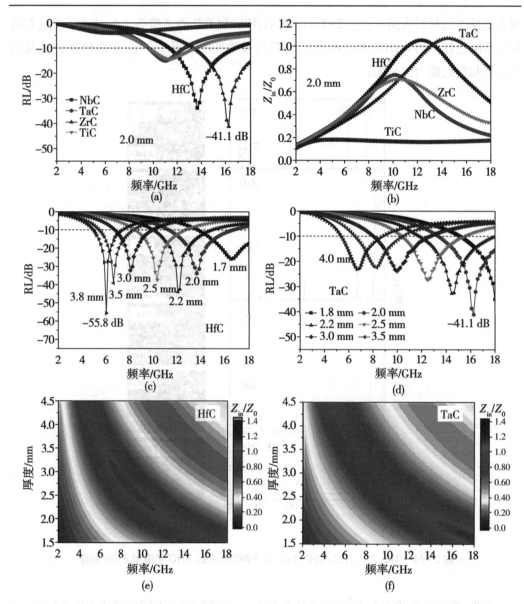

图2-75　比较TMC的RL值和阻抗匹配(Z_{in}/Z_0)，HfC和TaC在不同厚度下RL值和阻抗匹配的频率依赖性

根据以上讨论，HfC和TaC具有良好的电磁波吸收性能。但由于其密度大，应用受到限制。为此，设计并研究了高熵TMC。对于TMC，如图2-76（a）（b）所示，TMC包括两种损耗机制（介电损耗和磁损耗）。根据电磁波吸收材料的电磁波吸收能力和机理的评价，电磁波吸收性能与介电损耗和磁损耗密切相关，而TMC的$\tan\delta_\varepsilon$和$\tan\delta_\mu$随频率的变化呈现相反的趋势［如图2-76（b）］，介电损耗和磁损耗可以相互配合，共同促进材料的吸收性能，这将有利于TMC吸收性能的提高。由图2-76（c）可知，厚度为1.9 mm的TMC在9.5 GHz时的RL_{min}值为−38.5 dB，厚度为1.5 mm时的EAB为2.3 GHz

（11.3 GHz～13.6 GHz）［图2-76（f）］。至于TMC，EAB覆盖范围为6.2 GHz～18.0 GHz［图2-76（c）］，对应的吸收体厚度范围为1.1～2.5 mm。如图2-76（d）所示，从TMC的$\varepsilon'-\varepsilon''$图中可以看到一条半圆曲线，表明高熵TMC中存在极化弛豫。众所周知，介电损耗很可能是由德拜偶极弛豫引起的，这是电磁波吸收材料的一个重要机制。图2-76（e）显示了$C_0\left[C_0=\mu''(\mu')^{-2}f^{-1}\right]$，在2.0 GHz～6.0 GHz的频率范围内$C_0$值随频率的增加而减小，在6.0 GHz～18.0 GHz的频率范围内随频率的增加而略有增加，之后趋于稳定，表明涡流损耗和自然共振损耗可能是造成磁损耗的主要原因。这项工作对开发新型吸波材料具有重要的参考意义。

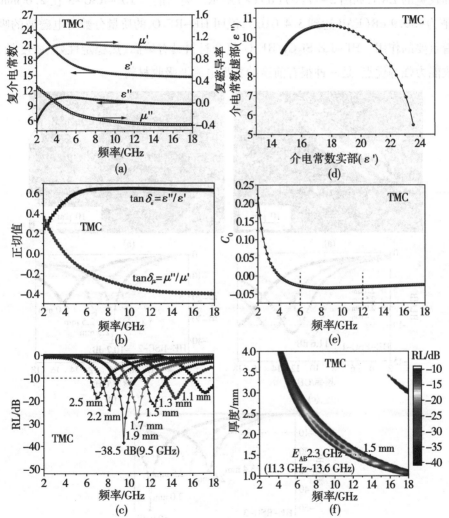

图2-76　复介电常数和复磁导率的频率依赖性，$\tan\delta_\varepsilon$和$\tan\delta_\mu$、RL值的频率依赖性，Cole-Cole半圆和C_0-f曲线阻抗匹配不同厚度的TMC

　　Chen等报道了新型高熵（HE）稀土硅化物/稀土氧化物（$RE_3Si_2C_2/RE_2O_3$）电磁波吸收材料。报道称合成了HE-RSC-1［HE（$Tm_{0.2}Y_{0.2}Dy_{0.2}Gd_{0.2}Tb_{0.2}$）$_3Si_2C_2$］，HE-RSC-

2 HE $[(Tm_{0.2}Y_{0.2}Pr_{0.2}Gd_{0.2}Dy_{0.2})_3Si_2C_2/HE(Tm_{0.2}Y_{0.2}Pr_{0.2}Gd_{0.2}Dy_{0.2})_2O_3]$ 和 HE-RSC-3 $[HE(Tm_{0.2}Y_{0.2}Pr_{0.2}Gd_{0.2}Tb_{0.2})_3Si_2C_2/HE(Tm_{0.2}Y_{0.2}Pr_{0.2}Gd_{0.2}Tb_{0.2})_2O_3]$，其中 $HE-RE_2O_3/HE-RSC-x$ 的质量比分别为 5.993%、26.03% 和 23.74%。HE-RSC-1 和 $HE-RE_3Si_2C_2/RE_2O_3/C$ 断裂形态的 SEM 图像分别如图 2-77(a)(b)所示，其中包括 HE $(Tm_{0.2}Y_{0.2}Dy_{0.2}Gd_{0.2}Tb_{0.2})_3Si_2C_2$（大颗粒）和 HE $(Tm_{0.2}Y_{0.2}Dy_{0.2}Gd_{0.2}Tb_{0.2})_2O_3$（小颗粒），另外，$HE-RE_2O_3$ 颗粒（尺寸 0.2~1 μm）完全覆盖 $HE-RE_3Si_2C_2$ 的表面颗粒（尺寸 10~20 μm）。对于电磁波吸收能力，$RE_3Si_2C_2/RE_2O_3$ 复合材料表现出很强的电磁波吸收性能和较宽的 EAB，如图 2-77(c)(d)(e)所示。突出的是 HE-RSC-3 在 2.0 mm 处的 RL_{min} 值为 -50.9 dB（EAB 达到 3.4 GHz），说明 $HE-RE_2O_3$ 的质量分数对电磁波的吸收性能起着重要的作用。$HE-RE_3Si_2C_2/RE_2O_3$ 复合材料具有熵高、热稳定性好、密度低、电磁波吸收能力强等优点，是一种很有前途的新型电磁波吸收材料。

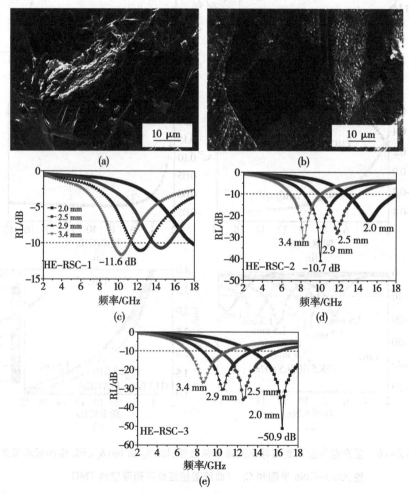

图 2-77　HE-RSC-1、合成的 $RE_3Si_2C_2/RE_2O_3$ 的断口形貌的 SEM 图像和 HE-RSC-1、HE-RSC-2 和 HE-RSC-3 不同厚度的微波吸收性能

Zhang 等首次报道了采用碳化硼一步还原法制备高熵（HE）稀土六硼化物（REB_6）粉末，并对其电磁波吸收性能进行了研究。报道称设计了五种 HE REB_6 陶瓷，包括（$Ce_{0.2}Y_{0.2}Sm_{0.2}Er_{0.2}Yb_{0.2}$）$B_6$、（$Ce_{0.2}Eu_{0.2}Sm_{0.2}Er_{0.2}Yb_{0.2}$）$B_6$、（$Ce_{0.2}Y_{0.2}Eu_{0.2}Er_{0.2}Yb_{0.2}$）$B_6$、（$Ce_{0.2}Y_{0.2}Sm_{0.2}Eu_{0.2}Yb_{0.2}$）$B_6$ 和（$Nd_{0.2}Y_{0.2}Sm_{0.2}Eu_{0.2}Yb_{0.2}$）$B_6$，分别命名为 HE REB_6-1、HE REB_6-2、HE REB_6-3、HE REB_6-4 和 HE REB_6-5。其中，REB_6 的晶体结构如图2-78所示。对于 HE REB_6，RL_{min} 值在 11.5 GHz 和 2.0 mm 处达到-33.4 dB（HE REB_6-1），而 EAB 在 1.5 mm 处达到 3.9 GHz（从 13.6 GHz～17.5 GHz）。

同时，比较 $HEREB_6$ 样品的阻抗匹配，可以看出 HE REB_6-1 的 Z 值接近 1，阻抗匹配在图 2-79（b）中是最好的。中间相 HE $REBO_3$（RE＝Ce，Y，Sm，Eu，Er，Yb）的引入改变了电磁波的吸收性能，RL 值见图 2-79（c）。

从图中可以看出，由于阻抗失配，材料的电磁波吸收性能降低。HE REB_6/HE REB_3-1 的 RL_{min} 值减小到-24.1 dB，但在厚度为 1.7 mm 时，EAB 达到 4.1 GHz（从 13.4 GHz～17.5 GHz）。同时，HE REB_6/HE $REBO_3$-1 仍然保持最佳阻抗匹配［图 2-79（d）］。单相 HE-REB_6 由于介电损耗和磁损耗的耦合作用，具有较好的电磁波吸收特性，质量轻，吸收宽度宽，特别是在复杂环境中具有良好的应用前景。

图2-78　REB_6 的晶体结构

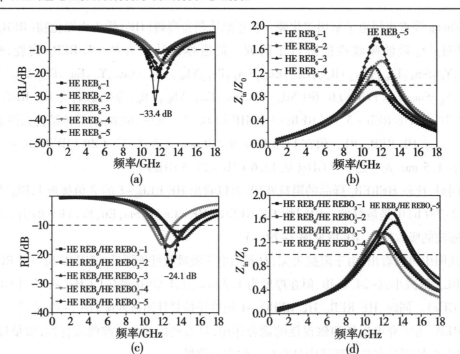

图2-79　HE REB$_6$、HE REB$_6$/HE REB$_3$ 的反射损耗值和阻抗匹配

参考文献

[1]徐剑盛,周万城,罗发,等.雷达波隐身技术及雷达吸波材料研究进展[J].材料导报, 2014,28(9):46-49.

[2]廖承恩.技术基础[M].西安:西安电子科技大学出版社,2006.

[3]刘顺华.电磁波屏蔽及吸波材料[M].北京:化学工业出版社,2014.

[4]黄小忠,黎炎图,杜作娟,等.磁性吸波碳纤维掺杂聚氨酯泡沫制备夹层结构吸波材料 [J].高科技纤维与应用,2009,34(4):32-36.

[5]何燕飞,龚荣洲,王鲜,等.蜂窝结构吸波材料等效电磁参数和吸波特性研究[J].物理 学报,2008,57(8):5261-5266.

[6]赵东林,沈曾民,迟伟东,等.碳纤维结构吸波材料及其吸波碳纤维的制备[J].高科技 纤维与应用,2000,25(3):8-14.

[7]赵东林,周万城.结构吸波材料及其结构型式设计[J].兵器材料科学与工程,1997, (6):53-57.

[8]黄爱萍,冯则坤,聂建华,等.干涉型多层吸波材料研究[J].材料导报,2003,17(4): 21-24.

[9]唐晋生,黄雪梅,周伟中,等.关于电磁理论中矢量符号法的一些研究[J].电子科技大

学学报,2008,37(1):84-85.

[10] DING Y, ZHANG L, LIAO Q L, et al. Electromagnetic wave absorption in reduced graphene oxide functionalized with Fe_3O_4/Fe nanorings [J]. Nano Research,2016,9 (7):2018-2025.

[11] LIU P, YAO Z, ZHOU J, et al. Fabrication and microwave absorption of reduced grapheneoxide/$Ni_{0.4}Zn_{0.4}Co_{0.2}Fe_2O_4$ nanocomposites [J]. Ceramics International,2016, 42(7):9241-9249.

[12] LIU T, XIE X, PANG Y, et al. Co/C nanoparticles with low graphitization degree:a high performance microwave-absorbing material [J]. Journal of Materials Chemistry C,2016, 4(8):1727-1735.

[13] LV H, YANG Z, WANG L Y, et al. A voltage boosting strategy enabling a low-frequency flexible electromagnetic wave absorption device [J]. Advanced Materials, 2018, 30 (15):1706343.

[14] YIN X, LI H, HAN L, et al. Lightweight and flexible 3D graphene microtubes membrane for high-efficiency electromagnetic-interference shielding [J]. Chemical Engineering Journal,2020,387:124025.

[15] YANG R, ZHOU Y C, REN Y M, et al. Promising PVDF-CNT-Graphene-NiCo chains composite films with excellent electromagnetic interference shielding performance [J]. Journal of Alloys and Compounds,2022,908(5):164538.

[16] CAO X Y, ZHANG J, CHEN S W, et al. 1D/2D nanomaterials synergistic, compressible, and response rapidly 3D graphene aerogel for piezoresistive sensor [J]. Advanced Functional Materials,2020,30(35):2003618.

[17] XIAO D, YING H G, LIA S P, et al. 3D architecture reduced graphene oxide-MoS_2 composite:preparation and excellent electromagnetic wave absorption performance [J]. Composites:Part A,2016,90:424-432.

[18] LEE S J, KIM Y B, LEE K S, et al. Effect of annealing temperature on electromagnetic absorption properties of crystalline Fe-Si-Al alloy powder-polymer composites [J]. Physica Status Solidi,2007,204(12):4121-4124.

[19] ZHANG S M, ZENG H C. Solution-Based epitaxial growth of magnetically responsive Cu@Ni nanowires [J]. Chemistry of Materials,2014,22(4):1282-1284.

[20] ZHAO B, LIU J, GUO X, et al. Hierarchical porous Ni@boehmite/nickel aluminum oxide flakes with enhanced microwave absorption ability [J]. Physical Chemistry Chemical Physics,2017,19(13):9128.

[21] YAN S, WANG L, WANG T, et al. Synthesis and microwave absorption property of

graphene oxide/carbon nanotubes modified with cauliflower – like Fe_3O_4 nanospheres [J]. Applied Physics A,2016,122(3):1-6.

[22] YAMAUCHI T,TSUKAHARA Y,YAMADA K,et al. Nucleation and growth of magnetic Ni-Co(Core-Shell) nanoparticles in a One-Pot reaction under microwave irradiation [J]. Chemistry of Materials,2011,23(1):75-84.

[23] YANG H G, ZENG H C. Preparation of hollow anatase TiO_2 nanospheres via ostwald ripening [J]. The Journal of Physical Chemistry B,2004,108(11):3492-3495.

[24] SUN G,DONG B,CAO M,et al. Hierarchical dendrite-like magnetic materials of Fe_3O_4, $\gamma-Fe_2O_3$, and Fe with high performance of microwave absorption [J]. Chemistry of Materials,2011,23(6):1587-1593.

[25] LIU T,PANG Y,XIE X,et al. Synthesis of microporous Ni/NiO nanoparticles with enhanced microwave absorption properties [J]. Journal of Alloys and Compounds,2016, 667:287-296.

[26] GUAN J,LIU L,XU L,et al. Nickel flower-like nanostructures composed of nanoplates: one-pot synthesis,stepwise growth mechanism and enhanced ferromagnetic properties [J]. Crystengcomm,2011,13(7):2636-2643.

[27] WANG Y, CHEN D, YIN X, et al. Hybrid of MoS_2 and reduced graphene oxide: a lightweight and broadband electromagnetic wave absorber [J]. ACS Applied Materials & Interfaces,2015,7(47):26226-26234.

[28] GUO X Q,BAI Z Y,ZHANG R,et al. Tailoring microwave absorption properties of Co_xNi_y Alloy-RGO nanocomposites with tunable atomic ratios [J]. Journal of Electronic Materials,2017,46(4):8408-8415.

[29] CHEN T, DENG F, ZHU J, et al. Hexagonal and cubic Ni nanocrystals grown on graphene: phase-controlled synthesis, characterization and their enhanced microwave absorption properties [J]. Journal of Materials Chemistry,2012,22(30):15190-15197.

[30] ZHOU W,HU X,ZHOU S,et al. Facile route to controlled iron oxides/poly(3,4-ethylenedioxythiophene) nanocomposites and microwave absorbing properties [J]. Composites Science and Technology,2013,87:14-21.

[31] WU H,LI H,SUN G,et al. Synthesis,characterization and electromagnetic performance of nanocomposites of graphene with [small alpha]-$LiFeO_2$ and [small beta]-$LiFe_5O_8$ [J]. Journal of Materials Chemistry C,2015,3(21):5457-5466.

[32] JIAN X,WU B,WEI Y,et al. Facile synthesis of F Fe_3O_4/GCs composites and their enhanced microwave absorption properties [J]. ACS Applied Materials & Interfaces,2016, 8(9):6101-6109.

[33] DONG X L, ZHANG X F, HUANG H, et al. Enhanced microwave absorption in Ni/polyaniline nanocomposites by dual dielectric relaxations [J]. Applied Physics Letters, 2008,92(1):013127.

[34] TONEGUZZO P, VIAU G, ACHER O, et al. Monodisperse ferromagnetic particles for microwave applications [J]. Advanced Materials,1998,10(13):1032−1035.

[35] WU K L, X W, ZHOU X M, et al. NiCo$_2$ alloys: controllable synthesis, magnetic properties, and catalytic applications in reduction of 4−nitrophenol [J]. The Journal of Physical Chemistry C,2011,115(33):16268−16274.

[36] DONG J, ULLAL R, HAN J, et al. Partially crystallized TiO$_2$ for microwave absorption [J]. Journal of Materials Chemistry A,2015,3(10):5285−5288.

[37] WEI Y Z, WANG G S, WU Y, et al. Bioinspired design and assembly of platelet reinforced polymer films with enhanced absorption properties [J]. Journal of Materials Chemistry A,2014,2(15):5516−5524.

[38] HAN Y, FU J M, SHCHUKIN D, et al. A new model for the synthesis of hollow particles via the bubble templating method [J]. Crystal Growth & Design, 2009, 9(2009): 3771−3775.

[39] WANG N, CAO X, KONG D, et al. Nickel chains assembled by hollow microspheres and their magnetic properties [J]. Journal of Physical Chemistry C, 2008, 112(17): 6613−6619.

[40] LIU J, CAO M, LUO Q, et al. Electromagnetic property and tunable microwave absorption of 3D nets from nickel chains at elevated temperature [J]. ACS Applied Materials & Interfaces,2016,8(34):22615.

[41] CAO Y, AI S G, ZHANG J, et al. Template−free synthesis and characterization of leaf−like Fe−Ni microstructures [J]. Advanced Materials Letters,2013,4(2):160−163.

[42] XUE Y, WU B, JIANG L, et al. Low temperature growth of highly nitrogen−doped single crystal graphene arrays by chemical vapor deposition [J]. Journal of the American Chemical Society,2012,134(27):11060−11063.

[43] WANG X, DONG L, ZHANG B, et al. Controlled growth of Cu−Ni nanowires and nanospheres for enhanced microwave absorption properties [J]. Nanotechnology,2016, 27(12):125602.

[44] 张振华. 碳纳米管电子结构及输运特性的研究[D]. 长沙:湖南大学,2003.

[45] SAITO S, DRESSELHAUS G, DRESSELHAUS M S. Physical properties of carbon nanotubes [M]. London:Imperial College Press,1998,6−111.

[46] TANAKA K, YAMABE T, FUKUI K, et al. The science and technology of carbon

nanotubes [J]. The Netherlands,1991:1-32.

[47] 孙晓刚,程利,杜国平. 阵列式碳纳米管雷达波吸收性能研究[J]. 人工晶体学报, 2009,38(5):1114-1118.

[48] 侯翠岭,李铁虎,赵廷凯,等. 稀土掺杂碳纳米管/聚氯乙烯复合材料的吸波性能研究 [J]. 功能材料,2013,44(12):1741-1744.

[49] GRIMES C A,MUNGLE C,KOUZOUDIS D,et al. The 500 MHz to 5.50 GHz complex permittivity spectra of single-wall carbon nanotube-loaded polymer composites [J]. Chemical Physics Letters,2000,319:460-464.

[50] 卿玉长,周万成,罗发,等. 多壁碳纳米管/环氧有机硅树脂吸波涂层的节点和吸波性 能研究[J]. 无机材料学报,2010,25(2):181-186.

[51] 沈曾民,赵东林. 镀镍碳纳米管的微波吸收性能研究[J]. 新型碳材料,2001,16(1): 1-4.

[52] 成会明. 纳米碳管:制备、结构、物性及应用[M]. 北京:化学工业出版,2002.

[53] YANG R T. Hydrogen storage by alkali-doped carbon nanotubes-revisited [J]. Carbon, 2000,38(4):623-626.

[54] THESS A,LEE R,THESS A,et al. Crystalline ropes of metallic carbon nanotubes [J]. Science,1996,273(5274):483-487.

[55] ZHU H,LIN H,GUO H,et al. Microwave absorbing property of Fe-filled carbon nanotubes synthesized by a practical route [J]. Materials Science and Engineering:B, 2007,138:101-104.

[56] QING Y,ZHOU W,LUO F,et al. Epoxy-silicone filled with multi-walled carbon nanotubes and carbonyl iron particles as a microwave absorber [J]. Carbon,2010,48 (14):4074-4080.

[57] TONG G,YUAN J,WU W,et al. Flower-like Co superstructures:Morphology and phase carbon nanotubes and carbonyl iron particles magnetic characteristics [J]. Crystengcomm,2012,14(6):2071-2079.

石墨烯负载金属粒子复合材料的可控制备及吸波性能

3.1 Co/rGO 复合材料的可控制备及吸波性能

还原氧化石墨烯虽然具有一定的电磁波吸收性能,但是由于其良好的导电性能会引起涡流损耗,使大部分电磁波在材料的表面反射,不能进入到吸波材料的内部,故很少将还原氧化石墨烯单独作为吸波剂使用。而改善还原氧化石墨烯的吸波性能的有效途径是将石墨烯与具有磁性的金属或合金复合。下面我们主要研究还原氧化石墨烯与磁性金属 Co、Ni 以及合金 CoNi 复合材料的电磁波吸收性能。

3.1.1 Co/rGO 复合材料的可控制备

取 Hummers 法制得的氧化石墨烯 40 mg 和 30 mL 无水乙醇于小烧杯中,搅拌 15 min;加入一定量的 $CoCl_2 \cdot 6H_2O$(样品 1,0.25 mmol $CoCl_2 \cdot 6H_2O$;样品 2,0.50 mmol $CoCl_2 \cdot 6H_2O$;样品 3,1.00 mmol $CoCl_2 \cdot 6H_2O$;样品 4,2.00 mmol $CoCl_2 \cdot 6H_2O$),搅拌 20 min;加入0.1 mol NaOH,继续搅拌 20 min;加入 4 mL 水合肼,搅拌 20 min 后将混合液倒入反应釜中,并将反应釜放入 180 ℃ 的干燥箱中,保温 12 h;反应结束后,将沉淀在反应釜底部的黑色物质进行水洗,醇洗,离心过滤,真空干燥(60 ℃,12 h);最后收集样品并标记。具体制备流程如图 3-1 所示。

在此化学反应体系中,$CoCl_2 \cdot 6H_2O$ 为反应提供 Co^{2+} 源;无水乙醇作为反应体系的有机溶剂,其本身也可以为样品带来较好的分散性;NaOH 既作为碱性物质为反应提供碱性环境,还作为反应中的沉淀剂提供氢氧根(OH^-);水合肼($N_2H_4 \cdot H_2O$)作为化学反应中的还原剂并配合氢氧化钠将 Co^{2+} 和氧化石墨(GO)进行原位还原,得到 Co/rGO 复合材料。具体化学反应公式如下:

$$2Co^{2+} + 4OH^- + N_2H_4 + GO \xrightarrow{\quad Co \quad} rGO \downarrow + N_2 \uparrow + 4H_2O \tag{3-1}$$

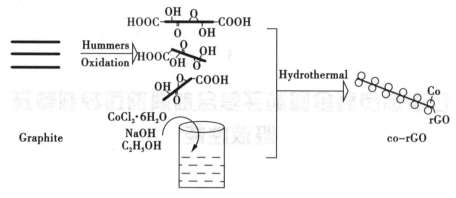

图 3-1　Co/rGO 复合材料的制备流程示意图

3.1.2　Co/rGO 复合材料的结构表征

图 3-2 所示为各 Co/rGO 复合材料的 XRD 谱图。各样品在 2θ = 41.5°、44.3°、47.5°和 76.3°出现特征衍射峰,其分别对应密排六方 Co(hcp)(JCPDS no.89-4308)的(100)、(002)、(101)和(110)晶面。2θ 在 44.3°、51.7°和 76.3°分别对应面心立方 Co 的(111)、(200)和(220)晶面。比较各样品,样品 2,0.5 mmol Co/rGO 复合材料的特征衍射峰相对宽而钝化,这是由样品晶体尺寸的减小造成的,晶体尺寸的减小会影响颗粒的晶体缺陷和饱和度,造成晶体的结晶度相对不高。而晶体内部的缺陷在外界场的作用下,易成为各种极化作用的中心,促进材料的吸波性能。

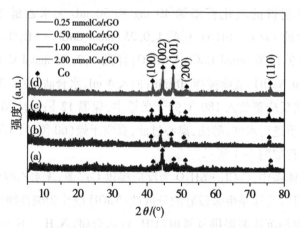

图 3-2　Co/rGO 复合材料的 XRD 谱图

(a)0.25 mmol Co 负载石墨烯;(b)0.50 mmol Co 负载石墨烯;
(c)1.00 mmol Co 负载石墨烯;(d)2.0 mmol Co 负载石墨烯。

图 3-3 是各 Co/rGO 复合材料样品的 RT-IR 谱图。在图 3-3 中, ~1 653 cm⁻¹ 和 ~1 576 cm⁻¹ 振动峰均代表石墨中未被氧化的 —C═C 键,1 437 cm⁻¹ 振动峰代表羧基中

的—OH 基团，~1 068 cm⁻¹、~1 066 cm⁻¹、~1 074 cm⁻¹、~1 075 cm⁻¹振动峰代表—C—O
基团振动峰，~423 cm⁻¹、~427 cm⁻¹、~422 cm⁻¹、~421 cm⁻¹振动峰则是由于不同含量的
Co 颗粒对石墨烯的激发作用产生的振动吸收峰，而~3 475 cm⁻¹振动峰则是由于石墨在
氧化过程在石墨片层上插入羟基(—OH)。由此可以推断，石墨经高锰酸钾、浓硫酸氧化
后片层之间插入了大量的含氧官能团，而经过氢氧化钠和水合肼的还原作用后，含氧官
能团被有效地去除，各样品均得到了一定程度的还原，但仍然存在部分残留含氧官能团。
同时，各复合材料样品上悬挂的含氧官能团因其在外界电场和磁场作用下可能成为极化
的中心，进而促进材料的吸波性能。

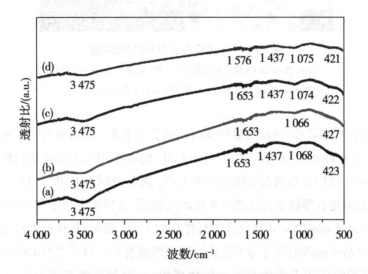

图 3-3　Co/rGO 复合材料的 FT-IR 谱图

(a)0.25 mmol Co 负载石墨烯；(b)0.50 mmol Co 负载石墨烯；
(c)1.00 mmol Co 负载石墨烯；(d)2.0 mmol Co 负载石墨烯。

图 3-4 为各不同量 Co 负载石墨烯样品的 SEM 图。由图 3-4 可知，金属 Co 颗粒负
载到石墨烯表面，或者被石墨烯包裹，而 Co 颗粒的形状也有一定的区别，主要呈现出球
状、片状、花瓣状。图 3-4(b)是 0.50 mmol Co/rGO 复合材料样品的 SEM 图，样品中的金
属 Co 颗粒呈雪花状被石墨烯均匀地包覆，这样有利于阻止金属 Co 颗粒的团聚，使其达
到较好的分散性，而良好的分散性能促进形成多种界面效应，在一定程度上增强材料的
微波吸收性能。而 0.25 mmol Co/rGO 复合材料样品[图 3-4(a)]，金属 Co 的数量较少，
且呈球状分散在石墨烯表面；1.0 mmol Co/rGO 复合材料样品[图 3-4(c)]，金属 Co 的形
貌呈现出雪花状、片层状和球状多种形貌，样品形貌混乱，且在石墨烯上分布较团聚；
2.0 mmol Co/rGO 复合材料样品[图 3-4(d)]，金属 Co 的形貌主要呈雪花状和球状，且团
聚成簇状堆积在还原氧化石墨烯表面。

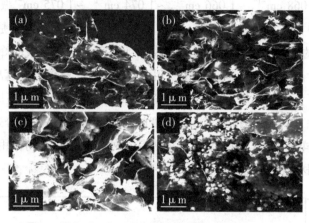

图 3-4   Co/rGO 复合材料的 SEM 图

(a)0.25 mmol Co 负载石墨烯；(b)0.50 mmol Co 负载石墨烯；
(c)1.00 mmol Co 负载石墨烯；(d)2.00 mmol Co 负载石墨烯。

图 3-5 为各不同量 Co 负载石墨烯样品的拉曼光谱图。碳质材料的拉曼光谱特征峰为 1 580 cm^{-1} 的 G 峰和 1 350 cm^{-1} 的 D 峰。I_D/I_G 的值则用来表示碳质材料的无序度和缺陷程度。各不同量 Co 负载石墨烯样品的 I_D/I_G 强度分别为 1.05、1.12、1.08 和 1.06，因此可以得出，氧化石墨经水合肼和氢氧化钠还原后，材料的无序度和缺陷增加，在各复合材料样品中，0.5 mmol Co/rGO 复合材料样品的 I_D/I_G 最大，其材料本身的无序度和缺陷最大，这与样品中晶体的尺寸与雪花状的微观形貌有关。材料本身的结构缺陷及无序度可以在外界场的作用下产生共振和极化现象，对材料的吸波性能具有一定的促进作用。

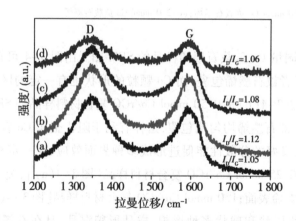

图 3-5   Co/rGO 复合材料的拉曼光谱图

(a)0.25 mmol Co 负载石墨烯；(b)0.50 mmol Co 负载石墨烯；
(c)1.00 mmol Co 负载石墨烯；(d)2.0 mmol Co 负载石墨烯。

3.1.3 Co/rGO 复合材料的吸波性能

图 3-6 所示为各 Co/rGO 复合材料样品的复介电常数($\varepsilon_r = \varepsilon' - j\varepsilon''$)和复磁导率($\mu_r = \mu' - j\mu''$)参数。从图中可以看出,各样品的介电常数实部和虚部随着频率的增大而逐渐发生变化。其中,样品 1 和样品 2 的介电常数随着频率的变化逐渐趋于稳定,在高频段,介电常数虚部出现多重峰值。样品 3 和样品 4 的介电常数则在 1 GHz ~ 7.0 GHz 范围内随着频率的增大而急剧减小,随后逐渐减小直至趋于稳定,并且介电常数虚部在高频段出现多重峰值。对于 0.5 mmol Co/rGo 复合材料样品,其介电常数实部和虚部均相对较低,而其磁导率实部和虚部随着频率的增大而表现出多重峰值,这与样品本身的共振现象有关。较小的介电常数实部,相对适宜的导电性,有利于样品获得良好的阻抗匹配特性,继而获得较好的吸波性能。

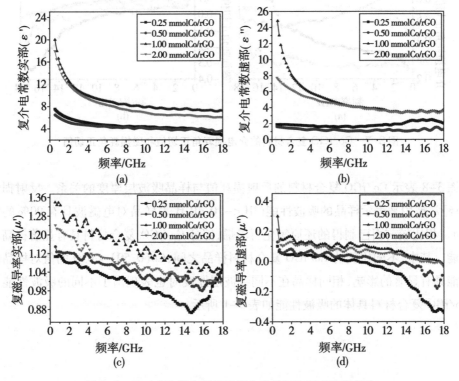

图 3-6 Co/rGO 复合材料的复介电常数和复磁导率参数

图 3-7 所示为各 Co/rGO 复合材料样品的介电损耗角正切值（$\tan\delta_\varepsilon = \dfrac{\varepsilon''}{\varepsilon'}$）和磁损耗角正切值（$\tan\delta_\mu = \dfrac{\mu''}{\mu'}$）。各样品的介电损耗角正切值随着频率的变化表现出了不同的变化趋势，其中 0.5 mmol Co/rGO 复合材料样品具有较低的介电损耗角正切值，其他样品具有相对较高的介电损耗角正切值。众所周知，高介电损耗将对样品的吸波性能产生不利影响，导致电磁波在样品表面发生反射，很少被样品吸收。而对于磁损耗角正切值，各样品在整个频率范围内表现出了几乎相同的变化趋势，并且分别具有不同的多重峰值。特别地，0.25 mmol Co/rGO 复合材料样品的磁损耗角正切值在整个频率范围内数值最低，而过低的磁损耗角正切值将不利于样品的吸波性能。

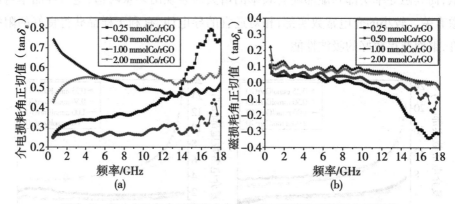

图 3-7　Co/rGO 复合材料的介电损耗角正切值和磁损耗角正切值

图 3-8 表示 Co/rGO 复合材料的反射损耗值与样品吸波层厚度的关系。反射损耗值（RL）经常被用来表示样品的吸波性能（RL<-10 dB 代表样品对电磁波具有 90% 的吸收能力）。相比较前面已制得的还原氧化石墨烯，部分 Co/rGO 复合材料具有显著提高的吸波性能。其中，不同比例的 Co/rGO 复合材料样品之间，Co(0.50)：rGO 的值对样品的吸波性能具有显著的影响，相同样品在不同吸波层厚度时也表现出了不同的吸波性能。不同 Co/rGO 复合材料具体的吸波性能如表 3-1 所示。

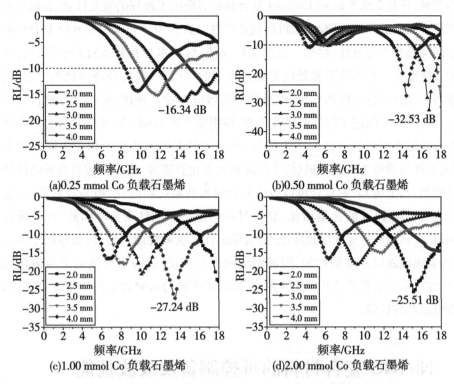

图 3-8 Co/rGO 复合材料的反射损耗值与样品吸波层厚度的关系

表 3-1 Co/rGO 复合材料的电磁波吸收性能

样品	吸波厚度 /mm	吸波频率 /GHz	最小反射损耗 /dB	有效吸波范围 /GHz	吸波宽度 /GHz
0.25 mmol Co/石墨烯	3.0	14.4	−16.34	11.70 ~ 18.00	6.3
0.50 mmol Co/石墨烯	6.0	16.74	−32.53	5.23 ~ 5.59; 15.12 ~ 18.00	3.24
1.0 mmol Co/石墨烯	2.0	13.50	−27.24	10.98 ~ 16.38	5.4
2.0 mmol Co/石墨烯	2.0	15.12	−25.51	12.60 ~ 18.00	5.4

特别地,样品2,0.5 mmol Co/rGO 复合材料表现出了较好的吸波性能,在低频和高频段均有最小的反射损耗,具有全波段吸收的特性。首先,0.5 mmol Co/rGO 复合材料本身的晶体结构具有不完整性,存在一定的晶体缺陷,材料本身在制备过程中残余的含氧官能团和悬挂键等。这些缺陷和悬挂键在外界场的作用下,成为各种极化的中心,进而引发一系列的耦合、共振、极化现象,促进样品的吸波性能。再次,密排六方钴自身的特殊结构在一定程度上促进了样品的吸波性能,特别是 0.5 mmol Co/rGO 复合材料中密排六方钴在石墨烯表面或片层之间均匀分布,增加了多重界面效应及相关协同作用下的效应,增大了样品的吸波性能。最后,单纯的还原氧化石墨烯,由于其较高的导电性其阻抗匹配性较差,与金属 Co 的复合可以改变复合材料的阻抗匹配性,但是金属 Co 也是良好的导体,因此金属 Co 的含量增加,复合材料的阻抗匹配性变差。因此,在金属含量为 0.5 mmol时,其具有最优的阻抗匹配性,表现出优异吸波性能。另外,观察四个样品可以发现,随着吸波涂层厚度的增加,吸波峰值向低频移动,这与电磁波的干涉消耗机理有关,即吸波涂层是电磁波波长的 1/4 的奇数倍,反射波与入射波的相位相差 180°,从而达到吸收电磁波的目的。

3.2 Ni/rGO 复合材料的可控制备及吸波性能

3.2.1 Ni/rGO 复合材料的可控制备

取所制得的氧化石墨烯40 mg 和30 mL 无水乙醇于小烧杯中,搅拌 15 min;加入一定量的 $NiCl_2 \cdot 6H_2O$(样品 1,0.25 mmol $NiCl_2 \cdot 6H_2O$;样品 2,0.50 mmol $NiCl_2 \cdot 6H_2O$;样品 3,1.00 mmol $NiCl_2 \cdot 6H_2O$;样品 4,2.00 mmol $NiCl_2 \cdot 6H_2O$),搅拌 20 min;加入 0.1 mol NaOH,继续搅拌 20 min;加入 4 mL 水合肼,搅拌 20 min 后将混合液倒入反应釜中,并将反应釜放入 180 ℃的干燥箱中,保温 12 h;反应结束后,将沉淀在反应釜底部的黑色物质进行水洗,醇洗,离心过滤,真空干燥(60 ℃,12 h);最后收集样品。

在本研究中,无水乙醇作为有机溶剂,为反应提供反应介质;氢氧化钠既充当沉淀剂,还为反应提供碱性环境,以利于还原反应更好地进行;水合肼则作为反应的还原剂,将氧化石墨和 Ni^{2+}有效地还原成石墨烯和 Ni 颗粒。Ni/石墨烯复合材料制备的具体过程如图 3-9 所示。

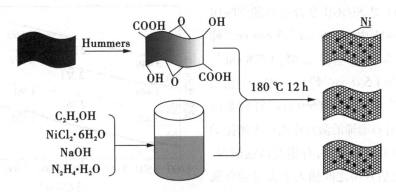

图 3-9　Ni/石墨烯复合材料的制备工艺

在此化学反应体系中,$NiCl_2 \cdot 6H_2O$ 为反应提供 Ni^{2+} 源;无水乙醇既作为反应体系的有机溶剂,其本身也可以为样品带来较好的分散性;NaOH 既作为碱性物质为反应提供碱性环境,还作为反应中的沉淀剂提供氢氧根(OH^-);水合肼($N_2H_4 \cdot H_2O$)作为化学反应中的还原剂并配合氢氧化钠将 Ni^{2+} 和氧化石墨(GO)进行原位还原,得到 Ni/石墨烯复合材料。具体化学反应式如下:

$$2Ni^{2+}+4OH^-+N_2H_4+GO \longrightarrow Ni/rGO \downarrow +N_2 \uparrow +4 H_2O \qquad (3-2)$$

3.2.2　Ni/rGO 复合材料的结构表征

图 3-10 是各 Ni/rGO 复合材料样品的 XRD 谱图。当氧化石墨和 Ni^{2+} 经氢氧化钠、水合肼在高温高压下还原后,氧化石墨的特征衍射峰消失,同时,各复合材料样品上出现三个新的衍射峰,即 $2\theta =$ 44.3°、51.7°、76.3°分别对应金属 Ni 的(111)、(200)、(220)晶面,由此可以判断出氧化石墨被还原,与此同时,并得到面心立方(fcc)Ni(JCPDS no. 04-0850),即 Ni/rGO 复合材料被成功制备。在各 Ni/

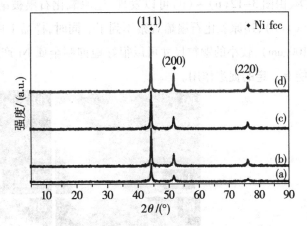

图 3-10　不同 Ni/rGO 复合材料的 XRD 谱图
(a)0.25 mmol Ni 负载石墨烯;(b)0.50 mmol Ni 负载石墨烯;
(c)1.00 mmol Ni 负载石墨烯;(d)2.0 mmol Ni 负载石墨烯。

rGO 复合材料中,随着 Ni 含量的增加,Ni 的衍射峰逐渐增强,这说明随着 Ni 含量增加,复合材料中 Ni 的结晶度逐渐增强。从而可知,相比于其他样品,样品 1 表面的金属 Ni 颗粒在晶体结构上可能存在一定的缺陷,而晶体缺陷对微波吸收性能具有一定的促进作用。

图 3-11 是 Ni/rGO 复合材料的 FT-IR
图。在图 3-11 中,3 448 cm^{-1}、3 449 cm^{-1}峰
均代表样品中羟基振动峰;1 578 cm^{-1}、
1 581 cm^{-1}和 1 560 cm^{-1}峰为 —C=C 振动
峰;415 cm^{-1}、410 cm^{-1}和 669 cm^{-1}峰则是由
于金属 Ni 对石墨烯的激发作用产生的振动
吸收峰。由此可以推断,石墨经高锰酸钾、
浓硫酸氧化后片层之间插入了大量的含氧
官能团,而经过氢氧化钠和水合肼的还原作
用后,含氧官能团被有效地去除,各样品均
得到了一定程度的还原。

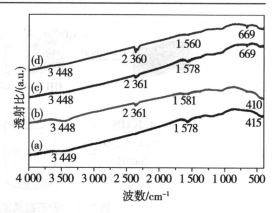

图 3-11 Ni/rGO 复合材料的 FT-IR 谱图

(a)0.25 mmol Ni 负载还原氧化石墨烯;(b)0.50 mmol
Ni 负载还原氧化石墨烯;(c)1.00 mmol Ni 负载还原氧化石
墨烯;(d)2.0 mmol Ni 负载还原氧化石墨烯。

图 3-12 为各不同量 Ni 负载还原氧化
石墨烯复合材料的 SEM 图。由图 3-12 可
知,金属 Ni 颗粒负载到石墨烯表面,或者被石墨烯包裹,而 Ni 颗粒的形状也有一定的区
别,主要呈现出球状、片状、花瓣状。如图 3-12(a),样品 1 中的金属 Ni 颗粒被石墨烯均
匀地包覆,这样有利于阻止金属 Ni 颗粒的团聚,使其达到较好的分散性。而分散性良好
的金属 Ni 颗粒与石墨烯之间及金属颗粒之间能够形成多重界面效应,促进材料的电场
和磁场极化,增强材料的微波吸收性能。通过 Ni 的含量增加,可以发现大量的 Ni 颗粒聚
集,由图 3-12(b)~(d)可以发现,还原氧化石墨被纳米 Ni 颗粒所包覆,尤其是图 3-12
(c)(d),还原氧化石墨烯观察不到了。同时,样品 1 中的金属 Ni 粒子的尺寸较小(约为
100 nm),较小的颗粒尺寸可以很好地抑制金属 Ni 产生的涡流效应,并对材料的吸波性
能有一定的促进作用。

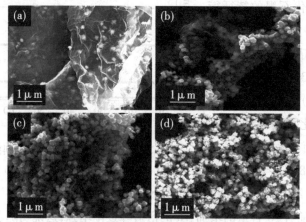

图 3-12 Ni/rGO 复合材料的 SEM 图

(a)0.25 mmol Ni 负载石墨烯;(b)0.50 mmol Ni 负载石墨烯;
(c)1.00 mmol Ni 负载石墨烯;(d)2.0 mmol Ni 负载石墨烯。

图 3-13 为氧化石墨和不同量 Ni 负载还原氧化石墨烯样品的拉曼光谱图。碳质材料的拉曼光谱特征峰为 1 605 cm⁻¹的 G 峰和 1 350 cm⁻¹的 D 峰。I_D/I_G 的值则用来表示碳质材料的无序度和缺陷程度。不同量 Ni 负载石墨烯样品的 I_D/I_G 强度分别为 1.11、1.06、1.05 和1.03,因此可以得出,氧化石墨经水合肼和氢氧化钠还原后,材料的无序度和缺陷增加,在各复合材料样品中,样品 1 的 I_D/I_G 最大,其材料本身的无序度和缺陷最大,而材料本身的结构缺陷

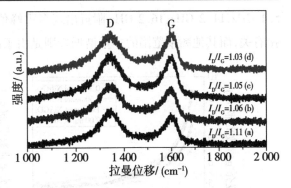

图 3-13 Ni/rGO 复合材料的拉曼光谱图

(a)0.25 mmol Ni 负载石墨烯;(b)0.50 mmol Ni 负载石墨烯;(c)1.00 mmol Ni 负载石墨烯;(d)2.0 mmol Ni 负载石墨烯。

及无序度在外界场的作用下,易成为多种极化的中心,发生弛豫等现象,对材料的吸波性能具有一定的促进作用。

3.2.3 Ni/rGO 复合材料的吸波性能

如图 3-14(a)~(d),分别表示样品的复介电常数和复磁导率。在图 3-14(a)(b)中,在 2.0 GHz~4.0 GHz 频率范围内,各样品的 ε' 和 ε'' 值随着频率的增大急剧减小,在 4.0 GHz~18.0 GHz频率范围内则变化不明显,此现象可能是由于共振行为引起的。另外,在 2.0 GHz~18.0 GHz频率范围内,ε' 和 ε'' 值随着 Ni 含量的增加而减少,这是由于 Ni 的介电常数比石墨烯的小,随着 Ni 含量的增加,从而对复合材料的介电常数产生一定的影响。在 4 个 Ni/rGO 复合材料样品中,样品 1 具有最高的 ε' 和 ε'' 值,这表明了样品 1 具有最好的能量储存,极化能力和介电损耗能力。如图 3-14(c)(d),分别表示样品的复磁导率实部和虚部。从图中可以观察到,各 Ni/rGO 复合材料的复磁导率随着测试频率的升高表现出了相同的变化趋势。复磁导率的实部(μ')随着测试频率的升高表现出了相同的减小趋势,复磁导率的虚部值(μ'')随着测试频率的增大,表现出先升高后下降的趋势。对于 μ',石墨烯的 μ' 值在 1.06 上下波动,而各个 Ni/rGO 复合材料样品的 μ' 值,在 2 GHz~8 GHz、10.4 GHz~11.2 GHz、15 GHz~17.2 GHz 范围内平缓下降,在 10.4 GHz、15.0 GHz 附近出现波峰,并且样品 1 比其他样品具有较高的 μ' 值,此现象可能与样品中的石墨烯存在的缺陷及未被还原的官能团有关。对于 μ'',石墨烯的 μ'' 值在 -0.03 附近出现微小的波动,而负值的出现导致石墨烯具有较小的磁损耗。对于各个 Ni/rGO 复合材料样品的 μ'' 值,在 5.1 GHz~10.1 GHz、11.2 GHz~14.2 GHz、16.2 GHz~18.0 GHz 范围内随着频率的增大而急剧减小,在 4.0 GHz~8.0 GHz范围内出现宽谐振峰,同时,在

5.1 GHz、11.2 GHz、16.2 GHz 附近出现多重峰值。宽谐振峰的出现与金属 Ni 的自然共振有关,而其他频率范围的多重谐振峰则是由于高频下交换共振造成的。

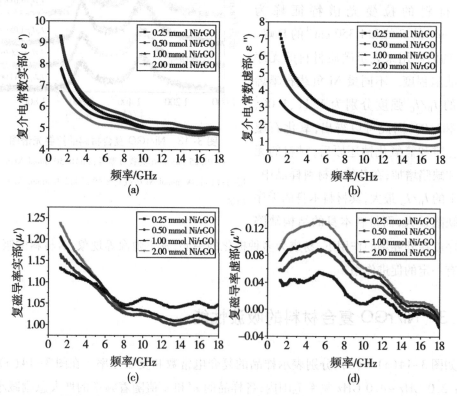

图 3-14　Ni/rGO 复合材料在 1 GHz～18 GHz 频率下的电磁参数

众所周知,影响吸波材料吸波性能的因素有许多,其中介电损耗和磁损耗是需要重点考虑的。基于以上所测试样品的介电常数和磁导率,可得出样品的介电损耗角正切值($\tan \delta_\varepsilon$)和磁损耗角正切值($\tan \delta_\mu$)。图 3-15 是 Ni/rGO 复合材料介电损耗角正切值($\tan \delta_\varepsilon$)和磁损耗角正切值($\tan \delta_\mu$)。如图 3-15(a),对于介电损耗角正切值($\tan \delta_\varepsilon$),各个 Ni/石墨烯复合材料样品在 2.0 GHz～18.0 GHz 范围内随着频率的增大而逐渐减小,并且样品 1 具有相对比较高的介电损耗角正切值。如图 3-15(b),对于磁损耗角正切值($\tan \delta_\mu$),各个 Ni/rGO 复合材料,在 2.0 GHz～5.1 GHz 随着频率的增大而增大,在 5.1 GHz～10.1 GHz、11.2 GHz～14.2 GHz、16.2 GHz～18.0 GHz 随着频率的增大而急剧减小,这与图 3-14(d)中 μ'' 值的变化相符。对于各 Ni/rGO 复合材料,其介电损耗角正切值均高于自身的磁损耗角正切值,这主要是来源于偶极子极化、电子极化和界面极化弛豫现象。由此可以推测,Ni/rGO 复合材料是一种介电损耗与磁损耗共同作用的吸波材料,而介电损耗对其吸波性能的影响比较大。综上所述可知,样品 1 可能具有较好的吸波性能。

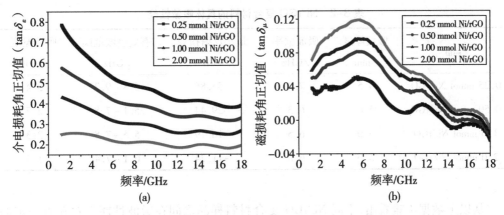

图 3-15　Ni/rGO 复合材料介电损耗角正切值和磁损耗角正切值

　　图 3-16 是 Ni/rGO 复合材料在不同厚度条件下的微波损耗值,我们可以观察到随着 Ni 含量的增加,复合材料的电磁波吸收性能逐渐减小。同时也发现随着吸波涂层厚度的增加,最小吸波峰值往低频移动。因此,我们可以通过调节吸波厚度来设计我们需要的吸波频段。从图中可以看出,样品 1,0.25 mmol Ni/rGO 在吸波层厚度为 4.5 mm,吸波频率为 7.2 GHz 时吸波性能最好,最小反射损耗值为 −55.86 dB,有效吸波范围为 5.8 GHz ~ 9.2 GHz。各种 Ni/rGO 复合材料的具体吸波性能如表 3-2 所示。

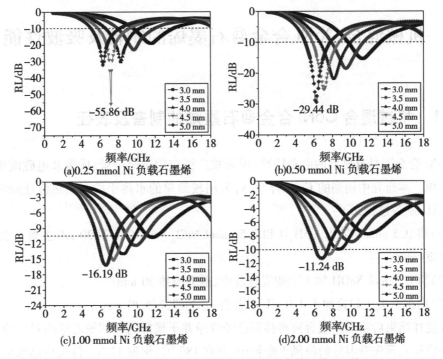

图 3-16　Ni/rGO 复合材料在不同厚度条件下的 RL 值

表 3-2　Ni/rGO 复合材料的具体吸波性能

样品	吸波厚度 /mm	吸波频率 /GHz	最小反射损耗 /dB	有效吸波范围 /GHz	吸波宽度 /GHz
0.25 mmol Ni/rGO	4.5	7.2	−55.86	5.8~9.2	3.4
0.50 mmol Ni/rGO	5.0	6.3	−29.44	5.1~7.8	2.7
1.0 mmol Ni/rGO	5.0	6.5	−16.19	5.5~7.8	2.3
2.0 mmol Ni/rGO	5.0	6.8	−11.24	6.1~7.4	1.3

从以上数据不难看出,不同 Ni/rGO 复合材料样品之间在吸波性能上存在着一定的差异。在不同 Ni/石墨烯复合材料样品之间,样品 1 表现出了优异的吸波性能。一方面,由于样品 1 表面负载的金属 Ni 颗粒在晶体结构上存在一定程度的缺陷,在电磁场的诱导激发下,这些缺陷可以引发一定的极化,成为极化的中心,从而引起电磁损耗。另一方面,由于样品 1 表面所负载的金属 Ni 颗粒尺寸均匀,且尺寸比较小,能够有效地抑制金属 Ni 产生的涡流效应,增大电磁损耗,对其吸波性能有一定的促进作用。另外,通过拉曼光谱仪的测试结果可以推测,由于样品 1 本身具有很大程度的缺陷,这些缺陷在外界电磁场的作用下能够引起极化弛豫现象,对样品自身的吸波性能具有很好的促进作用。

3.3　机械混合 CoNi 合金@石墨烯的制备及吸波性能

3.3.1　机械混合 CoNi 合金@石墨烯的制备及表征

CoNi 合金因具有典型的电磁特性,因而被广泛应用于磁记录、成像及电磁波吸收等相关领域。本研究中用到的 CoNi 合金球,采用较简单的水热手段利用热液还原的方法制得,具体制备过程如下:

(1)将 0.5 mmol $CoCl_2 \cdot 6H_2O$ 和 0.5 mmol $NiCl_2 \cdot 6H_2O$ 溶于 30 mL 去离子水中,磁力搅拌 20 min。

(2)将 0.1 mol NaOH 加入上述混合液中,磁力搅拌 20 min。

(3)向混合液中匀速加入 4.0 mL 水合肼,并缓慢搅拌 20 min。

待搅拌结束后将上述混合液转移至已经洗净并干燥好的聚四氟乙烯内衬反应釜中,密封好后放入预先升温好的鼓风干燥箱中,并在 180 ℃,保温 12 h。待反应结束后,将沉淀在反应釜底部的灰白色物质分别进行水洗,醇洗,离心过滤,真空干燥,收集。

在此反应过程中,NaOH 作为反应的沉淀剂,并为反应提供碱性环境;水合肼作为还

原剂,将 Co^{2+} 和 Ni^{2+} 还原为 CoNi 合金。具体发生的反应如下:

$$Co^{2+}+Ni^{2+}+4OH^-+N_2H_4\longrightarrow CoNi\downarrow +N_2\uparrow +4\ H_2O \qquad (3-3)$$

利用分析天平称量相同质量的 CoNi 合金和石墨烯,将二者在玛瑙坩埚中充分研磨,使其混合均匀收集备用。即制得 CoNi 合金@石墨烯材料。

图 3-17 是上述所制得的灰白色物质的 X 射线衍射图。观察图中信息可知,在面心立方 Co 和面心立方 Ni 的衍射峰之间出现了三个较强的衍射特征峰,位置分别在 $2\theta=$ 44.48°、51.68°、76.20°附近,与标准 PDF 卡对照可知,三个衍射峰分别对应 Co、Ni 的 (111)、(200)、(220) 晶面。由此,可以推断出灰白色物质即是 CoNi 合金,而且产物中 Co、Ni 单质处于互相固融状态。

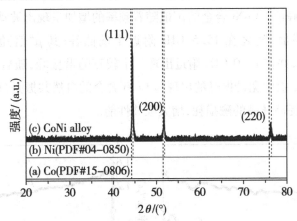

图 3-17　所制样品 CoNi 合金的 XRD 图

图 3-18 是上述所制得的灰白色物质 CoNi 合金的扫描电镜图。从图中可以观察到,CoNi 球呈现出固融状态,表现为灰白色,单个合金球尺寸处在 500~800 nm(亚微球),且 CoNi 合金球分布较集中,呈现出团聚现象。团聚现象将大大降低材料的吸波性能,不利于吸波材料的设计。值得一提的是,CoNi 合金间出现大量的孔隙结构,此种结构将会有利于电磁波在材料内部发生多重反射和吸收。通过观察可知,将 CoNi 合金和石墨烯机械混合后依然出现团聚的现象,且二者的分布较为混乱。同时,通过外力的作用,破坏了石墨烯的本征结构,出现大块的石墨烯片层结构。以上现象均不利于材料对电磁的吸收,进而影响其吸波性能。

图 3-18　所制样品 CoNi 合金的 SEM 图

(a)10 000 倍,(b)20 000 倍,(c)CoNi 合金@石墨烯材料。

3.3.2 机械混合 CoNi 合金@石墨烯的吸波性能

3.3.2.1 CoNi 合金的吸波性能

众所周知,材料的复介电常数和复磁导率是其吸波性能的体现。其中,复介电常数为 $\varepsilon_r = \varepsilon' - j\varepsilon''$;复磁导率为 $\mu_r = \mu' - j\mu''$。如图 3-19 所示,CoNi 合金的 ε' 值在 4.6 附近波动;其 ε'' 值则在 0~14 GHz 呈现出波动上升的趋势,并在 14.5 GHz 附近剧烈上升至 0.55 左右,随后在 15.5 GHz 附近出现低谷,与此同时,ε' 值也出现谷值,随之 ε'' 值在 17.0 GHz 再次出现峰值。CoNi 合金的 μ' 值随着频率的增加呈现出波动下降的趋势,并在 14.0 GHz 出现小峰值,随之在 15.5 GHz 附近出现低谷;其 μ'' 值随着频率的增大在 0.52 附近出现波动,并在 15.0 GHz 附近出现一个较宽的谐振峰,随后 μ'' 值下降,并趋于稳定在 0.05 附近。μ'' 值中宽谐振峰的出现与 CoNi 合金的自然共振是分不开的,自然共振能够在一定程度上提高样品的磁损耗,增大吸波性能。

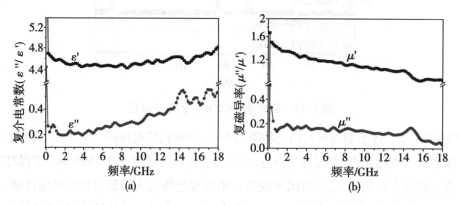

图 3-19 所制样品 CoNi 合金的复介电常数和复磁导率

介电损耗角正切值($\tan\delta_\varepsilon = \varepsilon''/\varepsilon'$)和磁损耗角正切值($\tan\delta_\mu = \mu''/\mu'$)常用来说明材料对电磁波的损耗能力,其数值与材料的损耗能力成正比。从图 3-20 中可以看出,CoNi 合金的介电损耗因子($\tan\delta_\varepsilon$)在低频段出现波动,数值在 0.05 附近,随着频率的增加其数值出现增长,特别地,在 14.5 GHz 附近陡然增长并出现峰值,随之开始出现波动峰值;CoNi 合金的磁损耗因子($\tan\delta_\mu$)则在全频段范围内出现大幅度波动,并在 15.0 GHz 附近出现较大的峰值,随后急剧减小。同时,CoNi 合金的 $\tan\delta_\mu$ 在一定范围内均大于其 $\tan\delta_\varepsilon$,说明在此频率范围内样品的磁损耗占主导地位,并影响着材料的吸波性能。

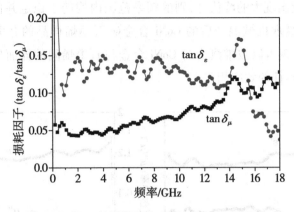

图 3-20 所制样品 CoNi 合金的损耗因子

根据传输线理论并结合 MATLAB 软件,模拟出了 CoNi 合金的反射损耗值,如图 3-21 所示。从图中可以看出,随着吸波层厚度的增大,材料的最小反射损耗值向着低频段区域移动。其中,CoNi 合金在吸波层厚度为 7 mm 时,频率为 15.48 GHz 时最小反射损耗值(RL_{min})为 -30.73 dB,其中有效反射损耗值 RL<-10 dB 对应的频率范围为 13.5 GHz ~ 16.38 GHz(2.88 GHz)。

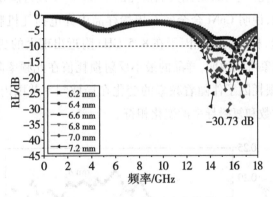

图 3-21 所制样品 CoNi 合金的 RL 值

3.3.2.2 CoNi 合金@石墨烯的吸波性能

图 3-22 是所制得的 CoNi 合金@石墨烯样品的复介电常数和复磁导率。如图 3-22 (a)所示,其 ε' 值随着频率的增大而先减小随后在 6.80 GHz 附近出现峰值,随之下降,其数值趋于稳定在 7.1 左右,在 14.0 GHz 附近出现波谷,并在 14.0 GHz ~ 15.5 GHz 范围内陡然上升并出现峰值;其 ε'' 值则在相同频率范围内出现相反的情况,ε'' 值在 7.5 GHz、9.5 GHz、15.8 GHz 附近相继出现峰值,并伴随着频率的变化而产生波动。如图 3-22(b)所示,其 μ' 值未有太大的变化,数值趋于稳定,在 1.1 附近,并在低频段出现波动峰;其 μ''

值处在8.5 GHz附近出现大的峰值外,别的频率范围内均趋于稳定并伴随着频率的变化出现多重波动峰。纵观机械混合后的 CoNi 合金@石墨烯样品的介电常数和磁导率变化,多重波动峰的出现可以被推测为与 CoNi 合金与石墨烯间的界面处发生的极化效应和各单项材料内部本征的效应相关。

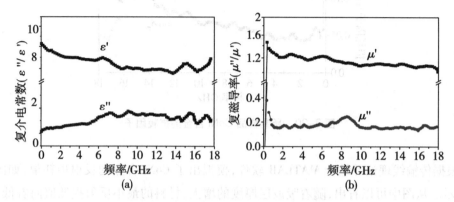

图 3-22 所制样品 CoNi 合金@石墨烯的复介电常数和复磁导率

图 3-23 是所制得的 CoNi 合金@石墨烯样品的损耗因子。从图中可以看出,机械混合后的产物的介电损耗因子 $\tan \delta_\varepsilon$ 比其磁损耗因子 $\tan \delta_\mu$ 要大,且均随着频率的增大而出现多重变化。一方面,说明 CoNi 合金@石墨烯样品中介电损耗机制更多的贡献着材料的吸波性能。特别地,样品的损耗因子在 8.5 GHz 附近出现大的变化,$\tan \delta_\varepsilon$ 出现波谷,$\tan \delta_\mu$ 出现峰值,此现象可以说明,样品的最小反射损耗值在此频率附近将会出现一定的变化。同时,样品的损耗因子伴随着频率的变化在局域频率范围内出现大幅度的波动,这与上述的复介电常数和复磁导率的变化相符。

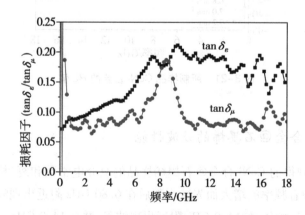

图 3-23 所制样品 CoNi 合金@石墨烯的损耗因子

图 3-24 是所制得的 CoNi 合金@石墨烯样品在不同吸波层厚度下的反射损耗值。

由图 3-24 中的信息可知,所制得的 CoNi 合金@石墨烯样品存在着一定的吸波性能。其中,所制得的 CoNi 合金@石墨烯样品随着吸波层厚度的增加,其最小反射损耗值(RL_{min})向低频段移动。当其吸波层厚度为 3.2 mm 时,在频率为 8.47 GHz 时,其 RL_{min} 为 −15.71 dB,其中有效反射损耗值对应的频率范围为 7.39 GHz ~ 9.54 GHz(2.15 GHz)。比较上述 CoNi 合金球和石墨烯的吸波性能可以看出,CoNi 合金@石墨烯样品的吸波性能并未有所提高和改善。这与两种单项物质混合的方式及相关的界面和样品的形貌结构等有一定的关联。

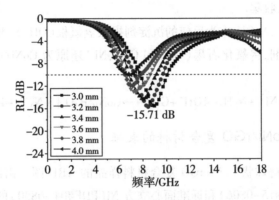

图 3-24　所制样品 CoNi 合金@石墨烯的 RL 值

3.4　CoNi/rGO 复合材料的结构调控及吸波性能

3.4.1　球状 CoNi/rGO 复合材料的制备及吸波性能

3.4.1.1　球状 CoNi/rGO 复合材料的制备

由以上研究可知,通过将 CoNi 合金和石墨烯进行简单的机械混合得到的样品在微观形貌上不具有一定的可观性,而且得到的混合材料样品的吸波性能不具有代表性。众所周知,复合材料较单独的单元材料在一定程度上具有较好的表现。因此,我们接下来将 CoNi 合金与石墨烯进行化学同步还原,并控制合成球状 CoNi/rGO 复合材料,即通过水热液相还原法将 CoNi 颗粒负载到石墨烯片层上,以此制备所需的复合材料。参照课题组此前的研究,具体试验过程如下:

(1)将 6.1 mL(6.5 mg/mL)GO 加入 30 mL 去离子水中,强劲磁力搅拌 15 min,令其充分均匀混合。

（2）向混合液中依次加入 0.5 mmol $CoCl_2 \cdot 6H_2O$、0.5 mmol $NiCl_2 \cdot 6H_2O$，搅拌 20 min。

（3）将 0.1 mol NaOH 缓慢加入上述混合液中，搅拌 20 min。

（4）将 4 mL 水合肼缓慢滴入上述混合液中，搅拌 20 min。

（5）待搅拌结束后，将上述混合液转移至已洗净并干燥好的聚四氟乙烯内衬反应釜中，密封好后放入预先升温好的鼓风干燥箱中，并在 180 ℃下，保温 12 h。

（6）待反应结束后，将沉淀在反应釜底部的黑色物质分别进行水洗，醇洗，超声处理，离心过滤，真空干燥，收集。

在此反应过程中，NaOH 作为反应的沉淀剂提供氢氧根（OH^-），并为反应提供碱性环境，水合肼作为还原剂，将氧化石墨（GO）和 Co^{2+}、Ni^{2+} 还原为 CoNi/rGO。具体发生的反应如下：

$$Co^{2+} + Ni^{2+} + N_2H_4 + 4OH^- + GO \longrightarrow CoNi/rGO \downarrow + N_2 \uparrow + 4H_2O \tag{3-4}$$

3.4.1.2 球状 CoNi/rGO 复合材料的表征

图 3-25 是所制得球状 CoNi/rGO 复合材料样品的 XRD 图。由图中信息可知，在标准面心立方 Co（PDF#15-0806）和标准面心立方 Ni（PDF#04-0850）的衍射峰之间出现了三个较强的衍射特征峰，位置分别在 $2\theta = 44.5°$、$51.8°$、$76.35°$ 附近，与标准 PDF 卡对照可知，三个衍射峰分别对应 Co、Ni 的（111）、（200）、（220）晶面，而且产物中 Co、Ni 单质处于互相固融状态。除此三个衍射峰之外，所制得的样品无其他额外的衍射峰。由此，可以推断出氧化石墨和 Co^{2+}、Ni^{2+} 离子均得到了一定程度的还原。

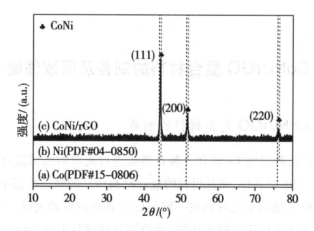

图 3-25　所制样品球状 CoNi/rGO 复合材料的 XRD 图

图 3-26 是所制得的球状 CoNi/rGO 复合材料样品的 FT-IR 谱图。从图中可以看出，所制得的球状 CoNi/rGO 复合材料样品在 3 440 cm^{-1} 附近存在着一个较弱且较宽的特征

吸收峰,此峰代表着—OH(羟基)的伸缩振动峰;在 1 638 cm⁻¹处为样品中保留的—C—C—骨架;1 093 cm⁻¹为 C—O—C 中碳氧键的伸缩振动峰;而 468 cm⁻¹处可能是 CoNi 合金对石墨烯的激发作用产生的特征振动峰。特别地,样品中残留的含氧官能团即是所制得的石墨烯所包含的官能团。同样,这些含氧官能团在外加场的作用下,易成为多种极化的中心,影响材料的介电损耗,有利于材料的吸波性能。

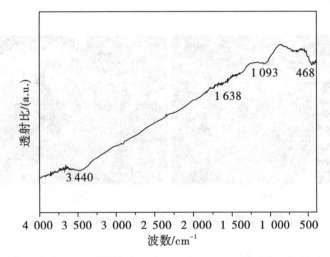

图 3-26　所制样品球状 CoNi/rGO 复合材料的 FT-IR 图

图 3-27 是所制得球状 CoNi/rGO 复合材料样品的拉曼光谱图。碳质材料在 1 350 cm⁻¹(D 峰)和 1 580 cm⁻¹(G 峰)的两个特征峰依然存在。较先前制得的石墨烯样品的 D 峰和 G 峰的强度比值(I_D/I_G),球状 CoNi/rGO 复合材料样品的 I_D/I_G 为 1. 04,略微有所减小。此现象应该是由于 CoNi 合金粒子负载到石墨烯表面后对石墨烯的激发作用导致的。由此可以判断,球状 CoNi/rGO 复合材料样品在其内部结构上存在着一定的

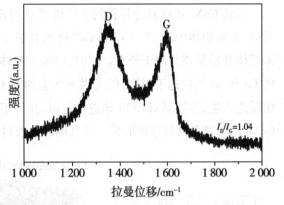

图 3-27　所制样品球状 CoNi/rGO 复合材料的拉曼光谱图

缺陷,而这些缺陷多数是由残留的含氧官能团引起的,这些缺陷的存在将引起材料的介电损耗,这与前面的研究结果一致。

图 3-28 是所制得球状 CoNi/rGO 复合材料样品的 SEM 图。图 3-28(a)(b)分别是放大 5 000 倍和 10 000 倍后样品的微观形貌图,从图中可以看出,CoNi 合金颗粒被负载到石墨烯表面,或者同时石墨烯互相缠绕一起,被石墨烯包覆。这种包覆结构能够相对

减少 CoNi 金属颗粒间的接触,进而减少样品的团聚现象,以此达到良好的分散性。另外,从图中还可以看出,CoNi 合金球的尺寸在 400～780 nm。较先前获得的纯粹的 CoNi 合金球而言,尺寸相对有所减小,颗粒之间的团聚现象大幅度降低,石墨烯和 CoNi 颗粒之间形成的界面相对稳定并具有较好的可观性。同时,CoNi 颗粒与石墨烯接触产生的界面将会在外加场的作用下产生更多的界面相关的极化作用,这均将有利于材料吸波性能的改善。

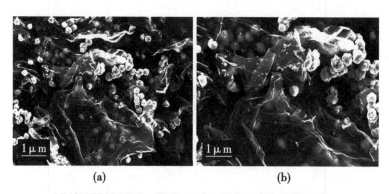

图 3-28　所制样品球状 CoNi/rGO 复合材料的 SEM 图

3.4.1.3　球状 CoNi/rGO 复合材料的生长机理

球状 CoNi/rGO 复合材料的生长机理相对简单,大致如下:在反应体系中,通过化学反应,类前驱体中的 GO、Ni^{2+} 和 Co^{2+} 被水合肼还原成纳米晶体,随着时间的延长,这些纳米晶体开始形核并趋于长大。同时,伴随着晶体的长大,CoNi 自身的表面能较大,新形成的 Co 和 Ni 晶粒趋于团聚,形成固溶状态的纳米簇(亚微球)。同时,在此过程中石墨烯也随之产生,并逐渐对 CoNi 球进行包覆,在一定程度上阻碍了 CoNi 自身的团聚。即球状 CoNi/rGO 复合材料逐渐形成。其具体的生长过程如图 3-29 所示。

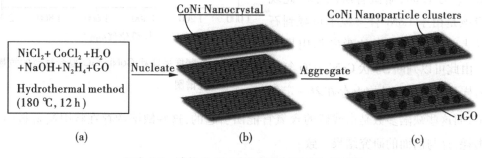

图 3-29　球状 CoNi/rGO 复合材料的生长过程

3.4.1.4　球状 CoNi/rGO 复合材料的吸波性能及吸波机理

图 3-30 是所制得的球状 CoNi/rGO 复合材料样品的复介电常数和复磁导率。如图 3-30(a)所示,其 ε' 值随着频率的增大而先减小,随后在 5.80 GHz 附近出现宽化的峰,随之下降并伴随发生数值波动,当频率在 8.50 GHz 附近时其变化趋势出现波谷,之后随着频率的增大,ε' 值发生多重波动;其 ε'' 值则在相同频率范围内较 ε' 值出现相反的变化趋势,并在 7.80 GHz 附近第一次出现峰值,随后 ε'' 值随着频率的增大先减小后增大,在整个过程中同样伴随有振动波和多重峰值的发生。如图 3-30(b)所示,μ' 值随着频率的增大而平缓减小,在 2.50 GHz 附近出现一个小峰值,最后在 0.65 附近上下波动;μ'' 值随着频率的增大而逐渐增大,并在 8.80 GHz 附近出现峰值,之后随着频率的增大而缓慢减小,在整个过程中随着频率的变化伴随着多重峰的出现。

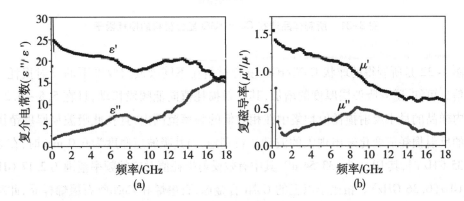

图 3-30　所制样品球状 CoNi/rGO 复合材料的复介电常数和复磁导率

纵观球状 CoNi/rGO 复合材料样品的复介电常数和复磁导率变化,我们可以推测,样品的介电常数虚部 ε'' 值和磁导率虚部 μ'' 值的变化过程中多重峰的出现,分别与材料内部发生了弛豫过程和自然共振、交换共振等有关,并分别在 ε'' 值和 μ'' 值的变化过程中得到了体现。

图 3-31 是所制得的球状 CoNi/rGO 复合材料样品的损耗因子。从图中可以看出,球状 CoNi/rGO 复合材料的介电损耗因子 $\tan \delta_\varepsilon$ 随着频率的增大而逐渐上升,在 7.50 GHz 附近出现较宽化的峰值,随后开始下降,在 12.0 GHz 附近陡然上升,并在 13.80 GHz 以后大于样品的磁损耗因子;其磁损耗因子 $\tan \delta_\mu$ 在 2.10 GHz 附近出现小波峰,随后其数值随着频率的增大而升高,且 $\tan \delta_\mu$ 在之后的频率范围内出现多重波动峰值,在 13.80 GHz附近之前其绝大多数数值均大于其 $\tan \delta_\varepsilon$ 值,之后其数值均小于 $\tan \delta_\varepsilon$ 值。这说明球状 CoNi/rGO 复合材料大约在 13.80 GHz 之前材料的磁损耗机制对材料的吸波性能影响较大,之后介电损耗主导的作用变大。值得一提的是,球状 CoNi/rGO 复合材料

的 $\tan\delta_\mu$ 值在2.10 GHz附近跳现的小波峰,可能会对材料的吸波性能产生一定的影响。同时,与多重界面相关的极化、弛豫、共振等作用相关的效应始终伴随着 $\tan\delta_\varepsilon$ 值和 $\tan\delta_\mu$ 值变化过程。

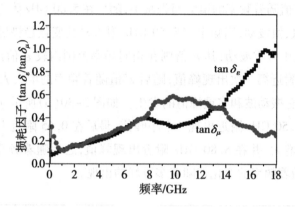

图 3-31　所制样品球状 CoNi/rGO 复合材料的损耗因子

图 3-32 是所制得的球状 CoNi/rGO 复合材料在不同吸波层厚度下的反射损耗。由图中信息可知,随着吸波层厚度的增加,其反射损耗值向低频段移动,且在5.5~6.2 mm 范围内样品的最小反射损耗值均集中在相对低的频率范围内,且在此吸波层厚度范围内样品的反射损耗值变化未出现大的波动。特别地,当其吸波层厚度为6.0 mm 时,在频率为2.35 GHz 时,其 RL_{min} 为-33.54 dB,其中有效反射损耗值对应的频率范围为2.17 GHz ~ 2.53 GHz(0.36 GHz)。相比于以上的 CoNi 合金球,石墨烯和 CoNi@ 石墨烯样品,此球状 CoNi/rGO 复合材料的反射损耗值有了很大的提高和改善,这与材料本身良好的分散性、多重损耗机制共同作用,CoNi 颗粒与石墨烯界面的结合作用及发生在二者界面处的多种极化和共振行为有着密不可分的关系。但相对于以上样品,球状 CoNi/rGO 复合材料的最小反射损耗值对应的吸波层厚度和有效的吸波范围频段均未得到相对程度的改善。

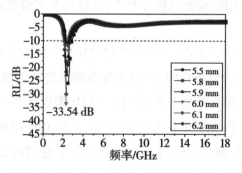

图 3-32　所制样品球状 CoNi/rGO 复合材料的 RL 值

为了形象地阐述球状 CoNi/rGO 复合材料的吸波机理,本研究设计了与其相关的吸波机理,如图 3-33 所示。当电磁波进入到材料内部时,CoNi 合金粒子与石墨烯形成的复合材料开始对电磁波进行衰减。其中主要包括介电损耗、磁损耗和电阻损耗机制。

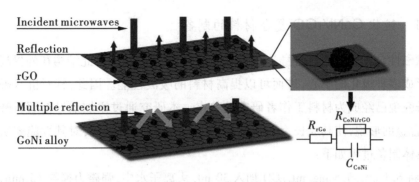

图 3-33　球状 CoNi/rGO 复合材料的吸波机理

一方面,CoNi 合金粒子与石墨烯表面形成的多重界面则在外加交变电磁场的作用下发生多重反射和多重极化效应,此时主要涉及电子极化、离子极化、定向极化及空间电荷极化等效应,这些效应的发生均对样品吸波性能的提高有很大的帮助。通过对球状 CoNi/rGO 复合材料的反射损耗值分析可知,其有效反射损耗值所处的频率范围为 2.17 GHz～2.53 GHz,此时电子极化和离子极化作用很弱,可以忽略不计。材料内部的多重界面易引发弛豫过程,同时由于 CoNi 合金与石墨烯均具有较好的导电性,易形成导电通道,这都将导致定向极化的发生,这在球状 CoNi/rGO 复合材料的介电常数虚部及介电损耗因子的变化过程中已经得到了体现。另外,在外交变电磁场的作用下,球状 CoNi/rGO 复合材料内部的含氧官能团及部分悬挂键及其产生的材料内部缺陷易引发空间电荷极化行为,以此促进材料吸波性能的提高。为了进一步阐述 CoNi/rGO 复合材料的结构特征与其介电损耗机制的关系,本研究设计了与其相关的电阻-电容模型。其中,电阻主要包括 R_{rGO} 和 $R_{CoNi/rGO}$,电路中的电容 C_{CoNi} 则是由 CoNi 合金与石墨烯间的界面构成,大比表面积的石墨烯与 CoNi 合金球之间形成了多级电容结构。随着电磁波的作用,电阻-电容电路进行不断地充放电过程并将对电磁波进行有效的衰减作用。

另一方面,在外交变电磁场的作用下,材料内部易引发自然共振、交换共振和畴壁共振等共振行为,这些共振行为均会对电磁波产生一定程度的衰减。这在球状 CoNi/rGO 复合材料的磁导率虚部及磁损耗因子的变化过程中已经得到了体现,并且影响着材料的磁损耗机制,有利于材料吸波性能的提高。

众所周知,材料的导电性和电导率分别影响着材料的介电损耗和电阻损耗。针对电阻损耗,当材料的电导率在一定范围内增大时,其在电磁波的激发下,导体内部的电子和载流子将会产生涡流,进而将电磁波转化为热能衰减掉。

3.4.2 链状 CoNi/rGO 复合材料的制备及吸波性能

3.4.2.1 链状 CoNi/rGO 复合材料的制备

链状磁性金属材料因其自身晶体结构具有一定的各向异性,此结构在外界场的作用下可以形成多种极化的中心,进而可以提高材料的吸波性能。因此,针对链状磁性金属材料的研究现已经成为材料工作者研究的热点。本研究通过添加诱导剂酒石酸钾钠控制 CoNi 合金的形貌,使其成长为链状结构,并对其结构进行表征,对其性能测试是否更好。其具体制备过程如下:

(1)将 6.1 mL(6.5 mg/mL)GO 加入 30 mL 去离子水中,强磁力搅拌 15 min,令其充分均匀混合。

(2)向混合液中依次加入 0.5 mmol $CoCl_2 \cdot 6H_2O$、0.5 mmol $NiCl_2 \cdot 6H_2O$,搅拌 20 min。

(3)将 0.847 g 酒石酸钾钠缓慢加入上述混合液中,搅拌 20 min。

(4)将 0.32 g NaOH 缓慢加入上述混合液中,搅拌 20 min。

(5)将 0.636 g 次亚磷酸钠缓慢加入上述混合液中,搅拌 20 min。

(6)将上述混合液移入 100 mL 聚四氟乙烯内衬反应釜中,并放入预先升温至 150 ℃的干燥箱中,保温 15 h。

(7)待反应结束后,将沉淀在反应釜底部的黑色物质分别进行水洗,醇洗,超声处理,离心过滤,真空干燥,收集。

在此反应过程中,酒石酸钾钠为反应提供诱导剂,并分别与 Co^{2+} 和 Ni^{2+} 形成络合物,诱导链状结构的生成,NaOH 作为反应的沉淀剂[主要是提供氢氧根(OH^-)],并为反应提供碱性环境,次亚磷酸钠作为还原剂,将氧化石墨(GO)和 Co^{2+}、Ni^{2+} 还原为 CoNi/rGO。具体发生的反应如下:

$$Co(C_4H_2O_6)^{2-}+Ni(C_4H_2O_6)^{2-}+2H_2PO_2^-+2OH^-+GO \longrightarrow CoNi/rGO\downarrow +2(C_4H_2O_6)^{2-}+4HPO_3^-$$

$$(3-5)$$

3.4.2.2 链状 CoNi/rGO 复合材料的表征

图 3-34 是所制得的链状 CoNi/rGO 复合材料样品的 XRD 谱图。根据图中信息,与标准面心立方 Co(PDF#15-0806)和标准面心立方 Ni(PDF#04-0850)对比可以得到,所制得的产物中出现了三个较强的衍射特征峰,其位置分别在 $2\theta = 44.3°$、$51.5°$、$76.0°$ 附近,并由此推断出产物含有固融状态的 CoNi 合金。根据先前的研究可知,氧化石墨(GO)的 XRD 特征衍射峰在 9.8°附近,而此样品除了上述三个特征衍射峰外无其他额外

的衍射峰,这表明氧化石墨在化学反应过程中被有效地得到了还原。

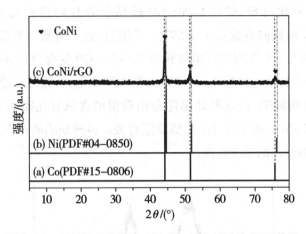

图 3-34　所制样品链状 CoNi/rGO 复合材料的 XRD 谱图

　　图 3-35 是所制得的链状 CoNi/rGO 复合材料样品的 FT-IR 谱图。从图中可以看出,所制得的链状 CoNi/rGO 复合材料样品在 3 456 cm^{-1} 附近存在着一个较宽化的特征吸收峰,此峰代表着—OH(羟基)的伸缩振动峰;在 1 633 cm^{-1} 处为样品中固有的—C—C—骨架结构;669 cm^{-1} 处可能是链状的 CoNi 合金对石墨烯的激发作用而产生的特征振动峰。根据先前的研究可知,氧化石墨中含有大量的 C—O—C、—OH、—COOH 等含氧官能团,对比可知,所制得的链状 CoNi/rGO 复合材料样品中的含氧官能团得到了有效地还原去除。同时,样品中残留的含氧官能团将在外加场的作用下,成为多种极化的中心,影响材料的介电损耗,进一步提高材料的吸波性能。

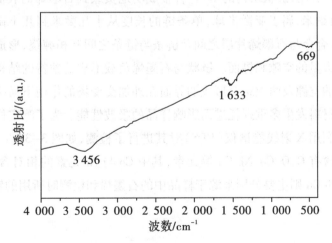

图 3-35　所制样品链状 CoNi/rGO 复合材料的 FT-IR 谱图

图 3-36 是所制得的链状 CoNi/rGO 复合材料样品的拉曼光谱图。同先前制得的球状 CoNi/rGO 样品对比可知，链状 CoNi/rGO 样品中的 D 峰位置几乎无偏移，即处在 1 348 cm⁻¹，而其 G 峰则向右偏移至 1 597 cm⁻¹ 附近，这一现象与石墨烯上负载了链状 CoNi 合金的缘故相关。较制得的石墨烯和球状 CoNi/rGO 复合材料样品，本次制得的链状 CoNi/rGO 样品的 I_D/I_G 值（$I_D/I_G=1.20$）有较大的变化，由此可以说明链状 CoNi/rGO 样品具有更大的结构缺陷，而这些缺陷除是由残留的含氧官能团引起的外，还与链状 CoNi/rGO 样品中 CoNi 晶体中自身的晶格缺陷有关。多种缺陷的存在，必将在外加场的作用下，改善和提高样品的吸波性能。

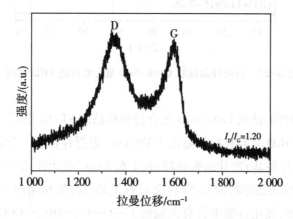

图 3-36 所制样品链状 CoNi/rGO 复合材料的拉曼光谱图

图 3-37 是所制得的链状 CoNi/rGO 复合材料样品的 SEM 图和 EDS 谱图。从图 3-37(a)(b)中可以看出，链状结构的 CoNi 合金成功地负载到石墨烯的表面，单个 CoNi 颗粒尺寸约在几百纳米，属于亚微米球，单条链的长度从十几微米到几十微米不等。特别地，链状的 CoNi 合金与石墨烯片层之间及链条与链条之间互相缠绕，形成了多层级的结构，同时产生了大量的空隙和界面。链状与石墨烯负载形成的独特的结构易形成导电通道。同时，大量的空隙及两项结合形成的界面在外加交变场的作用下易引发多种极化和共振行为，促进材料发生多重损耗进而影响样品的吸波性能。为了测定样品中元素的相对含量，本研究利用 X 射线能谱仪（EDS）对其进行了检测，如图 3-37(c)所示。结果表明，样品中主要含有 C、O、Co、Ni、Cu 等元素，其中 Co 与 Ni 元素的相对含量接近于 1.0，样品中的 C、O 和 Cu 则主要分别来源于样品中的石墨烯和检测时所用的铜网。

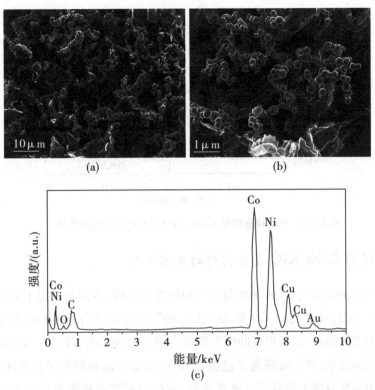

图 3-37　所制样品链状 CoNi/rGO 复合材料的 SEM 图和 EDS 谱图

　　为了探究链状 CoNi/rGO 复合材料样品的静态磁性能,本研究利用振动样品磁强计对样品进行了检测,其磁滞回线如图 3-38 所示。结果表明,链状 CoNi/rGO 复合材料样品表现出了典型的铁磁性材料所具有的 S 形回路。其典型的磁参数主要包括磁化强度(M_s)及矫顽力(H_c),分别为 57.49 emu/g 和 192.31 Oe。与先前报道的球状 CoNi 的静态磁性能相比较可以看出,链状 CoNi/rGO 复合材料样品的 M_s 有较大程度的减小(球状 CoNi 合金的 M_s 值为 123.21 emu/g),这可能与非磁性材料石墨烯的加入有关。另一方面,链状 CoNi/rGO 复合材料样品的 H_c 值较上述 CoNi 合金球有较大的提高(球状 CoNi 合金的 H_c 值为 108.23 Oe),这主要与链状 CoNi/rGO 复合材料样品中特殊形状的各向异性有关,这将导致材料内部产生较大的磁晶各向异性能,并以此利于链状 CoNi/rGO 复合材料样品的吸波性能的提高。

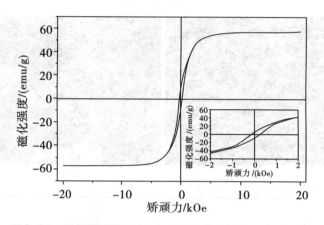

图 3-38　所制样品链状 CoNi/rGO 复合材料的磁滞回线

3.4.2.3　链状 CoNi/rGO 复合材料的生长机理

为了进一步阐述链状 CoNi/rGO 复合材料的生长机理,本研究模拟了其生长过程,如图 3-39 所示。通过化学反应,GO 和 Ni^{2+}、Co^{2+} 被同步还原成石墨烯和纳米晶体,但是由于纳米晶体的表面能较大,新形成的纳米颗粒有趋于自我团聚的趋势。酒石酸钾钠在溶液里作为表面活化剂,酒石酸钾离子包覆在 CoNi 合金表面控制粒子发生团聚。表面活化剂在溶液中一般分散为高分子长链状结构,链的一端紧密吸附在粒子表面上,另外一端朝向溶液。由于各个纳米粒子表面均包裹着表面活性剂分子,不同纳米粒子上的长链分子互相排斥,阻碍了纳米粒子的团聚和生长,这种空间位阻效应是表面活性剂分子在控制纳米粒子形貌过程中的主要作用机理。同时,石墨烯与 CoNi 合金同时被还原生成,这将在一定程度上减少 CoNi 合金的团聚。

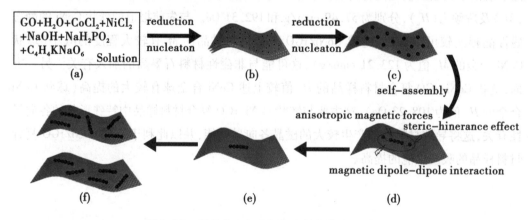

图 3-39　链状 CoNi/rGO 复合材料的生长机理

另外,在无外加磁场的条件下,Ni^{2+}、Co^{2+} 被还原成大量的磁性 CoNi 粒子,每个磁性粒子都会产生静磁场。随着反应的进行,大量的 CoNi 颗粒被还原并趋于堆积,这将导致整个体系磁场强度的增加,在具有各向异性磁场力的作用下,这些磁性粒子线性排列成链状,降低了体系的静磁能,从而能够稳定存在。

同时,由于纳米合金 CoNi 自身的磁性特性,纳米晶体之间通过本身的磁偶极子,定向排列生长,形成特殊的链状结构。

3.4.2.4 链状 CoNi/rGO 复合材料的吸波性能及吸波机理

图 3-40 是链状 CoNi/rGO 复合材料样品与不同石蜡比混合的复介电常数和复磁导率。从图 3-40(a)所示,各混合样品在 3.8 GHz 附近之前,各样品的 ε' 值随着频率的增大而逐渐减小,随后各样品的 ε' 值随着频率的变化趋于稳定。比较各混合样品 ε' 值的变化趋势可以看出,在 1.0 GHz ~ 18.0 GHz 范围内 50% 样品含量的复合样品的复介电常数实部值均较高与其他样品,且其随着频率的变化出现多重波动峰。

同样,观察图 3-40(b)可以看出,各样品在 1.0 GHz 之前其 ε'' 值随着频率的增大而增大,在 1.0 GHz ~ 4.5 GHz 范围内除 60% 样品含量的 ε'' 值急剧减小外,其他三种样品含量的 ε'' 值则缓慢下降,且此三种样品均在 5.0 GHz 附近出现波谷。另外,60% 样品含量的 ε'' 值在整个频率段内均呈减小的趋势,而其他三种样品则在整段频率范围内出现波动和多重峰,特别地,50% 样品含量的 ε'' 值随着频率的变化波动更剧烈。

由图 3-40(c)(d)可以看出,随着频率的变化除 60% 样品含量的 μ' 值呈逐渐下降的趋势,其 μ'' 值呈现较小幅度的波动外,其他样品含量的 μ' 值和 μ'' 值均随着频率的变化而出现一系列的波动峰,特别地,50% 样品含量的 μ' 值和 μ'' 值的波动峰更加明显和剧烈,其波峰和波谷的差值最大。

另外,30% 样品含量的复合材料的 ε' 值、ε'' 值、μ' 值、μ'' 值均是最小的,这表明其对应的吸波性能应该是最差的。综上可知,50% 样品含量的复合材料在电磁波的作用下可能具有更多的损耗机制和相关的界面极化,这也预示着 50% 样品含量的复合材料具有较好且独特的吸波性能。

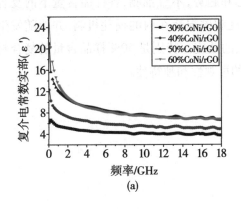

(a)

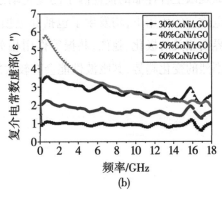

(b)

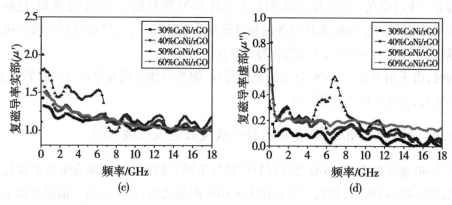

图3-40 链状 CoNi/rGO 复合材料样品与不同石蜡比混合的复介电常数和复磁导率

图 3-41 是链状 CoNi/rGO 复合材料样品与不同石蜡比例混合的损耗因子。从图 3-41 中可以看出,各样品含量的复合材料的 $\tan\delta_\varepsilon$ 和 $\tan\delta_\mu$ 均随着频率的变化而呈现出波浪状的变化趋势。

观察图 3-41(a),对于 30%、40%、50% 样品含量的复合材料,其 $\tan\delta_\varepsilon$ 值均在相同的频率下出现相同的变化趋势,且同在 14.0 GHz 以后出现较大的波动,而比较这三组复合材料的 $\tan\delta_\varepsilon$ 值可知,50% 样品含量的复合材料的 $\tan\delta_\varepsilon$ 值变化趋势较剧烈,而对于 60% 样品含量的复合材料的 $\tan\delta_\varepsilon$ 值,其在整个频率范围内呈现逐渐下降的趋势,并伴随着波动峰的发生,且在 14.0 GHz 以后其 $\tan\delta_\varepsilon$ 值低于 40% 和 50% 样品含量的复合材料。

由图 3-41(b)可知,30%、40% 样品含量的复合材料,其 $\tan\delta_\mu$ 值均在相同的频率下出现相同变化趋势的多重波动峰,并低于 50% 与 60% 样品含量的复合材料的 $\tan\delta_\mu$ 值。对于 60% 样品含量的复合材料,其 $\tan\delta_\mu$ 值在整个频率范围内在 0.15 附近上下波动,并伴随着波动峰的发生。特别地,50% 样品含量的复合材料的 $\tan\delta_\mu$ 值的变化趋势较为剧烈,波谷与波峰的差值最大,在 7.50 GHz、11.5 GHz、13.5 GHz、15.5 GHz、17.0 GHz 附近均出现较大的波动。

纵观以上各样品的损耗因子的变化动态和趋势,不难推测,各样品含量下的复合材料在电磁波的作用下,均发生了包括介电损耗和磁损耗在内的损耗机制,并伴随发生与多重界面相关的极化、弛豫、共振等作用相关的效应。特别是 50% 样品含量的复合材料引起剧烈的变化趋势,其吸波性能会有较大的可观性和独特性。

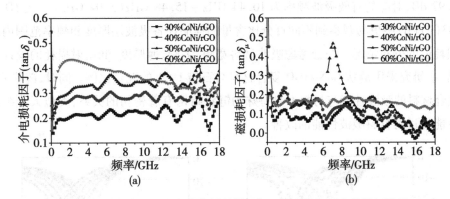

图 3-41　链状 CoNi/rGO 复合材料样品与不同石蜡比混合的损耗因子

图 3-42 是所制得的链状 CoNi/rGO 复合材料与不同石蜡混合比例在吸波层厚度为 2 mm 下的反射损耗值。由图中信息可知,同质量的链状 CoNi/rGO 复合材料分别与不同质量的石蜡进行混合配制并压制成了样品含量为 30%、40%、50%、60% 的环状物,针对同一样品不同石蜡配比测试时,业界常以吸波层厚度为 2 mm 时的反射损耗值作为判断的依据。相同条件下,利用矢量网络分析仪对

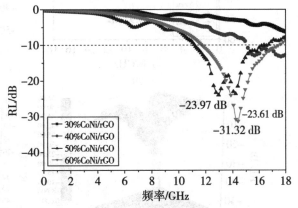

图 3-42　链状 CoNi/rGO 复合材料样品与不同石蜡比混合的 RL 值

其吸波性能进行检测可以发现,各样品的最小反射损耗值均集中在高频段内。特别地,含量为 50% 和 60% 的样品同时表现出了相对较好的吸波性能,前者主要体现在发生了多频吸波,后者具有宽频吸收和较小反射损耗值的优点。二者具体数据结果如下:①含量为 50% 的样品在吸波层厚度为 2 mm,吸波频率分别为 12.96 GHz 和 14.22 GHz 时最小反射损耗值分别对应 -23.97 dB 和 -23.61 dB,有效吸波频率为 11.34 GHz ~ 16.74 GHz(5.4 GHz);②含量为 60% 的样品在吸波层厚度为 2 mm,吸波频率为 14.4 GHz 时最小反射损耗值分别对应 -31.32 dB,有效吸波频率为 11.70 GHz ~ 17.46 GHz(5.76 GHz)。

为了进一步确认链状 CoNi/rGO 复合材料与石蜡的最佳配比,本研究分别对 50% 和 60% 含量的样品进行细化模拟并进行了可视化处理,其结果如图 3-43 所示。由图 3-43(a)信息可知,50% 样品含量的链状 CoNi/rGO 复合材料在厚度为 2.7 mm、频率为 9.36 GHz 时,其最佳反射损耗值为 -45.95 dB,对应的有效吸波频率为 6.49 GHz ~ 6.85 GHz 和 8.29 GHz ~ 11.88 GHz(3.95 GHz);由图 3-43(b)信息可知,60% 样品含量的链状 CoNi/rGO 复合材料在厚度为 2.2 mm、频率为 12.78 GHz 时,其最佳反射损耗值

为-43.97 dB,对应的有效吸波频率为 10.44 GHz ~ 15.48 GHz(5.04 GHz)。从 3D 平面图 3-43(c)(d)中更易观察到不同百分比含量的样品在各吸波层厚度和频率范围内最小反射损耗值的分布情况。综合考虑吸波材料宽频、多频、薄厚度、低反射损耗的设计原则和思路,本研究采用链状 CoNi/rGO 复合材料与石蜡 1∶1 的混合比例。同时,链状 CoNi/rGO 复合材料的吸波性能与材料本身特殊的链状结构有着密切的关系,类似天线结构的特征更能促进对材料吸波性能的改善。

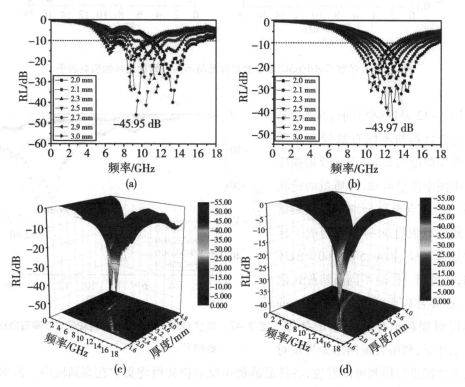

图 3-43 不同样品含量的链状 CoNi/rGO 复合材料随吸波层厚度变化的 RL 值和 3D 平面模拟图

(a)(c)50%样品含量;(b)(d)60%样品含量。

当入射电磁波照射到材料表面时,会在材料表面产生一系列的变化,如反射、吸收和透射等。为了探索所制备的链状 CoNi/rGO 复合材料可能发生的吸波机理,本研究模拟了可视化的演示图,如图 3-44 所示。众所周知,材料的吸波性能与材料本身的介电损耗、磁损耗、电阻损耗等多重损耗机制相关。关于磁损耗,其主要来源于发生在 2 GHz ~ 18 GHz 频率范围内材料内部的自然共振和涡流效应。而且自然共振是由磁性材料的各向异性引起的。关于介电损耗,其主要来源于界面极化、偶极子极化及其他多种由材料本征的缺陷和含氧官能团引发的极化效应。关于电阻损耗,其主要与材料本身的电导率相关,二者呈正线性关系。负载在石墨烯表面的链状 CoNi 合金与石墨烯间形成导电通道,进而在电磁波的激发下引起电阻损耗。

图 3-44　链状 CoNi/rGO 复合材料的吸波机理

　　结合前面的拉曼光谱和傅里叶红外光谱的结果可知,链状 CoNi/rGO 复合材料内部存在着较大程度的缺陷,并且仍有残余的含氧官能团,这些都将在外加交变场的作用下引发多重散射和多重表面极化效应。同时,当链状 CoNi 合金负载到石墨烯上后,二者的结合处可以形成较大面积的多重界面。

　　多重界面的出现,一方面能够减少 CoNi 粒子的集聚;另一方面,强大的界面相互作用可以激发界面极化和多重散射。如前所述,散射和极化均可以成为吸波材料中较重要的吸波机理。特别地,结合自由电子理论,界面极化之所以有助于介电损耗其主要取决于材料中的导电性和介电常数。另外,由于良好导体石墨烯和 CoNi 合金的存在,复合材料的电导率有所增强,这样一来,偶极子极化也有助于协同效应的发生,共同作用于材料的吸波性能。值得关注的是,链状 CoNi/rGO 复合材料的特殊形貌特征,从 FT-IR、Raman 及 SEM 图中可以看出样品内部存在着一定的缺陷和大量的空隙,这将可能导致电磁波在材料内部发生多重反射并能够为电磁波在材料内部的传播扩展传播线路,这也是组成吸波材料吸波机理的重要因素。

　　简而言之,链状 CoNi/rGO 复合材料的吸波性能主要是由于石墨烯与 CoNi 合金之间的互相补偿性产生的,即被归于材料的电磁互补效应。因此,我们可以得出这样的结论:链状 CoNi/rGO 复合材料的吸波机理可以归纳为多重反射、多重散射、界面极化、自然共振、偶极子极化等多重机制和效应共同作用的结果。

3.4.3　影响链状 CoNi/rGO 复合材料吸波性能的关键因素探究

3.4.3.1　反应时间对链状 CoNi/rGO 复合材料吸波性能的影响

　　图 3-45 是在 150 ℃下不同反应时间的链状 CoNi/rGO 复合材料的 XRD 图,图 3-45

（c）~（f）分别是与 150 ℃ 9 h、150 ℃ 12 h、150 ℃ 15 h 和 150 ℃ 18 h 相对应的 XRD 结果。纵观图 3-45 可知，四组产物中均产生了含有固融状态的 CoNi 合金，且除了 CoNi 合金的三个特征衍射峰外，无其他额外的衍射峰，这表明氧化石墨和 Co²⁺、Ni²⁺ 在化学反应过程中被有效地得到了同步还原。

观察各组产物峰的位置和相对强度可以看出，150 ℃ 12 h 和 150 ℃ 18 h 对应的产物中的晶体结构较其他两组样品的晶体结构完整性更高，而四组产物中的特征衍射峰的位置则无太大的差异。众所周知，晶体结构越趋于完整，其晶格缺陷程度越低，反之越高。电磁波与材料作用后，晶格缺陷处易产生多重极化，因此 150 ℃ 9 h 和 150 ℃ 15 h 的样品在吸波性能方面可能会具有一定的优势。

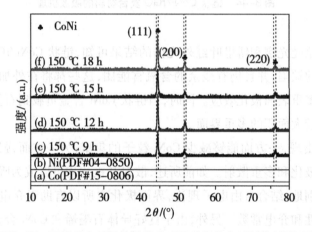

图 3-45　不同反应时间的链状 CoNi/rGO 复合材料的 XRD 图

图 3-46 是不同反应时间下的链状 CoNi/rGO 复合材料的拉曼光谱图，图 3-46（a）~（d）分别是与 150 ℃ 9 h、150 ℃ 12 h、150 ℃ 15 h 和 150 ℃ 18 h 相对应的拉曼光谱结果。由图中信息可知，随着时间的变化，各组样品 D 峰的位置并未出现较为明显的相对偏移，而各组样品的 G 峰随着时间的变化依次出现较为明显的右偏移趋势，这与链状 CoNi 合金负载到石墨烯片层的过程有关。

同时，随着反应时间的不同，各组样品的 I_D/I_G 值有着明显的变化，150 ℃ 15 h 样品的 $I_D/I_G = 1.20$ 为最大。I_D/I_G 值的变化不仅与复合材料样品中含氧官能团及悬挂键的数量、种类有关，还与 CoNi 合金结构对石墨烯的激发作用有关。根据先前的报道可知，I_D/I_G 值的大小间接反映了材料内部缺陷程度的大小。缺陷的存在，必将在外加场的作用下改善和提高样品的吸波性能。

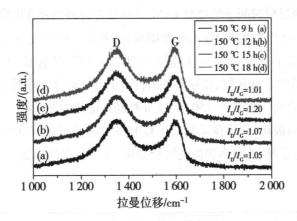

图3-46　不同反应时间的链状 CoNi/rGO 复合材料的拉曼光谱图

　　图3-47 是不同反应时间的链状 CoNi/rGO 复合材料的 SEM 图。纵观四组样品的 SEM 图可以看出,各样品中均有链状的 CoNi 合金结构生成。特别地,随着时间的增加,链状 CoNi 合金的形貌也在发生着不断地变化,反应 9 h 时,CoNi 合金链状结构的雏形已形成,随着时间的延长,链状结构逐渐成熟并长大,直至反应进行到 18 h 时 CoNi 链状结构开始发生团聚。另外,反应进行到 18 h 时样品中的合金形貌和颗粒大小及光洁度不完全相同,说明反应时间对 CoNi 合金的形貌结构的形成产生了较大的影响,这一现象应该与化学反应过程中发生的某些热力学与动力学效应相关。以上基于反应时间变化发生的形貌结构变化,在一定程度上也验证了链状 CoNi/rGO 复合材料的可控制备过程及材料的成形过程原理。

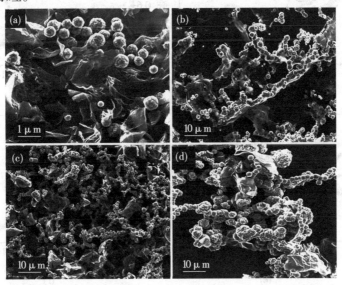

图3-47　不同反应时间的链状 CoNi/rGO 复合材料的 SEM 图

(a)150 ℃ 9 h;(b)150 ℃ 12 h;(c)150 ℃ 15 h;(d)150 ℃ 18 h。

图 3-48 是不同反应时间下的链状 CoNi/rGO 复合材料的复介电常数、复磁导率和损耗因子。纵观图 3-48 可以看出,随着频率的变化,各样品的介电常数、磁导率和损耗因子均发生了不同程度的波动和变化,特别是多重波动峰伴随着整个频率段发生。特别地,150 ℃ 15 h 样品的介电常数、磁导率和损耗因子的波动峰比较明显和剧烈,其相关的波峰和波谷的差值最大。这表明,150 ℃ 15 h 样品在电磁波的作用下可能具有更多的损耗机制和相关的界面极化,这也预示着 150 ℃ 15 h 样品具有较好且独特的吸波性能。同时,针对样品的介电常数、磁导率和损耗因子变化,并不能有效地证实反应时间对其吸波性能的具体影响。

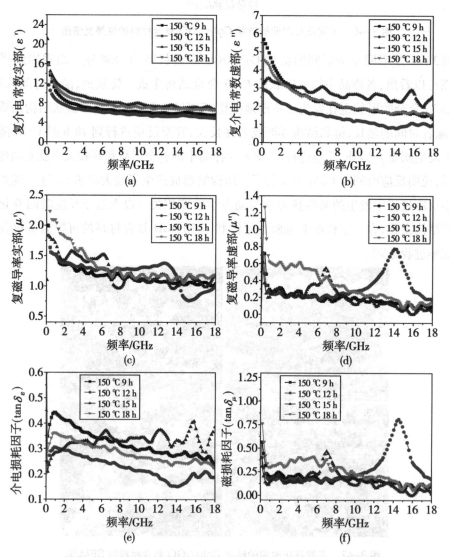

图 3-48 不同反应时间的链状 CoNi/rGO 复合材料的电磁参数

　　图 3-49 是不同反应时间的链状 CoNi/rGO 复合材料的反射损耗值[(a)150 ℃ 9 h、(b)150 ℃ 12 h、(c)150 ℃ 15 h、(d)150 ℃ 18 h]。由图中信息可知,随着吸波层厚度的增加,各样品的反射损耗值均向低频段移动。具体比较各样品的吸波性能可以看出,各组样品在对电磁波的吸收过程中均在一定层面上表现出了较优越的吸波性能,其具体数据参数对比如表 3-3 所示。

　　对比表 3-3 中数据可以看出,化学反应体系的反应时间并未对样品的吸波性能造成太大的影响,反而在 150 ℃ 的反应温度点上,各样品均具有较好的吸波性能。特别对于150 ℃ 15 h 样品,在厚度为 2.7 mm、频率为 9.36 GHz 时,其最佳反射损耗值为−45.95 dB,对应的有效吸波频率为 6.49 GHz ~ 6.85 GHz 和 8.29 GHz ~ 11.88 GHz(3.95 GHz)。另外,150 ℃ 12 h 样品与 150 ℃ 18 h 样品则出现了多频和宽频吸收的特性,这也证实了链状 CoNi/rGO 复合材料本身具有较好的吸波性能。

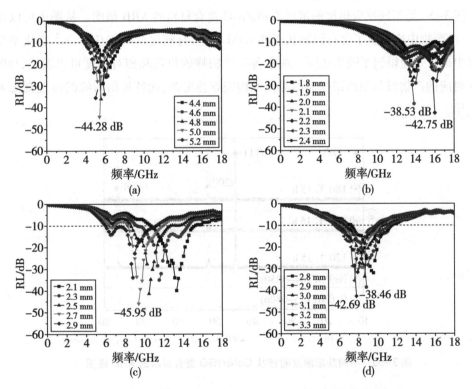

图 3-49　不同反应时间的链状 CoNi/rGO 复合材料的反射损耗值

(a)150 ℃ 9 h;(b)150 ℃ 12 h;(c)150 ℃ 15 h;(d)150 ℃ 18 h。

表3-3　不同反应时间下的链状 CoNi/rGO 复合材料的吸波性能

样品	吸波厚度 /mm	吸波频率 /GHz	最小反射损耗 /dB	有效吸波范围 /GHz	吸波宽度 /GHz
150 ℃,9 h	5.0	5.41	−44.28	4.33 ~ 6.67	2.34
150 ℃,12 h	2.2	16.02	−42.75	10.98 ~ 18.00	7.02
150 ℃,15 h	2.7	9.36	−45.95	6.49 ~ 6.85 8.29 ~ 11.88	3.95
150 ℃,18 h	3.2	7.75	−42.96	5.77 ~ 9.90	4.13

3.4.3.2　反应温度对链状 CoNi/rGO 复合材料吸波性能的影响

图 3-50 是不同反应温度的链状 CoNi/rGO 复合材料的 XRD 谱图。从图中可以观察到,三组产物中均产生了含有固融状态的 CoNi 合金,且氧化石墨和 Co^{2+}、Ni^{2+} 在化学反应过程中被有效地得到了同步还原。观察各组产物峰的位置和相对强度可以看出,180 ℃ 15 h 对应的产物较其他两组样品的晶体结构完整性更高,而特征衍射峰的位置则无太大的差异。

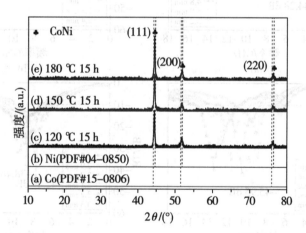

图 3-50　不同反应温度的链状 CoNi/rGO 复合材料的 XRD 谱图

图 3-51 是不同反应温度下的链状 CoNi/rGO 复合材料的拉曼光谱图。由图中信息可知,随着温度的变化,各组样品的 D 峰的位置并未出现较为明显的相对偏移,而三组样品的 G 峰随着时间的变化依次出现较为明显的右偏移趋势,这与链状 CoNi 合金在石墨烯片层上的生长过程有关。同时,随着反应温度的不同,各组样品的 I_D/I_G 值有着一定的变化,150 ℃ 15 h 样品的 $I_D/I_G = 1.20$ 表现为最大,而其他两组的 I_D/I_G 值无太大差别。特别地,180 ℃ 15 h 样品的 I_D/I_G 值出现小于 1.0 的情况则出乎意料,这可能与样品中官

能团的种类有一定的关系。各样品拉曼光谱图的结果也预示着 150 ℃ 15 h 样品的吸波性能会更为卓越。

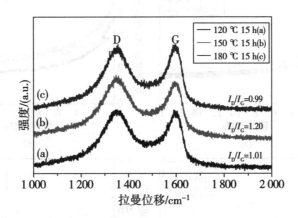

图 3-51　不同反应温度的链状 CoNi/rGO 复合材料的拉曼光谱图

图 3-52 是不同反应温度的链状 CoNi/rGO 复合材料的 SEM 图。纵观三组样品的 SEM 图可以看出，各样品中均有链状的 CoNi 合金结构生成。而且各样品中的合金形貌和颗粒大小及光洁度未出现较大的不同，说明反应温度对 CoNi 合金的形貌结构的形成并未产生太大的影响。特别地，150 ℃ 15 h 样品中存在着较多的孔隙结构，这种特殊结构的形成应该与反应过程中合金与石墨烯界面处发生的多种科学问题有关，而多层孔隙结构能够促进电磁波在材料内部发生多重反射和散射，进而促进材料的吸波性能。

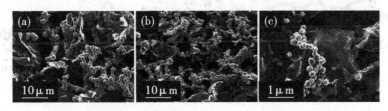

图 3-52　不同反应温度的链状 CoNi/rGO 复合材料的 SEM 图
(a)120 ℃ 15 h；(b)150 ℃ 15 h；(c)180 ℃ 15 h。

图 3-53 是不同反应温度下链状 CoNi/rGO 复合材料的电磁参数。纵观图 3-53 可以看出，随着频率的变化，各样品的介电常数、磁导率和损耗因子均发生了不同程度的波动和变化，特别是多重波动峰伴随着整个频率段发生。这与上述不同温度下链状 CoNi/rGO 复合材料的电磁参数的变化趋势类似，同样不能有效地证实反应温度对其吸波性能的具体影响。同样，150 ℃ 15 h 样品的介电常数、磁导率和损耗因子的波动峰比较明显和剧烈，其相关的波峰和波谷的差值最大。

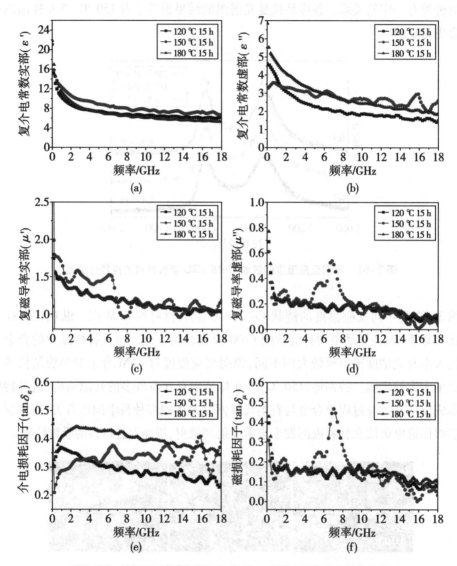

图 3-53　不同反应温度的链状 CoNi/rGO 复合材料的电磁参数

　　图 3-54 是不同反应温度下链状 CoNi/rGO 复合材料的反射损耗值。由图中信息可知,随着吸波层厚度的增加,各样品的反射损耗值均向低频段移动。比较各样品的吸波性能可以看出,120 ℃ 15 h 样品的吸波性能与其他两组样品的吸波性能差别最大,150 ℃ 样品和 180 ℃ 样品的吸波性能也存在着一定的差异性和特殊性。各样品具体吸波性能数据参数对比如表 3-4 所示。

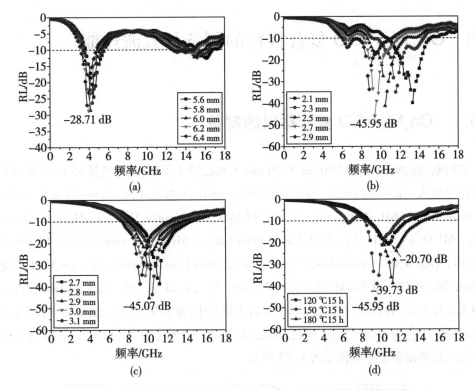

图 3-54　不同反应温度的链状 CoNi/rGO 复合材料的反射损耗值

(a)120 ℃ 15 h;(b)150 ℃ 15 h;(c)180 ℃ 15 h;(d)吸波层厚度 $d=2.7$ mm 时各样品的反射损耗值。

表 3-4　不同反应温度的链状 CoNi/rGO 复合材料的吸波性能

样品	吸波厚度 /mm	吸波频率 /GHz	最小反射损耗 /dB	有效吸波范围 /GHz	吸波宽度 /GHz
120 ℃,15 h	6.2	3.97	-28.71	3.43~4.87 13.14~15.12	2.51
150 ℃,15 h	2.7	9.36	-45.95	6.49~6.85 8.29~11.88	3.95
180 ℃,15 h	2.9	9.36	-45.07	7.75~12.60	4.85

对比表 3-4 中数据可以看出,化学反应体系的反应温度对样品的吸波性能造成了较大的影响。

3.5　$Co_x Ni_y/rGO$ 复合材料的制备及吸波性能

3.5.1　$Co_x Ni_y/rGO$ 复合材料的制备

取所制得的氧化石墨烯 40 mg 和 30 mL 无水乙醇于小烧杯中,搅拌 15 min;按照不同摩尔比例加入一定量的 $CoCl_2 \cdot 6H_2O$ 和 $NiCl_2 \cdot 6H_2O$:样品 1,0.2 mmol $CoCl_2 \cdot 6H_2O$,0.8 mmol $NiCl_2 \cdot 6H_2O$($x:y=1:4$);样品 2,0.25 mmol $CoCl_2 \cdot 6H_2O$,0.75 mmol $NiCl_2 \cdot 6H_2O$($x:y=1:3$);样品 3,0.5 mmol $CoCl_2 \cdot 6H_2O$,0.5 mmol $NiCl_2 \cdot 6H_2O$($x:y=1:1$);样品 4,0.75 mmol $CoCl_2 \cdot 6H_2O$,0.25 mmol $NiCl_2 \cdot 6H_2O$($x:y=3:1$),搅拌 20 min;加入 0.08 mol NaOH,继续搅拌 20 min;加入 4 mL 水合肼,搅拌 20 min 后将混合液倒入反应釜中,并将反应釜放入 140 ℃ 的干燥箱中,保温 9 h;反应结束后,将沉淀在反应釜底部的黑色物质进行水洗,醇洗,离心过滤,真空干燥(60 ℃,12 h);最后收集样品并标记。具体制备工艺流程如图 3-55 所示。

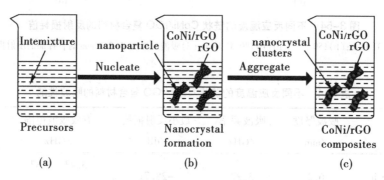

图 3-55　$Co_x Ni_y/rGO$ 复合材料的制备流程

在此化学反应体系中,不同量的 $CoCl_2 \cdot 6H_2O$ 和 $NiCl_2 \cdot 6H_2O$ 为反应提供 Co^{2+} 和 Ni^{2+} 源;无水乙醇既作为反应体系的有机溶剂,也可以为样品带来较好的分散性;NaOH 既作为碱性物质为反应提供碱性环境,还作为反应中的沉淀剂提供氢氧根(OH^-);水合肼($N_2H_4 \cdot H_2O$)作为化学反应中的还原剂并配合氢氧化钠将 Co^{2+} 和 Ni^{2+} 及氧化石墨(GO)进行原位还原,得到 $Co_x Ni_y$/石墨烯复合材料。具体化学反应为

$$2xCo^{2+}+2yNi^{2+}+4(x+y)OH^-+(x+y)N_2H_4+GO \longrightarrow$$
$$2Co_x Ni_y/rGO \downarrow +(x+y)N_2 \uparrow +4(x+y)H_2O \qquad (3-6)$$

3.5.2　Co_xNi_y/rGO 复合材料的结构和微观形貌表征

图 3-56 是不同 Co_xNi_y/rGO 复合材料的 XRD 谱图。由图 3-56 可知，各Co_xNi_y/rGO复合材料样品，分别在 $2\theta=44.3°$、$51.7°$和 $76.3°$出现三个特征衍射峰，并分别对应面心立方镍（JCPDS no.04-0850）和面心立方钴（JCDPS 15-0806）的（111）、（200）和（220）晶面。各 Co_xNi_y/rGO 复合材料除上述特征衍射峰外，无其他衍射峰，说明氧化石墨得到了有效的还原。对比各复合材料样品可明显发现，Co_3Ni_1/rGO 复合材料的峰强较弱，晶体结构相对不完整。

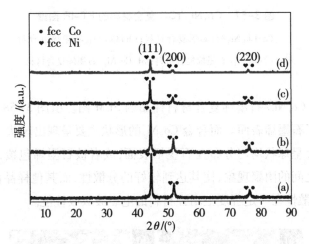

图 3-56　不同 Co_xNi_y/rGO 复合材料的 XRD 图谱

（a）Co_1Ni_4/石墨烯复合材料；（b）Co_1Ni_3/石墨烯复合材料；

（c）Co_1Ni_1/石墨烯复合材料；（d）Co_3Ni_1/石墨烯复合材料。

图 3-57 所示为各 Co_xNi_y/石墨烯复合材料样品的傅里叶红外光谱图。在图 3-57中，$\sim 3\,430\ cm^{-1}$、$\sim 3\,433\ cm^{-1}$、$\sim 3\,448\ cm^{-1}$、$\sim 3\,489\ cm^{-1}$均是—OH（羟基）的伸缩振动峰，该峰宽而突出，这表明经过氧化还原作用后，各样品片层上插入了大量的羟基基团。各样品中的 $\sim 1\,459\ cm^{-1}$、$\sim 1\,580\ cm^{-1}$、$\sim 1\,625\ cm^{-1}$、$\sim 1\,637\ cm^{-1}$、$\sim 1\,654\ cm^{-1}$ 则是石墨在氧化过程中未被充分氧化的—C—C—骨架。$\sim 1\,092\ cm^{-1}$、$\sim 1\,095\ cm^{-1}$为 C—O—C中碳氧键的伸缩振动峰，说明氧化石墨经过还原后，石墨片层间仍有一部分含氧官能团残留。由此可以推断，各样品虽然得到了一定程度的还原，但是各样品中仍残留一部分含氧基团，这些含氧基团在外电场的作用下，易诱发多种极化和振动，促进材料对入射到内部的电磁波损耗。

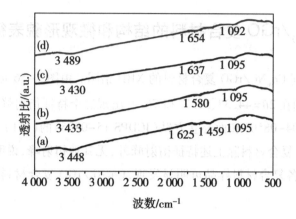

图 3-57 Co$_x$Ni$_y$/rGO 复合材料的 FT-IR 图谱

(a)Co$_1$Ni$_4$/石墨烯复合材料；(b)Co$_1$Ni$_3$/石墨烯复合材
料；(c)Co$_1$Ni$_1$/石墨烯复合材料；(d)Co$_3$Ni$_1$/石墨烯复合材料。

　　图 3-58 为各 Co$_x$Ni$_y$/石墨烯复合材料样品的 SEM 图。由图 3-58 可知，合金 Co$_x$Ni$_y$ 被成功地负载到了石墨烯表面。而合金 Co$_x$Ni$_y$ 的形状主要呈现出球状。特别地，如图 3-58(d)，Co$_3$Ni$_1$ 合金呈球状均匀分布在石墨烯表面，或者被石墨烯包覆，这样可以在一定程度上减少合金之间的团聚现象，使其达到较好的分散性，而其他样品的 CoNi 颗粒相对团聚，而良好的分散性在一定程度上增强材料的电磁波吸收性能。

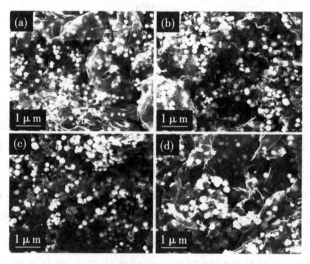

图 3-58 Co$_x$Ni$_y$/rGO 复合材料的 SEM 图谱

(a)Co$_1$Ni$_4$/石墨烯复合材料；(b)Co$_1$Ni$_3$/石墨烯复合材料；
(c)Co$_1$Ni$_1$/石墨烯复合材料；(d)Co$_3$Ni$_1$/石墨烯复合材料。

图 3-59 为 Co_1Ni_1/rGO 和 Co_3Ni_1/rGO 样品的透射电子显微镜图。利用透射电镜可以更直观地看出样品中颗粒之间的分散性。从图中可以看出,石墨烯呈透明状、褶皱状分布,Co、Ni 双相被同步均相还原负载到了石墨烯表面,Co_3Ni_1/rGO 样品具有更好的分散性。

图 3-59 Co_xNi_y/rGO 复合材料的透射电子显微镜图

(a)Co_1Ni_1/rGO;(b)Co_3Ni_1/rGO。

图 3-60 为各 Co_xNi_y/石墨烯复合材料样品的拉曼光谱图。各 Co_xNi_y/石墨烯复合材料样品的 I_D/I_G 强度分别为 1.09、1.14、1.06 和 1.78。因此可以看出,在各复合材料样品中,样品 4 的 I_D/I_G 最大,说明该材料的无序度和缺陷最大,而材料本身的结构缺陷及无序度对材料的吸波性能具有一定的促进作用。因此,可以推断样品 4,即 Co_3Ni_1/石墨烯复合材料将具有较好的吸波性能。

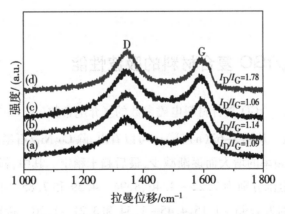

图 3-60 Co_xNi_y/rGO 复合材料的拉曼光谱图

(a)Co_1Ni_4/rGO 复合材料;(b)Co_1Ni_3/rGO 复合材料;

(c)Co_1Ni_1/rGO 复合材料;(d)Co_3Ni_1/rGO 复合材料。

3.5.3 Co$_x$Ni$_y$/rGO 复合材料的磁性能

为研究 Co$_x$Ni$_y$/rGO 复合材料的静磁性，以 CoNi/rGO 复合材料为例，其磁参数如图 3-61 所示，包括饱和磁化强度(M_s)、矫顽力(H_c)和剩余磁感应强度(M_r)。由图 3-61 可以看出，CoNi/rGO 复合材料表现出典型的铁磁性磁滞回线，是典型的 S 形回路，这主要是由于金属 Ni 粒子的存在。此 CoNi/rGO 复合材料具有较高的饱和磁化强度(M_s 值接近 63 emu/g)。

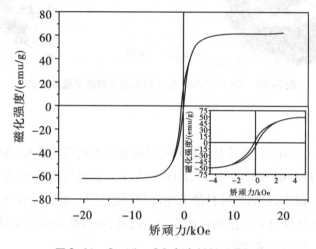

图 3-61　Co$_x$Ni$_y$/rGO 复合材料磁滞回线

3.5.4 Co$_x$Ni$_y$/rGO 复合材料的吸波性能

图 3-62 是 Co$_x$Ni$_y$/rGO 复合材料电磁参数的复介电常数($\varepsilon_r = \varepsilon' - j\varepsilon''$)和复磁导率($\mu_r = \mu' - j\mu''$)参数。从图 3-62(a)(b)中可以看出，除 Co$_3$Ni$_1$/石墨烯复合材料外，各样品的 ε' 和 ε'' 值随着频率的增大而逐渐减少，最后趋于稳定。其中，样品 1、2、3 的介电常数实部(ε')的数值范围分别为 7.22~4.46、8.94~4.59 和 7.85~4.63；介电常数虚部(ε'')的数值范围分别为 1.95~1.15、4.45~1.54 和 3.21~1.20。特别地，Co$_3$Ni$_1$/rGO 复合材料在 2 GHz~11.5 GHz 范围内 ε' 值随着频率的增大而减小，在 8.5 GHz~11.5 GHz 内更是急剧减小，之后随着频率的增大，ε' 值逐渐增大，并出现多重峰值。其 ε'' 值在 2 GHz~4 GHz 范围内随着频率的增大而减小，之后随着频率的增大而增大，在 10 GHz 附近出现较大峰值，之后随着频率的增大，ε' 值出现多次波动。

图 3-62(c)(d)中可以看出，除 Co$_3$Ni$_1$/rGO 复合材料外，在 2.0 GHz~18.0 GHz 范

围内,样品1、2和3的μ'和μ''值未出现大范围的波动,其磁导率实部(μ')的数值范围分别为1.23~1.00、1.24~1.03和1.20~0.99;各样品的磁导率虚部(μ'')的数值范围分别为0.12~0、0.12~0.01和0.10~0.02。特别地,Co_3Ni_1/rGO复合材料在2 GHz~3.2 GHz范围内随着频率的增大其μ'值随之增大,在3.2 GHz~4 GHz范围内又随着频率的增大而减小,随后其μ'值在1.15附近出现多波动,在10.5 GHz附近出现最大值,随着频率的继续增大,其μ'值在1.05附近不断波动。$Co_3Ni_1/$石墨烯复合材料的μ''值随着吸波频率的增大而逐渐减小,并出现多重峰值,在9.7 GHz附近随着频率的增大,其μ''值逐渐增大,在11.5 GHz附近达到最大值,之后随着频率的增大,其μ''值出现小范围波动。Co_3Ni_1/rGO复合材料的介电常数ε'和ε''值,磁导率μ'和μ''值随着频率的增大出现增大或者减小的现象是由频散效应和极化效应共同作用的结果,而多重峰值的出现则与磁性CoNi的畴壁共振现象有关。

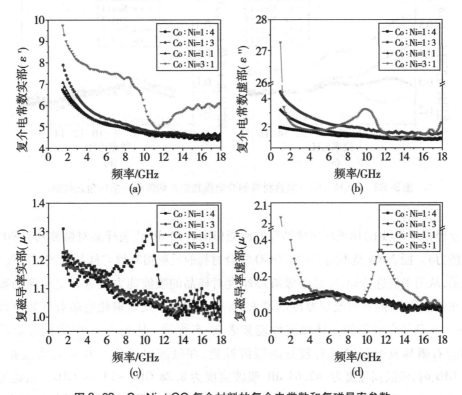

图3-62　Co_xNi_y/rGO复合材料的复介电常数和复磁导率参数

图3-63为Co_xNi_y/rGO复合材料的电磁损耗,从图中可以看出,在2.0 GHz~18.0 GHz范围内各样品的介电损耗角正切值($\tan\delta_\varepsilon=\varepsilon''/\varepsilon'$)和磁损耗角正切值($\tan\delta_\mu=\mu''/\mu'$)随着频率的增大均表现出了不同的变化。样品1的介电损耗角正切值在0.3附近上下浮动,而磁损耗角正切值在2.0 GHz~6.0 GHz范围内,维持在0.055~0.109范

围内。样品 2、3 的介电损耗角正切值分别在 0.544 ~ 0.331、0.433 ~ 0.253 范围内波动，而其磁损耗角正切值与样品 1 具有相同的变化趋势，并且分别具有不同的多重峰值。特别地，Co_3Ni_1/石墨烯复合材料的 $\tan\delta_\varepsilon$ 值在 3.0 GHz 附近出现最低值，在 9.7 GHz 附近出现最大值，之后随着频率的增大其 $\tan\delta_\varepsilon$ 值逐渐减小，并在 13.2 GHz 以后出现多重峰值。Co_3Ni_1/石墨烯复合材料的 $\tan\delta_\mu$ 值在 2.0 GHz ~ 9.7 GHz 范围内随着频率的增大而减小并伴随着频率的变化出现多重峰值，随着频率的增加其在 11.5 GHz 附近出现较大峰值，之后随着频率的增大 $\tan\delta_\mu$ 值减小，并在 15.5 GHz 以后出现小范围的波动。对比各样品的介电损耗角正切值（$\tan\delta_\varepsilon$）和磁损耗角正切值（$\tan\delta_\mu$）可以看出，Co_3Ni_1/石墨烯复合材料在一定范围内具有较大的介电损耗和磁损耗。高介电损耗和磁损耗能够在样品内部发生双重损耗机制，促进材料的吸波性能。

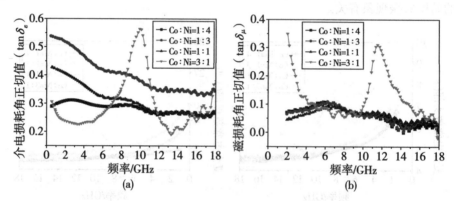

图 3-63　Co_xNi_y/rGO 复合材料的介电损耗角正切值和磁损耗角正切值

反射损耗值（RL）用来反应样品吸波性能（RL<-10 dB 代表样品对微波具有 90% 的吸收能力）。图 3-64 是不同 Co_xNi_y/rGO 复合材料的反射损耗值与样品吸波层厚度之间的关系，从图中信息可知，样品的吸波层厚度对样品的吸波能力具有一定程度的影响。并且在各样品中，随着吸波层厚度的增大，各样品的最小反射损耗值向着低频率移动。各 CoNi/rGO 复合材料的具体吸波性能如表 3-5 所示。从表 3-5 中数据可以看出，Co_3Ni_1/石墨烯复合材料具有较好的吸波性能，在吸波厚度为 3.0 mm、吸波频率为 9.54 GHz 时，吸波损耗值为-42.64 dB，吸波宽度为 8.28 GHz ~ 13.14 GHz。由此可知，在 Co_xNi_y/rGO 复合体系中，当 Co：Ni：rGO = 9：3：2（质量比）时，制备的复合材料 Co_3Ni_1/rGO 具有最好的吸波性能。

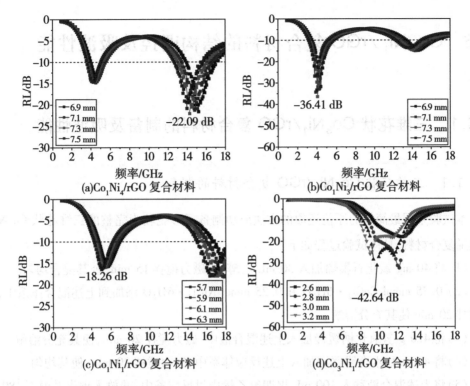

图 3-64 Co_xNi_y/rGO 复合材料在不同吸波厚度条件下的反射损耗值

表 3-5 Co_xNi_y复合材料的吸波性能

样品	吸波厚度 /mm	吸波频率 /GHz	最小反射损耗 /dB	有效吸波范围 /GHz	吸波宽度 /GHz
Co_1Ni_4/石墨烯	7.3	14.26	-22.09	3.72~5.17 13.07~16.05	4.43
Co_1Ni_3/石墨烯	7.3	4.06	-36.41	3.30~5.25 12.56~15.54	4.93
Co_1Ni_1/石墨烯	5.9	17.92	-18.26	4.66~6.70 16.13~18.00	3.91
Co_3Ni_1/石墨烯	3.0	9.54	-42.64	8.28~13.14	4.86

3.6 Co₃Ni₁/rGO 复合材料的结构调控及吸波性能

3.6.1 三维花状 Co₃Ni₁/rGO 复合材料的制备及吸波性能

3.6.1.1 三维花状 Co₃Ni₁/rGO 复合材料的制备

本试验采用最简单的原位还原的方法成功制备了形貌较为完整的三维花状 Co_3Ni_1/石墨烯复合材料,具体试验过程如下:

(1)将 40 mg 氧化石墨烯加入 30 mL 乙醇中,磁力搅拌 15 min,令其混合均匀。

(2) 0.75 mmol $CoCl_2 \cdot 6H_2O$ 和 0.25 mmol $NiCl_2 \cdot 6H_2O$ 添加到上述混合体系中,磁力搅拌 20 min 使其充分溶解。

(3)将 4.0 g 氢氧化钠缓慢加入上述混合液中,磁力搅拌 20 min,使其充分溶解。

(4)将 4.0 mL 水合肼逐滴加入上述反应体系中,磁力搅拌 20 min,使其均匀。

(5)将上述混合液移入 100 mL 聚四氟乙烯内衬反应釜中,并放入预先升温至 180 ℃ 的干燥箱中,保温 12 h。

(6)反应结束后,将沉淀在反应釜底部的黑色物质用去离子水和无水乙醇清洗,离心后过滤,真空干燥后收集样品。

在此化学反应体系中,$CoCl_2 \cdot 6H_2O$ 和 $NiCl_2 \cdot 6H_2O$ 为反应提供 Co^{2+} 源和 Ni^{2+} 源;无水乙醇作为反应体系的溶剂,其自身能够促进样品的分散性;NaOH 即作为碱性物质为反应提供碱性环境,还作为反应中的沉淀剂提供氢氧根(OH^-);水合肼($N_2H_4 \cdot H_2O$)作为化学反应中的还原剂并配合氢氧化钠将 Co^{2+} 和 Ni^{2+} 及氧化石墨(GO)进行原位还原,得到 Co_3Ni_1/石墨烯复合材料。具体化学反应为

$$3Co^{2+}+Ni^{2+}+8OH^-+2N_2H_4+GO \longrightarrow Co_3Ni/rGO\downarrow+2N_2\uparrow+8H_2O \qquad (3-7)$$

在反应过程中过量的氢氧化钠能够促进 CoNi 合金的沉淀,生成具有花状结构的 Co_3Ni_1/rGO复合材料。

3.6.1.2 三维花状 Co₃Ni₁/rGO 复合材料的表征

图 3-65 是三维花状 Co_3Ni_1/rGO 复合材料的 XRD 图谱。从 XRD 图中可以观察到,$2\theta = 44.3°$、$51.7°$ 和 $76.3°$ 对应面心立方镍(JCPDS no. 04-0850)的(111)、(200)和(220)晶面。另外,$2\theta = 41.5°$、$44.3°$ 和 $47.5°$ 对应密排六方钴(JCPDS no. 89-4308)的(100)、(002)和(101)晶面。有趣的是,在此三维 Co_3Ni_1 合金中,Co 的晶型与前面的零

维、一维和二维 CoNi 合金中的 Co 晶型不一致,此三维花状合金是由面心立方 Ni 和六方密堆的 Co 所组成的。

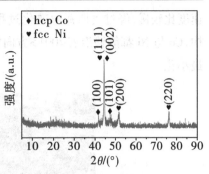

图 3-66 是三维花状 Co_3Ni_1/rGO 复合材料的FT-IR 图谱。在 3 437 cm^{-1} 附近出现的峰值来源于羟基(—OH)的伸缩振动峰,该峰宽而突出,这表明经过氧化还原作用后,各样品片层上插入了大量的羟基基团。在 1 623 cm^{-1} 存在的峰值是石墨在氧化过程中未被充分氧化的—C—C—骨架。在 1 050 cm^{-1} 附近出现的峰值,是由于醇或者酚中的

图 3-65　三维花状 Co_3Ni_1/rGO 复合材料的 XRD 图谱

C—O 的伸缩振动吸收峰,说明氧化石墨经过还原后,石墨片层间仍有一部分含氧官能团残留。在 431 cm^{-1} 存在的峰值是来源于三维 CoNi 合金对石墨烯的激发作用产生的吸收振动峰。从红外光谱中可知,此三维花状 Co_3Ni_1/rGO 复合材料存在大量的含氧官能团,这些官能团对电磁波吸收有一定促进作用。

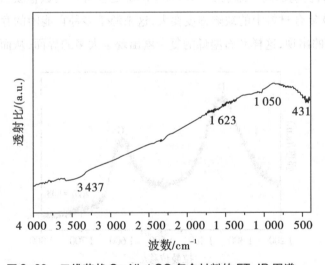

图 3-66　三维花状 Co_3Ni_1/rGO 复合材料的 FT-IR 图谱

　　图 3-67 是三维花状 Co_3Ni_1/rGO 复合材料的不同放大倍数的 SEM 图。从整体形貌[图 3-67(a)]可以看到,大量的三维花瓣状的 CoNi 被薄层褶皱状的还原氧化石墨烯所包覆。从放大倍数的扫描电镜中观察可知[图 3-67(b)],此花状结构是由片状结构组装和生长起来的。片状结构如树叶形状,是以中间树干为中心,两边生长开来。但此三维花状结构的分散性较差,大量的花状 CoNi 聚集在一起,这些聚集在一起的 CoNi 能引起涡流,对电磁吸收不利。在碱性环境下,Co 与 Ni 的标准电极电势为 $\varphi_{Co/Co}^{2+} = -0.73$ V,$\varphi_{Ni/Ni}^{2+} = -0.72$ V,此数值都小于在酸性环境中的数值,这说明在碱性环境下,CoNi 的形成

速度比较慢,经过奥斯瓦德熟化过程,能够有时间择优取向生长。在此三维树枝花状结构,Co 与 Ni 都能够沿着<001>方向定向生长,即树干、树突生长方向,使整体表面能趋于最小化。

图 3-67　三维花状 Co_3Ni_1/rGO 复合材料的不同放大倍数的 SEM 图

　　三维花状 Co_3Ni_1/rGO 复合材料的拉曼光谱如图 3-68 所示,在 1 350 cm^{-1} 和 1 605 cm^{-1} 附近出现两个峰值,相对应于还原氧化石墨烯材料中的 D 峰和 G 峰。同时为了研究此类三维花状 Co_3Ni_1/rGO 复合材料中 C 材料的无序度,我们计算了 I_D/I_C 的值,其值大小为 1.38,比前面的一维、二维 Co_3Ni_1/rGO 复合材料的数值要大,这说明此三维花状 Co_3Ni_1/rGO 复合材料中的缺陷程度要大,这来源于多种官能团的存在以及 Co 和 Ni 是两种不同晶型的出现,这样和石墨烯的复合就出现了太多的界面,从而会产生缺陷。

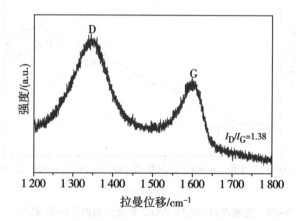

图 3-68　三维花状 Co_3Ni_1/rGO 复合材料的拉曼光谱图

3.6.1.3　三维花状 Co_3Ni_1/rGO 复合材料的吸波性能

　　吸波体的吸收性能与材料的电磁参数(复介电常数、复磁导率)以及材料的结构有很大关系。图 3-69 是三维花状 Co_3Ni_1/rGO 复合材料的复介电常数($\varepsilon_r = \varepsilon' - j\varepsilon''$)和复磁导率($\mu_r = \mu' - j\mu''$)。从图 3-69(a)可以发现,复介电常数的实部、虚部值都随着测试频率的增加而逐渐减小。这是由于高频下,外加电磁场变化太快,材料内部形成的电场跟不上外界的变化而有滞后,从而其数值减小。图3-69(b)是三维花状 Co_3Ni_1/rGO 复合材料的复磁导率,复磁导率的实部(μ')随着测试频率的增减整体表现出减小的趋势。对于复磁导率的虚部(μ''),可以发现有多重峰值,这是一种多共振现象,尤其对于磁性物质。一般来说,对于多重共振现象,低频是自然共振,其他相对高频的是交换共振,共振峰的出现对电磁吸收是有益的。

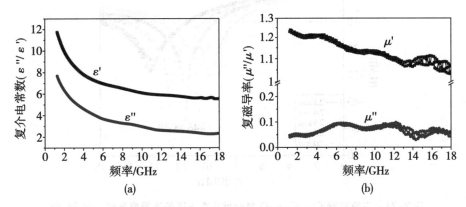

(a) (b)

图3-69　三维花状 Co_3Ni_1/rGO 复合材料的复介电常数和复磁导率

　　图3-70是三维花状 Co_3Ni_1/rGO 复合材料的介电损耗和磁损耗角正切值。可以发现,三维花状 Co_3Ni_1/rGO 复合材料的介电损耗角正切值大于磁损耗角正切值,这说明此三维花状 Co_3Ni_1/rGO 复合材料的电磁损耗主要来源于介电损耗。对于磁损耗,我们也观察到多重峰值,这与复磁导率虚部的多重共振相对应。

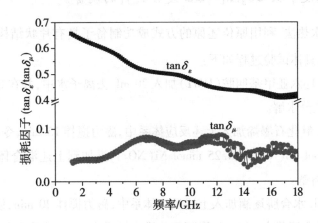

图3-70　三维花状 Co_3Ni_1/rGO 复合材料的介电损耗角正切值和磁损耗角正切值

　　图3-71是三维花状 Co_3Ni_1/rGO 复合材料在不同吸波厚度条件下的微波损耗值。在11.71 GHz、吸波层厚度为2.6 mm时,其最小吸波损耗值为-46.48 dB,有效吸波宽度为9.42 GHz~14.86 GHz。在2.2~3.0 mm之间,我们可以在8 GHz~17 GHz测试频率

之间调节电磁吸收性能。此类三维花状 Co_3Ni_1 结构,可以引起电磁波的多重反射和散射,吸收电磁能量;聚集在还原氧化石墨烯表面和片层之间的合金粒子,可以形成导电通道,引起电导损耗;再者说来,复相粒子和缺陷较大也可以促使界面极化以及离子极化,耗散电磁波。

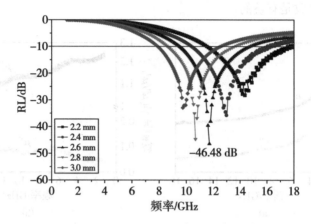

图 3-71   三维花状 Co_3Ni_1/rGO 复合材料在不同吸波厚度条件下的 RL 值

3.6.2   二维硬币状 Co_3Ni_1/rGO 复合材料的制备及吸波性能

3.6.2.1   二维硬币状 Co_3Ni_1/rGO 复合材料的制备

本试验通过水热法,利用原位还原的方式成功制备了具有片状结构的二维 $Co_3Ni_1/$ 石墨烯复合材料,具体试验过程如下:

(1)将 0.5 g 环六亚甲基四胺(HMT)加入 30 mL 去离子水中,并在 60 ℃下磁力搅拌 30 min,令 HMT 充分水解。

(2)将 40 mg 氧化石墨烯加入上述反应体系中,磁力搅拌 15 min,令其混合均匀。

(3) 0.75 mmol $Co(NO_3)_2$、0.25 mmol $Ni(NO_3)_2$ 添加到上述混合体系中,磁力搅拌 20 min 使其充分溶解。

(4)将 8.0 mL 水合肼逐滴加入上述反应体系中,磁力搅拌 20 min,使其均匀。

(5)将上述混合液移入 100 mL 聚四氟乙烯内衬反应釜中,并放入预先升温至 140 ℃ 的干燥箱中,保温 6 h。

(6)反应结束后,将沉淀在反应釜底部的黑色物质用去离子水和无水乙醇清洗,离心后过滤,真空干燥后收集样品。

在此化学反应体系中,$Co(NO_3)_2$ 和 $Ni(NO_3)_2$ 为反应提供 Co^{2+} 源和 Ni^{2+} 源;去离子水

作为反应体系的溶剂。另外,在此试验中需将环六亚甲基四胺(HMT)放在 60 ℃水中发生水解,其不仅作为沉淀剂,还作为诱导剂促进形成具有特殊二维形貌的复合材料;而水合肼则作为还原剂,将 Co^{2+} 和 Ni^{2+} 及氧化石墨(GO)还原成 Co_3Ni_1/石墨烯复合材料。具体化学反应为

$$(CH_2)_6N_4 + 10 H_2O \longrightarrow 4 NH_4^+ + 4OH^- + H(CHO)\uparrow \tag{3-8}$$

$$NH_4^+ + OH^- \Longrightarrow NH_3 \cdot H_2O \longleftrightarrow NH_3\uparrow + H_2O \tag{3-9}$$

$$3Co^{2+} + Ni^{2+} + 8OH^- + 2 N_2H_4 + GO \longrightarrow Co_3Ni_1/rGO\downarrow + 2 N_2\uparrow + 8 H_2O \tag{3-10}$$

式中,环六亚甲基四胺在 60 ℃水中发生水解生成甲醛气体及氨根离子,氨根离子在水中与氢氧根发生可逆反应生成氨水,氨水又发生可逆反应水解生成氨气,所以在环六亚甲基水解过程中会有刺激性气味放出。

3.6.2.2　二维硬币状 Co_3Ni_1/rGO 复合材料的表征

二维硬币状 CoNi/rGO 复合材料的物相和晶体结构由 XRD 来表征。图 3-72 是二维硬币状 Co_3Ni_1/rGO 复合材料的 XRD 图谱。由图中可知,在 $2\theta = 44.7°$、$51.8°$ 和 $76.3°$ 附近出现三个特征衍射峰,分别对应面心立方镍(JCPDS no. 04-0850)和面心立方钴(JCDPS 15-0806)的(111)、(200)和(220)晶面。由此可知,此复合材料是由合金 Co_3Ni_1 和还原氧化石墨烯所组成的。

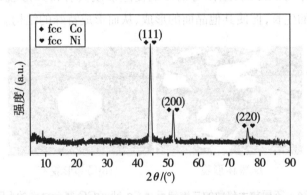

图 3-72　二维硬币状 Co_3Ni_1/rGO 复合材料的 XRD 图谱

为了研究二维硬币状 CoNi/rGO 复合材料的官能团,我们做了二维 CoNi/rGO 复合材料的傅里叶红外光谱(FT-IR),如图 3-73 所示。在图中,在 ~3 455 cm^{-1} 出现的峰,是由于羟基(—OH)的伸缩振动峰,该峰宽而突出,这表明经过氧化还原作用后,各样品片层上插入了大量的羟基基团。在 1 633 cm^{-1} 出现的峰是石墨在氧化过程中未被充分氧化的—C—C—骨架。此外,在 668 cm^{-1} 存在的峰是来源于碳碳双键(C=C)的伸缩振动吸收峰。二维 CoNi/rGO 复合材料中,多种官能团的出现可以作为电磁波激发下的中心,更好地耗散能量,吸收电磁波。

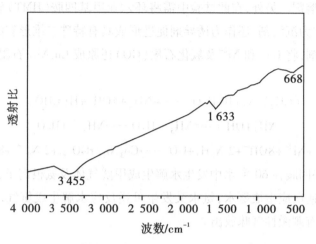

图3-73　二维硬币状 Co_3Ni_1/rGO 复合材料的 FT-IR 图谱

　　图3-74 是不同放大倍数的二维硬币状 Co_3Ni_1/rGO 复合材料的扫描电镜图。从整体形貌上［图3-74(a)］可以看到,大量的二维硬币状 CoNi 合金被二维褶皱状的所包覆。从放大倍数的扫描电镜图中,可以观察到二维硬币状 CoNi 合金尺寸为 2 μm 左右,其厚度为 500 nm 左右。此二维硬币状合金结构的形成与环六亚甲基四胺的添加有很大关系,此添加剂不仅作为沉淀剂,还作为诱导剂促进形成具有特殊形貌,其吸附于某些晶面,阻止此种晶面的生长,促使其他晶面的形成,从而形成特殊的结构。

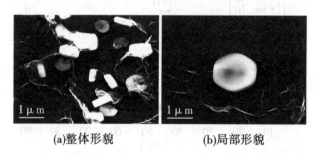

(a)整体形貌　　　　　　　　(b)局部形貌

图3-74　不同放大倍数的二维硬币状 Co_3Ni_1/rGO 复合材料的 SEM 图

　　此二维硬币片状物形成晶体动力学分析如下:对于面心立方结构(fcc)的材料,表面能的大小顺序为 $\gamma\{111\} < \gamma\{100\} < \gamma\{110\}$,晶体沿着<110>或者<100>方向生长,最后形成一个以{111}晶面簇为基底的片状材料,片状材料再随着时间和其他外界条件影响,生长成不同大小的片状材料。这与前面 XRD 分析结果,合金的(111)晶面最优相一致。

　　对比于前人研究,此类特殊的硬币状二维合金与石墨烯复合并没有研究过,本节介绍的此类物质作为电磁波吸收材料有一定的竞争力和创新性。这类二维磁性合金对电磁吸收有一定的促进作用,这在后面将会介绍。

为了研究二维硬币状 CoNi/rGO 复合材料的结构缺陷,我们测试了复合材料的拉曼光谱。图 3-75 是二维硬币状 Co_3Ni_1/rGO 复合材料的拉曼光谱,从图中可知,两个明显的峰值出现,即 1 350 cm^{-1}和 1 605 cm^{-1}分别对应于 D 峰和 G 峰,D 峰是由于结构缺陷或无序诱导双共振拉曼散射产生,G 峰是由碳环或长链中 sp^2 原子对的拉伸运动产生的。同时为了更进一步直观地观察复合材料,我们计算了 I_D/I_G 的值,用来表示碳质材料的无序度和缺陷程度。此二维 Co_3Ni_1/rGO 复合材料 I_D/I_G 为 1.09,说明此二维材料缺陷程度比前面的一维链状 Co_3Ni_1/rGO 要小。因此此类二维硬币状 CoNi/rGO 复合材料导电性、电导损耗要高。

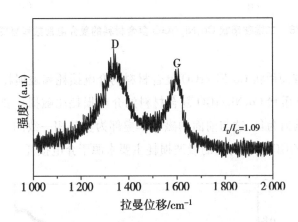

图 3-75　二维硬币状 Co_3Ni_1/rGO 复合材料的拉曼光谱图

3.6.2.3　二维硬币状 Co_3Ni_1/rGO 复合材料的吸波性能

图 3-76 是二维硬币状 Co_3Ni_1/rGO 复合材料的复介电常数($\varepsilon_r = \varepsilon' - j\varepsilon''$)和复磁导率($\mu_r = \mu' - j\mu''$)。由图 3-76(a)可以看到,复介电常数实部随着测试频率的升高,其数值逐渐减小,这是由于在高频下,电磁能量较高,材料内部形成的电场来不及随着外面的转变而转变,有一定的滞后。而复介电常数虚部(ε'')随着测试频率的先减小后增加,这说明此二维硬币状 CoNi/rGO 复合材料在高频阶段有较高的损耗。复磁导率的实部和虚部随着测试频率的增加,其值都逐渐减小,这说明在高频下,磁响应跟不上变化的电磁场。

另外有趣的是,复磁导率虚部(μ'')在测试频率大于 9 GHz,其数值小于零,这是由于在此过程中,材料内部的磁能逐渐变化为电能,引起大的介电损耗。

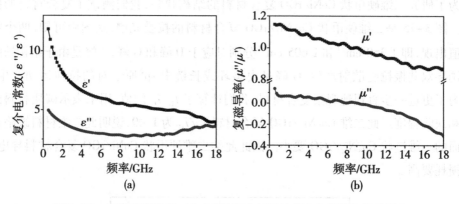

图 3-76   二维硬币状 Co$_3$Ni$_1$/rGO 复合材料的复介电常数和复磁导率

图 3-77 是二维硬币状 Co$_3$Ni$_1$/rGO 复合材料的介电损耗和磁损耗。由图 3-77 可以明显发现,此二维硬币状 Co$_3$Ni$_1$/rGO 复合材料的介电损耗比磁损耗要大。另外,磁损耗在大于 9 GHz 时,其值为负,这与前面的磁导率虚部为负是相一致的。由此可以说明,此二维硬币状 Co$_3$Ni$_1$/rGO 复合材料的吸波损耗主要来源于介电损耗。

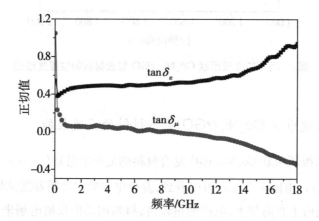

图 3-77   二维硬币状 Co$_3$Ni$_1$/rGO 复合材料的介电损耗角正切值和磁损耗角正切值

图 3-78 是二维硬币状 Co$_3$Ni$_1$/rGO 复合材料在不同吸波厚度下的微波损耗值。由图 3-78(a)可知,此二维硬币状 Co$_3$Ni$_1$/rGO 复合材料最优吸波性能:在 9.36 GHz,吸波层厚度为 3.6 mm 时,最小吸波损耗值为 -53.51 dB,有效吸波宽度为 7.75 GHz ~ 11.88 GHz。此外,随着吸波涂层厚度的增加,吸波峰值逐渐往低频移动,此现象可以由 1/4 波长奇数倍波干涉原理来解释。从三维微波损耗图可知,此二维硬币状 Co$_3$Ni$_1$/rGO 复合材料可以在 5.1 GHz ~ 18 GHz 通过在调节吸波厚度(2.0 ~ 5.0 mm)有效吸收。此类二维硬币状 Co$_3$Ni$_1$/rGO 复合材料具有宽频、强吸收等特性。

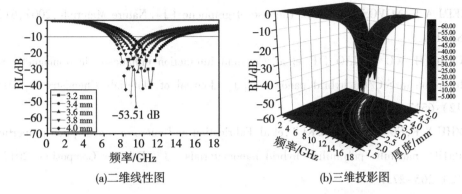

(a)二维线性图 (b)三维投影图

图3-78 二维硬币状 Co_3Ni_1/rGO 复合材料的不同吸波厚度下的 RL 值

此二维硬币状 Co_3Ni_1/rGO 复合材料具有优异的电磁波吸收性能与特殊二维硬币状 Co_3Ni_1 有密切相关。首先,此硬币状结构的 Co_3Ni_1 合金可以使电磁波在有限空间内多重反射和散射,从而引起电磁波传播路径更长,引起电磁波能量的耗散。其次,此二维磁性硬币状合金之间的涡流损耗可以引起电磁波耗散。最后,硬币状合金颗粒形状各向异性的增加使得体系的自然共振频率逐渐提高,与其他形状颗粒相比,片状纳米 CoNi 合金颗粒的自然共振频率有明显提高,可以提高磁性合金的 Snoek 极限。

参考文献

[1]张伟娜,何伟,张新荔.石墨烯的制备方法及其应用特性[J].化工新型材料,2010,38(s1):15-18.

[2]邹正光,俞惠江,龙飞,等.超声辅助 Hummers 法制备氧化石墨烯[J].无机化学学报,2011,27(9):1753-1757.

[3]杨常玲,刘云芸,孙彦平.石墨烯的制备及其电化学性能[J].电源技术,2010,34(2):177-180.

[4]白中义.CoNi/rGO 复合材料的可控制备及吸波性能研究[D].郑州:郑州航空工业管理学院,2017.

[5]BROSSEAU C,TALBOT P. Effective permittivity of nanocomposite powder compacts[J]. Dielectrics and Electrical Insulation, IEEE Transactions on Dielectrics and Electrical Insulation,2004,11(5):819-832.

[6]LIU J R,ITOH M,TERADA M,et al. Enhanced electromagnetic wave absorption properties of Fe nanowires in gigaherz range[J]. Applied Physics Letters,2007,91(9):93-101.

[7]YAN S J,XU C Y,JIANG J T,et al. Strong dual-frequency electromagnetic absorption in Ku-band of C@ $FeNi_3$ core/shell with negative permeability[J]. Journal of Magnetism and

Magnetic Materials,2014,349(0):159-164.

[8]GEIM A K,NOVOSELOV K S. The rise of graphene [J]. Nature Materials,2007,6(3): 183-191.

[9]WANG H,WU L,JIAO J F,et al. Covalent interaction enhanced electromagnetic wave absorption in SiC/Co hybrid nanowires [J]. Journal of Materials Chemistry A,2015,3 (12):6517-6525.

[10]ZHU Y F,FU Y Q,NATSUKI T,et al. Fabrication and microwave absorption properties of BaTiO$_3$ nanotube/polyaniline hybrid nanomaterials [J]. Polymer Composites,2013,34 (2):265-273.

[11]TIAN C H,DU Y C,XU P,et al. Constructing uniform Core-Shell PPy@ PANI composites with tunable shell thickness toward enhancement in microwave absorption [J]. ACS Applied Materials & Interfaces,2015,7(36):20090-20099.

[12]PAWAR S P,BISWAS S,KAR G P,et al. High frequency millimetre wave absorbers derived from polymeric nanocomposites [J]. Polymer,2016,84:398-419.

[13]JIANG J,LI D,GENG D,et al. Microwave absorption properties of core double-shell FeCo/C/BaTiO$_3$ nanocomposites [J]. Nanoscale,2014,6(8):3967-3971.

[14]LI G,WANG L,LI W,et al. CoFe$_2$O$_4$ and/or Co$_3$Fe$_7$ loaded porous activated carbon balls as a lightweight microwave absorbent [J]. Physical Chemistry Chemical Physics,2014,16 (24):12385-12392.

[15]ZHANG P,HAN X,KANG L,et al. Synthesis and characterization of polyaniline nanoparticles with enhanced microwave absorption [J]. RSC Advances,2013,3(31): 12694-12701.

[16]COMPTON O C,NGUYEN S B T. Graphene oxide,highly reduced graphene oxide,and graphene:Versatile building blocks for carbon-based materials [J]. Small,2010,6(6): 711-723.

[17]HUMMERS W S,OFFEMAN R E. Preparation of graphitic oxide [J]. Journal of the American Chemical Society,1958,80(6):1339.

[18]CHEN G H,WU D J,WENG W G,et al. Exfoliation of graphite flake and its nanocomposites [J]. Carbon,2003,41(3):619-621.

[19]MCDONALD C,SALTER D M,CHETTY U,et al. Roll-to-roll production of 30-inch graphene films for transparent electrodes [J]. Nature Nanotechnology,2010,5(8): 574-578.

[20]QIAN H L,NEGRI F,WANG C R,et al. Fully conjugated tri(perylene bisimides):an approach to the construction of n-type graphene nanoribbons [J]. Journal of the

American Chemical Society,2008,130(52):17970-17976.

[21]GUO X Q,BAI Z Y,ZHAO B,et al. Microwave absorption properties of CoNi nanoparticles anchored on the reduced grapheme oxide [J]. Journal of Materials Science:Materials in Electronics,2016,27:8408-8415.

[22]CHEN X N,MENG F C,ZHOU Z W, et al. One – step synthesis of graphene/polyaniline hybrids by in situ intercalation polymerization and their electromagnetic properties [J]. Nanoscale,2014,6(14):8140-8148.

[23]WANG,L,HUANG,Y,SUN,X,et al. Synthesis and microwave absorption enhancement of graphene@ Fe_3O_4@ SiO_2@ NiO nanosheet hierarchical structures [J]. Nanoscale,2014,6(6):3157-3164.

[24]CHEN Y H,HUANG Z H,LU M M,et al. 3D Fe_3O_4 nanocrystals decorating carbon nanotubes to tune electromagnetic properties and enhance microwave absorption capacity [J]. Journal of Materials Chemistry A,2015,3(24):12621-12625.

[25]PAN H,CHENG X,GONG C,et al. Preparation of ($Fe_xNi_{1-x})_4$N($0.5 \leqslant x \leqslant 0.8$) compounds and evaluation of their magnetic and microwave absorbing properties [J]. Journal of Applied Physics,2013,113(11):113906.

[26]WANG C,XU T,WANG C A,et al. Microwave absorption properties of C/(C@ CoFe) hierarchical core—shell spheres synthesized by using colloidal carbon spheres as templates [J]. Ceramics International,2016,42(7):9178-9182.

[27]SHI X L,CAO M S,YUAN J,et al. Dual nonlinear dielectric resonance and nesting microwave absorption peaks of hollow cobalt nanochains composites with negative permeability [J]. Applied Physics Letters,2009,95(16):163108.

[28]YE S,FENG J,WU P. Deposition of three—dimensional graphene aerogel on nickel foam as a binder – free supercapacitor electrode [J]. ACS Applied Materials & Interfaces,2013,5(15):7122-7129.

[29]FAN L L,LI X F,CUI Y H,et al. Tin oxide/graphene aerogel nanocomposites building superior rate capability for lithiumion batteries [J]. Electrochimica Acta,2015,176:610-619.

[30]LIU X,CUI J S,SUN J B,et al. 3D graphene aerogel—supported SnO_2 nanoparticles for efficient detection of NO_2[J]. RSC Advances,2014,4(43):22601-22605.

[31]WANG Z,WEI R,GU J,et al. Ultralight,highly compressible and fire—retardant graphene aerogel with self – adjustable electromagnetic wave absorption [J]. Carbon,2018,139:1126-1135.

[32]LI D G,LU W H,CHEN C,et al. Synthesis and microwave absorption caracteristics of

polyaniline [J]. Applied Mechanics and Materials,2013,327:53-57.

[33] WU T, CHEN M X, ZHANG L, et al. Three-dimensional graphene-based aerogels prepared by a self-assembly process and its excellent catalytic and absorbing performance [J]. Journal of Materials Chemistry A,2013,1:7612-7617.

石墨烯复合薄膜负载金属粒子的可控制备及吸波性能

4.1 Ni@Cu/rGO 吸波材料及其复合薄膜的制备及吸波性能

4.1.1 Ni@Cu 复合材料的制备

本试验采用水热原位还原的方法对 Ni@Cu 复合吸波材料进行合成,其具体的试验过程如下:

(1)将 1 mmol $CuCl_2 \cdot 6H_2O$ 和 1 mmol $NiCl_2 \cdot 6H_2O$ 溶于 60 mL 蒸馏水中并搅拌 15 min,使其充分溶解。

(2)向上述混合溶液中加入 0.12 mol NaOH,剧烈磁力搅拌 15 min。

(3)在搅拌过程中将 5 mL 的乙二胺(EDA)滴入混合物中,溶液变得浑浊,之后将 6 mmol $NaBH_4$ 引入溶液中,分别搅拌 15 min,使其充分混合。

(4)将混合溶液转移到干燥聚四氟乙烯内衬反应釜中,然后密封并在 90 ℃下加热反应 15 h。

(5)通过离心收集 Ni@Cu 产物,用蒸馏水和乙醇洗涤数次,并在 60 ℃真空干燥。

在本试验中,这种特定的核壳结构的形成机制可以很好地进行解释。根据 Cu 和 Ni 标准还原电位差和晶体成核理论,由于镍的标准还原电位[$E^0(Ni^{2+}/Ni^0) = -0.257$ V]低于铜的标准还原电位[$E^0(Cu^{2+}/Cu^0) = 0.342$ V],Cu^{2+} 和 Ni^{2+} 分别在还原剂 $NaBH_4$ 的作用下还原为 Cu 和 Ni。至关重要的是,EDA 被引入溶液中以缓慢释放金属离子,使得 Cu^{2+} 优先被还原成金属单质 Cu,Ni^{2+} 随后被还原成 Ni 单质而沉积在 Cu 的表面,这导致不同相金属核壳结构的产生。最终,我们得到了所需的核壳 Ni@Cu 磁性复合材料。

4.1.2 Ni@Cu 复合材料的表征

采用粉末 XRD 来描述样品的晶相和结晶度。如图 4-1 所示,Ni@Cu 复合材料主要由 Cu 和 Ni 组成。在 $2\theta=43.41°$、$50.56°$ 和 $74.30°$ 处图像的三个峰值对应于纯 Cu 金属(Copper,JCPDF#65-9743)。在 $2\theta=44.51°$、$51.85°$ 和 $76.37°$ 处的另外三个峰对应于 Ni 金属(Nickel,JCPDF#04-0850)的标准衍射峰。图 4-1 中的主要衍射峰分别与 Ni 和 Cu 的(111)、(200)和(220)晶面可以很好地吻合,以此可以确认这两种金属都具有相同的 fcc 晶体系。而 XRD 图谱中并没有观察到其他相的杂质峰,这表明样品中的主要物质是 Ni 和 Cu,由此可以说明 Ni@Cu 复合材料晶相的纯度和结晶度较高。

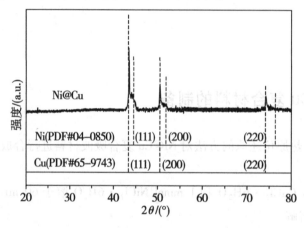

图 4-1 Ni@Cu 复合吸波材料的 XRD 图

通过 SEM 分析得到了 Ni@Cu 复合材料的微观形貌,图 4-2(a)显示了低放大倍数 SEM 照片,结果表明 Ni@Cu 复合物是由平均直径为 300 ~ 550 nm 和直径为 1 ~ 4 μm 的鱼骨状结构组成的。如图 4-2(b)(c)所示的是 Ni@Cu 复合物高放大倍数的 FESEM 图像。进一步观察,可以看出,类鱼骨状样品结构非常有趣,头部的结构非常粗大,但根部很薄。此外,这些看似鱼骨的结构是有接触的,每个群集都有一个交叉点。此外,从图 4-2(c)可以看出,每个鱼骨状的单独结构具有明显的茎结构,高度有序的分枝分布在单独鱼骨结构的圆柱上,这些茎上的分枝结构更像是小颗粒的定向沉积物,并且具有高度的相似性。

为了获得关于 Ni@Cu 微观结构的更多信息,本试验进行了 EDS 表征,结果显示所得的产物由 Cu 和 Ni 元素组成[图 4-2(d)]。从 EDS 曲线可以发现,除了在鱼骨状的 Ni@Cu复合材料中少量的 C 和 O 之外,其主要元素是 Cu 和 Ni。分析可知 C 信号源自用于在测试期间支持样品的碳导电带,O 的峰可能是由于材料表面的轻微氧化。同时,EDS

图谱也可以看出 Ni 与 Cu 的摩尔比约为 1∶1。

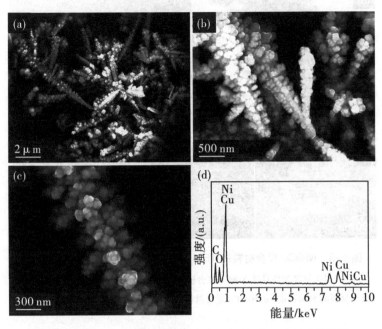

图4-2 不同放大倍数 Ni@Cu 复合材料的 SEM 图、EDS 图谱

为了更科学地表征材料的内部结构,本试验还进行了样品的透射电镜(TEM)和元素映射(mapping)测试分析。图 4-3(a)显示了单个鱼骨状微结构的 TEM 图像,并且可以清楚地看到具有小分支的 Ni@Cu 复合物。本试验通过高分辨率 TEM 进一步地分析了复合材料的内部微观结构。如图 4-3(b)的 TEM 所揭示,Ni@Cu 复合物界面区域的晶格条纹是有区别的,从图中可以看出,样品的高分辨透射(HR-TEM)的边缘比内部的颜色轻,并且在颜色的深度之间存在明确的边界。这可以解释为这种有序的晶格条纹代表的是两种不同的晶格类型,即高分辨透射的内部金属和沉积在其表面的金属单质都是单晶,HR-TEM 分析结果与 XRD 图像中异质晶相的分析是完全相符和对应的。Ni@Cu 复合材料的 SEM 显示在图 4-3(c)中。鱼骨状 Ni@Cu 复合材料的元素映射也在图 4-3(d)(e)中证明。从元素映射可以看出,Ni 区域大于 Cu 区域,而且 Ni 元素集中在边缘区域,Cu元素集中在中心区域,这也可以进一步证实,鱼骨状核壳 Ni@Cu 复合材料由 Cu 芯和 Ni壳组成。

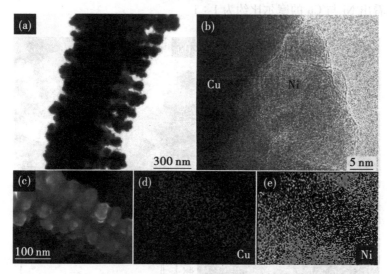

图4-3　Ni@Cu 复合材料的 TEM、HR-TEM 和 SEM 图及元素映射

(a)(b) 分别为鱼骨状 Ni@Cu 复合吸波材料的 TEM 和 HR-TEM;(c)Ni@Cu 复合材料的 SEM;(d)(e)Ni@Cu 复合材料中的元素映射。

　　如图4-4 所示,通过振动样品磁强计(VSM)在室温下测量 Ni@Cu 复合材料的磁化场的磁滞曲线。图4-4 中显示了磁参数,包括饱和磁化强度(M_s)、矫顽力(H_c)和残余磁化(M_r)。Ni@Cu 复合材料的磁化磁滞回线为典型的 S 形,表现出弱磁饱和度(M_s 值接近2.9 emu/g),矫顽力较大(H_c 值接近 272.2 Oe)。较小的磁饱和磁化强度是由于存在非铁磁性 Cu 金属。与 Ni 的其他纳米结构的矫顽力值相比,例如 Ni 链(45 Oe 和31 Oe)、刺突状的 Ni 链(88.9 Oe)、Ni 纳米纤维(124 Oe)和 Ni 纳米线(186.2 Oe)等,本试验所制备的复合材料显示出相对较大的矫顽力。Ni@Cu 复合材料在电磁波作用下所进行的磁滞损耗、自然共振以及畴壁共振等磁效应,有利于其电磁波吸收性能的提高。

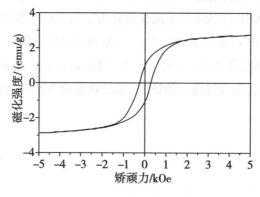

图4-4　常温下 Ni@Cu 复合吸波材料的磁滞回线

4.1.3 Ni@Cu 复合材料的吸波性能

样品的电磁波吸收性能受其复介电常数($\varepsilon_r = \varepsilon' - j\varepsilon''$)、复磁导率($\mu_r = \mu' - j\mu''$)和它们的损耗角正切值(电介质损耗正切值 $\tan\delta_\varepsilon = \varepsilon''/\varepsilon'$;磁损耗角正切值 $\tan\delta_\mu = \mu''/\mu'$)及其微观结构所影响。复介电常数 ε 和复磁导率 μ 的实部(ε' 和 μ')表示电能和磁能的存储能力,而虚部(ε'' 和 μ'')表示电能和磁能的损耗能力。电介质和磁损耗角正切值($\tan\delta_\varepsilon$ 和 $\tan\delta_\mu$)主要与电磁波吸收材料中的感应电场和磁场,与电磁微波的电场和磁场之间的角度有关。通常认为,复介电常数和磁导率的虚部越大以及介电损耗和磁损耗角正切值越大将越有益于吸波材料的电磁波吸收性能。石蜡由于其本身的特性,一般被吸波材料研究工作者作为透波材料而广泛使用。石蜡基复合材料中的样品含量对其电磁波吸收性能有影响,如图 4-5 所示,给出了不同石蜡含量的 Ni@Cu 复合材料-石蜡复合材料的电磁参数。本试验通过矢量网络分析仪测量的频率范围为 1 GHz ~ 18 GHz,值得注意的是,从图 4-5(a)可以看出,样品的 ε' 随着 Ni@Cu 复合材料的增加而增加,这可以很好地阐明较高 Ni@Cu 复合材料负载量会导致更高的导电性。由于偶极和其他结合的电荷在 Ni@Cu 复合材料中广泛存在,较高导电性将实现较强极化现象。如图 4-5(b)显示出复介电常数的虚部(ε'')的曲线形式类似于复介电常数的实部(ε')的趋势。当 Ni@Cu 复合材料的载量为 50% 和 60% 时,复介电常数的实部(ε')曲线呈下降趋势。然而,具有 50% 和 60% Cu@Ni 的复介电常数的虚部(ε'')曲线显示稍微向上的趋势,这将有助于高导电性和高介电损耗。

我们可以知道,含有样品量 50% 和 60% Ni@Cu 复合材料的石蜡复合物高的 ε'' 值通过自由电子理论 $\varepsilon'' \approx \frac{1}{2}\pi\varepsilon_0\rho f$ 确定,其中 ρ 是电阻率,可以表明电磁波吸收材料的高导电性和高介电损耗。通常,较高的 ε'' 值意味着高导电率,Ni@Cu 复合材料的高介电损耗可归因于 Ni 和 Cu 之间的界面弛豫和电子极化弛豫。而根据阻抗匹配原理,为了实现低反射和使更多的微波进入吸收体,吸收材料必须具有合适的复介电常数值。电磁波吸收材料介电常数应该比较适当,如果复合介电常数极高的话则会引起阻抗失配,这种情况下使得更多的电磁波信号被反射。

阻抗不匹配将引起入射电磁波在吸收体的表面上反射,从而影响其吸收性能。此外,对于具有 50% 和 60% Ni@Cu 复合材料的 ε'' 曲线,存在高度复杂的非线性共振行为,其通常与界面弛豫、趋肤效应和偶极偏振相关。电子自旋和电荷偏振通常是由于点电荷效应,以及自旋极化中心。

Ni@Cu 样品-石蜡复合材料的复磁导率的实部(μ')和虚部(μ'')部分显示在图 4-5(c)(d)中。从图 4-5 中可以看出,对于 Ni@Cu 复合材料,μ' 的值几乎恒定在 0.98 左右

[图 4-5(c)]。同时,图 4-5(d)中显示,具有 50% 和 60% 的 Ni@Cu 复合材料-石蜡复合物的 μ'' 值随着测量频率的增加而呈现下降趋势,分别为 7.71 GHz 和 9.63 GHz。根据麦克斯韦方程,负值的出现是由于在交变电场下由电荷运动引起感应磁场,这导致磁能从 Ni@Cu 样品-石蜡复合材料中辐射出来。此外,Ni@Cu 颗粒的存在是涡流和自然共振的主要原因。通过这些效果,电磁波被转换为热或其他形式的能量。特别地,从图 4-5(b) (d)可以看出,介电常数的一般变化趋势与磁导率正好相反。

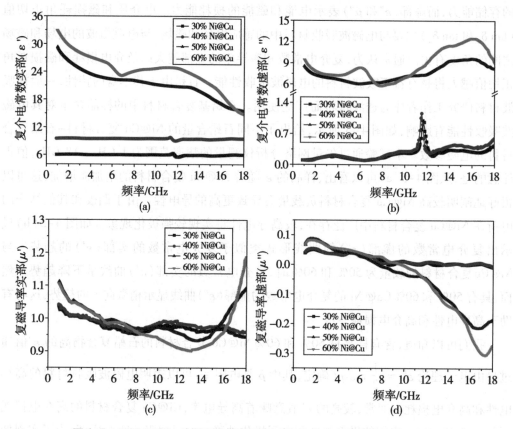

图 4-5 不同 Ni@Cu 含量复合材料随频率变化的复介电常数及复磁导率

电磁波能量的损耗能力通常采用介电损耗角正切值($\tan\delta_\varepsilon = \varepsilon''/\varepsilon'$)和磁损耗角正切值($\tan\delta_\mu = \mu''/\mu'$)来判断。磁损耗和介电损耗之间的有效互补对于复合材料的优异电磁吸收特性是有好处的,切线损耗($\tan\delta_\varepsilon + \tan\delta_\mu$)的值越大意味着磁损耗和介电损耗越大。复合材料的 $\tan\delta_\varepsilon + \tan\delta_\mu$ 曲线如图 4-6 所示。可以发现, $\tan\delta_\varepsilon + \tan\delta_\mu$ 的值随着 Ni@Cu 复合材料在石蜡复合物中质量比的增加而增加。当载荷为 50% Ni@Cu 时,曲线首先降低,然后增加;当负载量变为 60% 时,分别在 6.16 GHz 和 16.72 GHz 频率处有两个峰值且 $\tan\delta_\varepsilon + \tan\delta_\mu$ 的值只在 0.25 ~ 0.45 的范围内波动。通常,高磁损耗角正切值和介电损耗角正切值对应于电磁波能量的损耗能力的大小。结果可以推测,具有 50% 含量和60%含量的石蜡复合材料具有更好的电磁波能量损失能力。

当吸波材料在某一电磁波频段内的反射损耗值(RL)值小于−10 dB时,代表着电磁波在这个频段对材料辐射电磁波的90%能量已经被吸收,也称这一频段为有效吸波频段。由图4−7可知,含量为50% Ni@Cu−石蜡复合物具有这四种复合材料中最强的电磁波损耗性能。电磁波频率为8.2 GHz、吸收体厚度为2.0 mm时,石蜡复合物的最小RL_{min}达到−32.2 dB,在7.5 GHz~9.1 GHz范围内观察到RL值小于−10 dB(90%吸收)的吸收带宽。当Ni@Cu复合材料处于低负载(30%和40%)比例时,Ni@Cu复合材料高度分散在石蜡基质中,它们不能彼此连接,不能产生导电的Ni@Cu网络。当将高比例的Ni@Cu(50%~60%)复合材料引入石蜡基质中时,从图中可以看出,吸收性能得到了很大改善。此外,减轻吸波材料总质量这一重要客观要求和阻抗匹配性能适配也是需要考虑在内的。

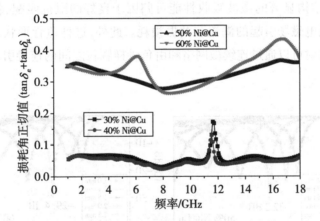

图4−6 不同Ni@Cu含量复合材料随频率变化时石蜡
复合材料的切线损耗曲线

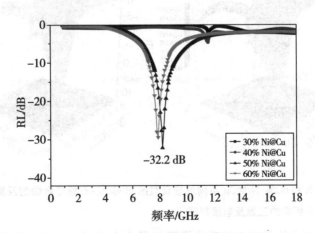

图4−7 Ni@Cu−石蜡复合物厚度为2 mm时随频率变
化的电磁波损耗曲线

如图 4-8(a)所示,对于厚度为 2.0 mm 的 Ni@Cu-石蜡复合物在 8.2 GHz 时反射损耗的最小值(RL_{min})为-32.2 dB,此外,RL<-10 dB 有效的吸波频带的带宽在 4.8 GHz ~ 18 GHz 范围内均可实现,宽达 13.2 GHz。对于图 4-8(b),Ni@Cu-石蜡复合物厚度为 3.0 mm 时在 7.9 GHz 下 RL_{min} 可以达到-29.4 dB。有趣的是,从图 4-8 可以发现吸收频带随着吸收体厚度的增加而转移到较低的频率范围,这可以通过四分之一波长消除的结果很好地说明。由于入射和反射波相位差180°,反射波在吸波材料的界面中完全消除,为了显示厚度及其对应频率对吸收性能的影响,(a)和(c)反射损耗所对应的三维曲线图可以用图 4-8(b)和(d)来更直观地表示。值得注意的是,Ni@Cu 复合材料所表现的良好的电磁波吸收性能由其组成、形状和结构等决定。具有核壳结构的 Ni@Cu 复合材料通常表现出比单组分材料更大的电磁波吸收容量和更宽的电磁波吸收频率范围。Ni@Cu 复合材料的核壳结构显著的微波吸收性能可归因于良好的阻抗匹配、各种界面极化损耗、德拜弛豫以及电磁场引起的涡流和共振损耗。此外,这种鱼骨形状对其吸收性能有影响,电磁场的辐射可以通过连续微网络和由鱼骨样颗粒之间的连接引起的振动微电流来抵消。

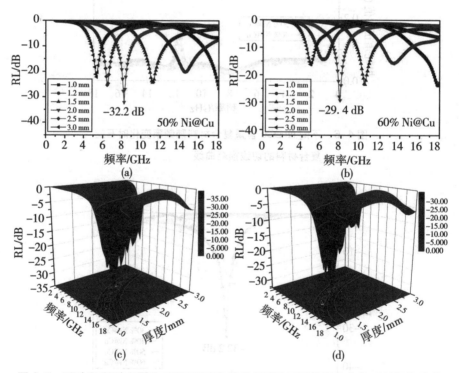

**图 4-8　50% 和 60% Ni@Cu 不同厚度负载的 Ni@Cu-石蜡复合物的反射损耗曲线
　　　　及其相应的三维反射损耗图**

Ni@Cu-石蜡复合物的电磁波吸收机理如图 4-9 所示,Ni@Cu 的核壳结构有利于提高电磁波吸收性能。首先,在电磁场的作用下 Ni@Cu 复合材料可以产生涡流,Ni@Cu 复合材料的涡流可以造成热损失,相比于单独的 Ni,Ni@Cu 吸波体内部 Cu 的导电性能更好,能够更容易地将电磁能转化为内能,起到了减弱电磁能的作用。其次,核壳结构的 Ni@Cu复合材料将在交替电磁场的作用下,Ni 和 Cu 界面处产生更多的界面极化,有利于电磁波的转化和吸收。另外,Ni@Cu 复合物一维类天线结构能够诱导形成点电荷,能够接收、传导和损耗更多的电磁波。

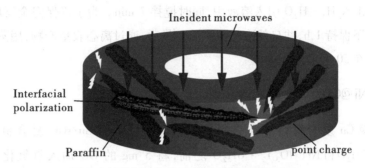

图 4-9　Ni@Cu 复合材料的电磁波吸收机理

4.1.4　Ni@Cu/rGO 吸波材料的制备

前面研究了以 Cu 为核、以 Ni 为壳的核壳 Ni@Cu 复合材料的电磁吸收性能,从中可以发现由于 Ni@Cu 复合材料中 Cu 和 Ni 之间更多界面结构,导致电磁波在传输过程中能够产生更多的界面极化行为,对复合材料的吸波性能有显著影响。为了能够大规模制备这种核壳结构的 Ni@Cu 复合材料,接下来我们改变试验条件,也成功制备了核壳 Ni@Cu 复合物,这个过程简化了制备过程和试验条件。石墨烯不仅具有稳定的结构,而且还具有高的比表面积和优异的电导率。这些性质使得石墨烯非常有希望作为轻质的微波吸收剂。为了实现微波吸收材料的轻量化和高效率特性,将石墨烯与磁性 Ni@Cu 组分进行组合而形成的复合材料的吸波性能影响又是如何呢? 接下来,我们制备出 Ni@Cu 复合材料负载二维还原氧化石墨烯复合材料,通过对其结构和形貌的探究,深入地对Ni@Cu/rGO 复合材料的电磁波吸收性能进行探究。最后将制备的 Ni@Cu/rGO 复合材料作为填料与导电高分子 PVDF 进一步复合制备成 Ni@Cu、rGO 和 PVDF 三元结合的Ni@Cu/rGO/PVDF 复合薄膜,并对其吸波性能进行研究。

4.1.4.1　还原氧化石墨烯(rGO)的制备

首先,将 40 mg GO(氧化石墨烯)(使用前超声处理 10 min)加入 30 mL 蒸馏水中并搅拌 10 min。然后,将 0.1 mol NaOH 引入溶液中,提供相对强的碱性环境,同时搅拌 10 min 之后,在搅拌过程中将 4 mL 水合肼滴入混合物中。最后,将溶液放入聚四氟乙烯衬里的高压釜中,并在 180 ℃下加热 12 h。在离心、洗涤和干燥后收集 rGO 材料。

4.1.4.2 Ni@Cu 的制备

首先将 60 mL 高浓度的 NaOH（7.0 mol/L）滴入塑料反应器中。然后，将 0.2 mL 的 Cu(NO₃)₂·3H₂O（0.5 mol/L）和 0.2 mL 的 Ni(NO₃)₂·6H₂O（0.5 mol/L）溶解并搅拌 15 min。随后，在搅拌过程中向混合物中加入 0.1 mL 乙二胺（EDA），溶液变得浑浊。然后，将 0.05 mL N₂H₄·H₂O 引入溶液中，同时搅拌 7 min。为了确保完全反应，将塑料反应器在 80 ℃ 下保持 1 h，并自然冷却至室温。最后，通过离心收集产物，用蒸馏水和乙醇洗涤数次，并在 50 ℃ 真空干燥。

4.1.4.3 Ni@Cu/rGO 的制备

通过 Ni@Cu 复合材料的类似制备工艺合成了 Ni@Cu/rGO 复合材料。在添加 Cu(NO₃)₂·3H₂O 和 Ni(NO₃)₂·6H₂O 之前，将 5 mg 的 GO 加入氢氧化钠中并搅拌 5 min。将溶液冷却至室温后，进行洗涤、干燥并收集 Ni@Cu/rGO 产物。

4.1.5 Ni@Cu/rGO 吸波材料的表征

图 4-10 显示了 Ni@Cu 和 Ni@Cu/rGO 复合材料的 XRD 曲线。对于 Ni@Cu 产品，可以看到 Ni@Cu 样品中存在两个 fcc 晶体（Ni，PDF#04-0850；Cu，PDF#04-0836），这表明 Ni@Cu 产物由混合的金属 Cu 和 Ni 组成。有趣的是添加 GO 后，除了归属于 Ni 和 Cu 相的峰，不能发现由 rGO 产生的其他衍射峰，这表明 GO 被有效地还原成石墨烯，Ni@Cu 中对应的 Ni 和 Cu 金属相的峰相对于 Ni@Cu/rGO 复合材料中明显要高，这可能是因为 Ni@Cu/rGO 复合材料中引入过渡型晶相石墨烯的原因。此外，在检测到的 XRD 图中没有检测到附加的子峰，因此通过水热合成法制备出了 Ni@Cu/rGO 异质结构。

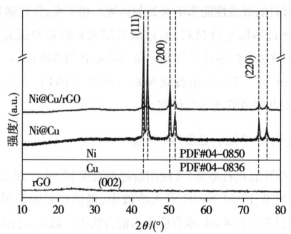

图 4-10　Ni@Cu 和 Ni@Cu/rGO 复合材料的 XRD 图

Ni@Cu 纳米棒、rGO 和棒状 Ni@Cu/rGO 异质结构样品的形貌如图 4-11 所示。如图 4-11(a)(b)所示,Ni@Cu 纳米棒具有独特的一维棒状形状,长度为几十微米,平均直径为 300 nm±50 nm。有趣的是,还发现棒中的一个尾部大于另一个,这可能归因于 Cu 和 Ni 的不同标准还原电位。图 4-11(c)显示的是 GO 被 $N_2H_4 \cdot H_2O$ 还原后形成的 rGO,并且从扫描电镜图中可以看到 rGO 片材具有褶皱和起皱的结构,这种结构是由去角质和再剥离过程中的变形所产生的。图 4-11(d)显示的是 Ni@Cu/rGO 异质结构的微观形态。我们可以看到,一维 Ni@Cu 纳米棒被锚定在二维波纹状的 rGO 表面上。此外,还注意到棒状 Ni@Cu 结构也存在于 rGO 片之间,形成一种类三明治的石墨烯-Ni@Cu 棒-石墨烯结构,这种结构有利于改善微波吸收性能。从 SEM 观察,我们可以得出结论,通过简单的还原法制备出了特殊的三明治结构的 Ni@Cu/rGO 复合材料。

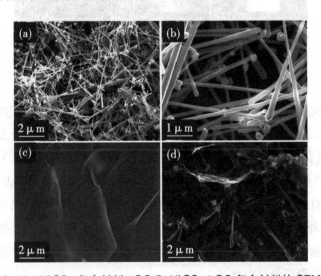

图 4-11　Ni@Cu 复合材料、rGO 和 Ni@Cu/rGO 复合材料的 SEM 图

为了进一步分析 Ni@Cu 纳米棒的内部微观结构,本试验进行 TEM 和 HRTEM 测试,其结果如图 4-12 (a)(b)所示。从图 4-12(a)可以发现,样品微观结构为一维棒状,这与 SEM 的观察结果是一致的。Ni@Cu 的高分辨率 TEM(HR-TEM)图像如图 4-12(b)所示。图中可以观察到 Ni 和 Cu 之间的晶面间距的差别,这表明 Ni 相和 Cu 相都存在于 Ni@Cu 纳米棒中,而不是形成了合金。在图 4-12(c)~(e)中给出了 Ni@Cu 的 TEM 及其相应的元素映射,图中显示了 Cu(d)和 Ni(e)的元素存在于纳米棒中。此外,通过对比图 4-12(d)(e),可以看出,Ni 元素集中在边缘区域上,Cu 元素集中在中心区域,这一结果表明了一维 Ni@Cu 纳米棒由 Cu 芯和 Ni 壳组成。TEM 和元素映射结果验证了 Ni@Cu 复合材料具有以 Cu 核和 Ni 壳的核壳异质结构。

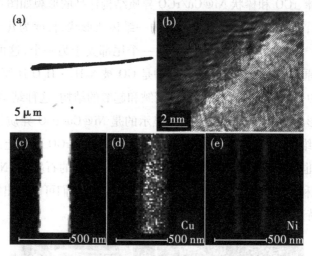

图4-12　Ni@Cu 的 TEM 和 HRTEM 图像、Ni@Cu 复合材料的 TEM 及 Cu 和 Ni 的元素映射

本试验通过拉曼光谱(Raman)表征了 rGO 和 Ni@Cu/rGO 上内部结构混乱度的变化。图4-13 显示了 rGO 和 Ni@Cu/rGO 复合材料的拉曼光谱,由拉曼光谱可知,石墨烯及 Ni@Cu/rGO 复合材料上分别有两个主峰,分别为拉曼光谱的 D 峰和 G 峰,其峰值分别大约在 1 340 cm^{-1} 和 1 595 cm^{-1} 附近,D 峰与 G 峰的强度比(I_D/I_G)代表的是石墨烯中的缺陷程度。与 rGO 相比,Ni@Cu/rGO 异质结构的强度比(I_D/I_G)显示出明显的增加,表明由于引入 Ni@Cu 纳米棒而导致 rGO 中具有较高程度的缺陷。由于这些缺陷的存在,在电磁波的作用下能够形成极化中心,在电磁波的吸收和转化中起着重要的作用,这一点将在电磁波吸收机理部分重点阐述。

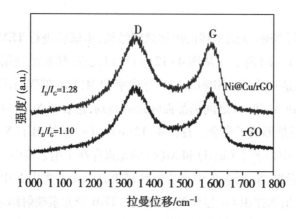

图4-13　rGO 和 Ni@Cu/rGO 复合材料的拉曼光谱

根据上述试验结果,如图4-14 所示的是 Ni@Cu/rGO 复合材料的形成机制。通常,GO 被认为是成为功能性纳米材料生长的理想底物。GO 的含氧官能团可以有效吸收正离子或纳米颗粒,并为纳米颗粒的生长提供成核位置。加入 $Cu(NO_3)_2$ 和 $Ni(NO_3)_2$ 后,带正电的 Cu^{2+} 和 Ni^{2+} 离子将会通过静电吸引的作用被吸附到带负电荷的 GO 的表面。在这项研究中,一些 Cu^{2+} 离子首先由 $N_2H_4 \cdot H_2O$ 还原,作为成核前体,随后 Ni^{2+} 离子被原位还原成 Ni 微晶粒,以覆盖在 Cu 纳米颗粒的表面。这个条件是由于 $Ni[E^0(Ni^{2+}/Ni^0) = -0.257\ V]$ 的标准还原电位低于 $Cu[E^0(Cu^{2+}/Cu^0) = 0.342\ V]$,而 Cu 因此更容易在竞争性氧化还原反应下被还原。此外,由于存在适量的乙二胺(EDA)络合剂,Ni@Cu 容易形成一维结构,之前的一些研究报道了类似的结果。石墨烯和 Ni@Cu 复合材料结合形成了独特的一维 Ni@Cu 纳米棒负载二维 rGO 的石墨烯–Ni@Cu–石墨烯三明治结构。此外,Ni 和 Cu、Ni@Cu 和 rGO、Ni 和 rGO、Cu 和 rGO 之间更多界面的存在有利于形成界面反应,有利于提高三明治结构 Ni@Cu/rGO 复合吸波材料的电磁波吸收性能。

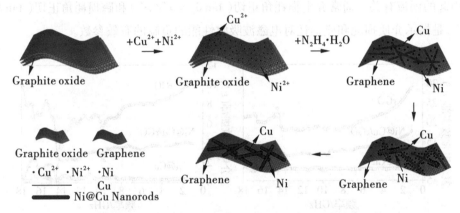

图 4-14　Ni@Cu/rGO 复合材料的形成过程示意图

如图 4-15 所示,在室温下通过测量其磁化曲线来测量 Ni@Cu 和 Ni@Cu/rGO 结构的磁性能,其磁化曲线包括饱和磁化强度(M_s)、剩余磁化强度(M_r)和矫顽力(H_c)在内的磁性能。从图 4-15 可以看出,Ni@Cu 和 Ni@Cu/rGO 都具有明显的铁磁特性。单独的棒状 Ni@Cu 和 Ni@Cu/rGO 复合材料的饱和磁化强度(M_s)分别为 21.9 emu/g 和 7.7 emu/g。与单独的 Ni@Cu 相比,可以发现三明治结构的 Ni@Cu/rGO 复合物的饱和磁化强度较小,主要是因为非磁性 rGO 的加入。

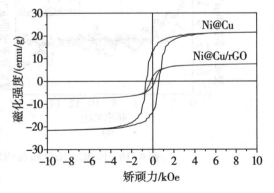

图 4-15　Ni@Cu 和 Ni@Cu/rGO 复合材料的磁滞回线

4.1.6 Ni@Cu/rGO 吸波材料的吸波性能

将样品与石蜡质量以 3 : 2 混合加热并压环,测试其电磁参数可以发现:纯 Ni@Cu、rGO 和 Ni@Cu/rGO 结构体电磁参数随频率变化趋势如图 4-16 所示,相应的复介电常数和复磁导率可以表示为 ε_r,($\varepsilon_r = \varepsilon' - j\varepsilon''$)和 μ_r,($\mu_r = \mu' - j\mu''$)。从图 4-16(a)(b) 可以看出,rGO 的 ε' 和 ε'' 值大于 Ni@Cu 和 Ni@Cu/rGO 的相应值,这可能意味着在 rGO 中发生更多的能量损失。此外,基于自由电子理论,我们可以推断 rGO 具有高导电性,这主要源于 GO 在被还原的时候其含氧官能团的减少。然而,较高电导率易导致阻抗失配,从而导致吸收体表面的电磁波被反射而不是吸收。如图 4-16 (c)(d) 所示,Ni@Cu、rGO 和 Ni@Cu/rGO 复合材料具有较高的导电性,其 μ' 和 μ'' 的值波动强烈,这主要与由交替的电磁场引起的涡流有关。通常介电损耗角正切($\tan\delta_\varepsilon = \varepsilon''/\varepsilon'$)和磁损耗角正切($\tan\delta_\mu = \mu''/\mu'$)是揭示介质损耗和磁损耗对电磁波吸收性能的贡献的有效参数。

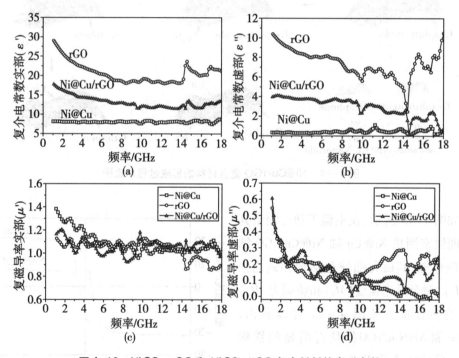

图 4-16　Ni@Cu、rGO 和 Ni@Cu/rGO 复合材料的电磁参数

如图 4-17(a) 所示,通过计算 Ni@Cu、rGO 和 Ni@Cu/rGO 的切线损耗($\tan\delta_\varepsilon + \tan\delta_\mu$)可以发现,在所有频率范围内,切线损耗的数值趋势为 rGO>Ni@Cu/rGO>Ni@Cu。可以得出结论:rGO 可能具有很高的电磁波吸收能力。然而,为了选择合适的电磁波吸收材料,还应该考虑其他重要的因素——阻抗匹配。这里我们采用南京航空航天大学姬

广斌等提出的阻抗匹配比值(Z_r)来显示三个样本的阻抗匹配度。如图4-17(b)所示,阻抗匹配比值的总体变化是 Ni@Cu>Ni@Cu/rGO>rGO,结合切线损耗和阻抗匹配比值,可以看出,Ni@Cu 具有最佳的阻抗匹配特性和最差的损耗能力。有趣的是,由于高电导率,rGO 有最差的阻抗匹配性能和最高的损耗特性。对于阻抗匹配和损耗能力,Ni@Cu/rGO 结构位于三个样本之间的中间序列中。综合考虑损耗能力和阻抗匹配,推导出 Ni@Cu/rGO 复合材料具有最强的电磁波吸收特性,以及具有合适的阻抗匹配特性和电磁波损耗能力。

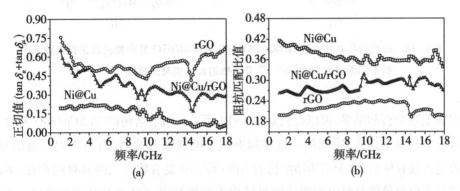

图4-17　Ni@Cu、rGO、Ni@Cu/rGO 复合材料的切线损耗和阻抗匹配参数曲线

一般来说,实际应用的电磁波吸收材料与电磁波进行作用时应该满足 RL 值小于-10 dB 这一要求。图4-18(a)显示的是,样品-石蜡环厚为2.0 mm 时的 Ni@Cu、rGO 和 Ni@Cu/rGO 与石蜡混合复合材料的反射损耗曲线。

从图中可以看出,在三个样品中,Ni@Cu/rGO 显示出最强的微波吸收,在10.8 GHz 处的 RL 值为-31.4 dB。从等式(1,2),厚度可以影响反射损耗值和最大吸收频率。因此,在图4-18(b)中显示出了在1 GHz~18 GHz 的频率范围内具有各种厚度的 Ni@Cu/rGO 反射损耗值的三维图。图中可以得到三明治结构 Ni@Cu/rGO-石蜡复合物在厚度为2.5 mm、频率为8.8 GHz 时的最小反射损耗值 RL_{min} 为-41.2 dB。

此外,对于三明治结构是 Ni@Cu/rGO-石蜡复合物厚度为1.0~4.0 mm 范围内低于-10 dB 的 RL 值在3.8 GHz~18 GHz 频率范围内均可获得。从图中可以清楚地看出,在4 GHz~18 GHz 的宽频率范围内,三明治结构的 Ni@Cu/rGO 复合材料显示增强的电磁波吸收特性,基本覆盖整个 C（4 GHz~8 GHz）、X（8 GHz~12 GHz）和 Ku（12 GHz~18 GHz）电磁波频带。

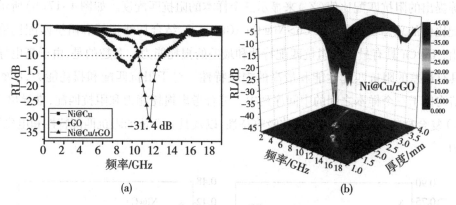

图4-18　厚度为2.0 mm 的 Ni@Cu、rGO 和 Ni@Cu/rGO 复合物的反射损耗值及具
有不同厚度的 Ni@Cu/rGO 复合物的反射损耗三维图

　　根据上述分析和结果,可以得到如图4-19所示三明治结构的 Ni@Cu/rGO 复合材料电磁波吸收机理。首先,特殊的一维结构类似于电线接收原理,有益于电磁波的损耗。当微波进入吸收体时,由于三明治结构的 Ni@Cu/rGO 复合物中二维 rGO 的存在,多次反射和散射现象会导致材料内的微波能量转化为热能经由 rGO 进行耗散和损失。rGO 表面的残留缺陷和核壳结构的 Ni@Cu 聚集的点可以看作是极化中心,引起极化损失。其次,核壳 Ni@Cu 在电磁波的作用下能够发生自然共振、涡流损耗和偶极极化效应,这对增强 Ni@Cu/rGO 复合材料的电磁波吸收性能起着至关重要的作用。第三,Ni@Cu 和 rGO 内部都有大量的自由电子,这些自由电子在 Ni@Cu、Ni@Cu/rGO、Ni/rGO 和 Cu/rGO 的多个界面处自由电荷的积累导致强烈的空间电荷界面极化现象。并且当 Ni@Cu/rGO 复合材料处于交变电磁场时会产生微电流,大部分电磁波能量将被衰减并转化为热能的形式。

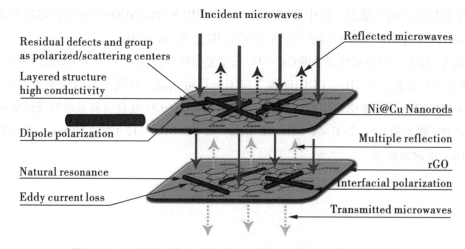

图4-19　三明治 Ni@Cu/rGO 复合材料中可能的电磁波吸收机理

4.2 Ni@Cu/rGO/PVDF 复合薄膜的制备及吸波性能

4.2.1 Ni@Cu/rGO/PVDF 复合薄膜的制备

4.2.1.1 基体(PVDF)的选择

传统的金属及金属基复合材料由于金属耐腐蚀性不强、易氧化或与其他化学物质反应、不易加工、高密度、物理弹性有限、易于受环境中的气体或液体影响、屏蔽电磁波的波段难以控制等缺点,因此限制其应用的范围。导电高分子材料,由于其质轻,且可塑性、化学稳定性、柔性以及导电性可调等特点,被广泛地应用于电磁波吸收与屏蔽领域。导电高分子材料通常分为两大类:本征导电高分子以及填料型导电高分子。本征导电高分子是其本身具有导电能力,例如聚苯胺、聚吡咯、聚乙炔等物质;填料型导电高分子,是在高分子材料中添加导电性填料来改变高分子材料的导电性,相比于本征导电高分子,填料型导电高分子具有优异的导电可调性、介电性能可控以及力学性能,越来越引起人们的重视。

聚偏氟乙烯(PVDF)主要是指偏氟乙烯均聚物或者偏氟乙烯与其他少量含氟乙烯基单体的共聚物。它不仅具有较好的耐氧化、耐高温、耐腐蚀性和耐射线辐射等通用树脂的特性,而且还具有通用树脂所不具备的介电、热电、压电等物理特性。此外,其工业产量也非常高,在含氟的塑料中全球产量约为 5.4 万吨,排名第二。相对于其他高分子材料,其价格更便宜。PVDF 化学式为—$(CH_2—CF_2)_n$—,化学结构通过氟碳键的结合,与氢离子键形成稳定和较强的键。PVDF 薄膜具有耐磨性和抗冲击性等机械性能。即使在极端恶劣的环境下,PVDF 复合材料也具有柔性、耐射线辐射等特性。由于 PVDF 具有一定的介电常数,在电磁激发下引起介电损耗,更符合本试验制备柔性介电薄膜吸波复合材料的基体材料。

4.2.1.2 柔性 Ni@Cu/rGO/PVDF 复合薄膜的制备

本试验以制备的 Ni@Cu/rGO 为填充粒子与导电高分子 PVDF 基体结合制备成柔性 Ni@Cu/rGO/PVDF 复合薄膜,其具体的试验过程如下:

(1)将高分子 PVDF 溶于有机溶剂 N,N−二甲基甲酰胺溶液中,并在 50 ℃下非磁力搅拌 30 min,使其充分溶解,分别置于 a、b、c 三个容器中。

(2)以制备的 Ni@Cu/rGO 为填充粒子,分别以与 PVDF 质量比为 5%、10% 和 15% 的比例加入 a、b、c 容器中,超声分散均匀。

(3)分散均匀后的样品随后倒入不同蒸发皿中使溶剂挥发,60 ℃ 真空干燥,使其干燥成膜状或粉状。

(4)将制备的样品加热模压成一定厚度薄膜,制备成 Ni@Cu、rGO、PVDF 三元 Ni@Cu/rGO/PVDF 复合薄膜。分别标定填料量为 5%、10% 和 15% 的 Ni@Cu/rGO/PVDF 薄膜样品。

4.2.2　Ni@Cu/rGO/PVDF 复合薄膜的表征

图 4-20 (a)(d)分别显示的是纯 PVDF 薄膜和由 10% Ni@Cu/rGO 填料填充后的复合薄膜。从图中可以发现,复合薄膜具有很好的柔性,填充后的薄膜呈亮黑色,这主要是由填料 Ni@Cu/rGO 的颜色所决定的。图 4-20 (b)(e)显示的分别是薄膜表面的扫描电镜图,从图中可以发现,PVDF 复合薄膜在加入 Ni@Cu/rGO 填料后相对于纯 PVDF 薄膜来说,其表面相对较粗糙。三元 Ni@Cu/rGO/PVDF 复合的表面并不能发现核壳结构的 Ni@Cu 和 rGO,这主要是因为在压膜的过程中,PVDF 在高温高压作用下由于融化等原因覆盖在 Ni@Cu/rGO 的表面。图 4-20 (c)(f) 分别显示的是它们的截面的扫描电镜图像。由截面电镜图中可以发现,加入 Ni@Cu/rGO 填料的复合薄膜中 Ni@Cu 和石墨烯均匀的分散在高分子 PVDF 中,一维核壳 Ni@Cu 直径大约为 0.6 μm,长度约为 14 μm 且 Ni@Cu的微观形貌和结构完好,并没有被破坏。

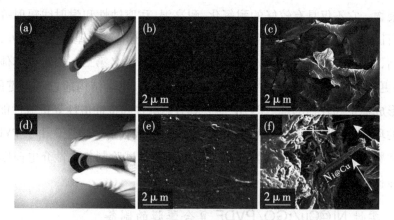

图 4-20　PVDF 薄膜及其表面和截面的 SEM 图

(a)为 PVDF 薄膜;(b)(c) 分别为 PVDF 薄膜样品表面和截面的 SEM 图;
(d) 为 Ni@Cu/rGO/PVDF 复合薄膜;(e)(f) 分别为 PVDF 复合薄膜样品表面和
截面的 SEM 图。

图 4-21 分别显示的是 PVDF、5% Ni@Cu/rGO/PVDF、10% Ni@Cu/rGO/PVDF 和

15% Ni@Cu/rGO 的 XRD 图谱。图中对比可以发现,PVDF 中加入 Ni@Cu/rGO 后相比于纯 PVDF 复合薄膜逐渐出现了不同的衍射峰,且随着 Ni@Cu/rGO 含量的升高,新的衍射峰的峰强逐渐增强。新出现的 XRD 衍射峰分别对应于 Ni 和 Cu 的(111)、(200)和(220)晶面,衍射峰的峰位分别与 Ni(PDF#04-0850)和 Cu(PDF#04-0836)标准 X 射线衍射 PDF 卡片对应。这表明 Ni@Cu/rGO 中的 Ni 单质和 Cu 单质在模压之后并没有被氧化。此外,不同含量 Ni@Cu/rGO/PVDF 中随着填料 Ni@Cu/rGO 含量的升高,PVDF 的衍射峰强度逐渐减弱,Ni 和 Cu 的衍射峰强度逐渐增强。

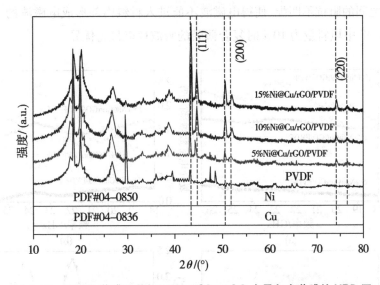

图 4-21 PVDF 薄膜及其与不同 Ni@Cu/rGO 含量复合薄膜的 XRD 图

4.2.3 Ni@Cu/rGO/PVDF 复合薄膜的吸波性能

吸波材料的电磁波吸收性能受其复介电常数($\varepsilon_r = \varepsilon' - j\varepsilon''$)、复磁导率($\mu_r = \mu' - j\mu''$)和它们的损耗角正切(介电损耗角正切值 $\tan\delta_\varepsilon = \varepsilon''/\varepsilon'$;磁损耗角正切值 $\tan\delta_\mu = \mu''/\mu'$)及其与电磁波传导介质的阻抗匹配所影响。图 4-22(a)(b)显示的是复介电常数的实部和虚部,图中可以看出,吸波薄膜的 ε' 和 ε'' 随着 Ni@Cu/rGO 复合材料的增加而增加,含量为 10%、15% 时明显大于低含量 5%,这可以很好地阐明较高 Ni@Cu/rGO 复合材料负载量导致更高的导电性。在一定范围内的导电性有利于材料与电磁波作用时产生的界面弛豫、偶极子极化、界面极化等作用,有利于电磁波的转化和吸收。图 4-22(c)(d)显示的是复磁导率的实部和虚部,相对于复介电常数来说,其 μ' 和 μ'' 的值波动性较为强烈,这主要与由交替的电磁场引起的涡流损耗、自然共振等现象有关。

通常介电损耗角正切值($\tan\delta_\varepsilon = \varepsilon''/\varepsilon'$)和磁损耗角正切值($\tan\delta_\mu = \mu''/\mu'$)是揭示

介质损耗和磁损耗对电磁波吸收性能的贡献的有效参数。磁损耗和介电损耗之间的有效互补有利于吸波材料的电磁吸收性能。

图 4-23 显示的是不同 Ni@Cu/rGO 含量复合薄膜材料的切线损耗值($\tan\delta_\varepsilon + \tan\delta_\mu$)随电磁波频率的变化趋势,切线损耗值在 0.2 ~ 1.2 的范围内波动。10% 含量的 Ni@Cu/rGO/PVDF 复合薄膜切线损耗值介于 5% 和 15% 之间,通常高磁损耗角正切值和介电损耗角正切值对应于电磁波损耗能力的大小。但 Ni@Cu/rGO 的含量过高将会使得 Ni@Cu/rGO 分散于 PVDF 中形成导电网络,优异的导电性反而在电磁波入射的时候造成材料与介质之间的阻抗不匹配,使得电磁波不能进入材料内部形成电磁波的反射。据此可以推测 PVDF 中填料量为 10% 时复合薄膜的吸波性能最为优异。

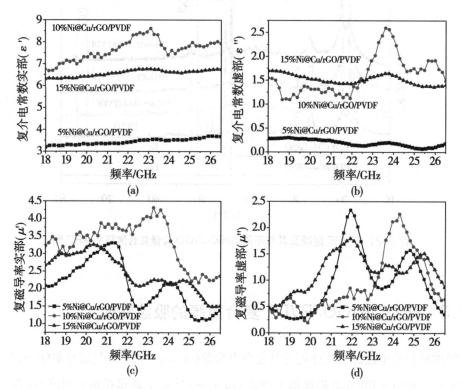

图 4-22 不同 Ni@Cu/rGO 含量复合薄膜随频率变化的电磁参数

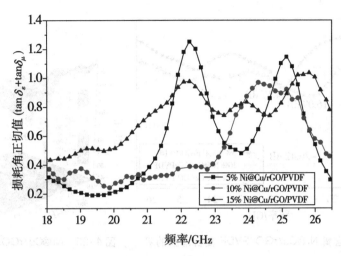

图4-23　不同 Ni@Cu/rGO 含量复合薄膜随频率变化时石蜡
复合材料的切线损耗曲线

当吸波材料在某一频段范围内的反射损耗 RL<−10 dB 代表着入射的电磁波有90%已经被完全吸收,这一频段也叫有效吸波频段。图4-24 显示的是厚度在 2 mm 时不同含量 5% Ni@Cu/rGO/PVDF、10% Ni@Cu/rGO/PVDF 和 15% Ni@Cu/rGO/PVDF 复合薄膜在 18 GHz ~26.5 GHz 频段范围内的反射损耗曲线。从图中可以看出,在三个样品中,最小反射损耗(RL_{min})分别为−14.17 dB、−26.42 dB 和−16.09 dB,其中 10% Ni@Cu/rGO/PVDF 复合薄膜在 21.2 GHz 处显示出最强的电磁波吸收性能。这主要可能是因为 5% Ni@Cu/rGO 含量较低,较低的填料含量导致吸波性能不佳,而当随着 Ni@Cu/rGO 含量增加,Ni@Cu/rGO 的存在使得 Ni@Cu 或者石墨烯逐渐接触形成导电网络从而增大了复合薄膜的导电性,反而不利于复合薄膜与电磁波传递介质之间的阻抗匹配性,从而不利于电磁波的入射。此外,反射损耗曲线也显示出,三种不同含量 Ni@Cu/rGO 复合薄膜均具有双重电磁波吸收峰,符合当前对吸波材料所要求的具备对宽频和多频吸波能力的特点。

吸波材料厚度可以影响反射损耗值和最大吸收频率,本试验在图4-25 中显示了在 18 GHz ~26.5 GHz 的频率范围内具有的不同厚度的 10% Ni@Cu/rGO/PVDF 复合薄膜反射损耗值的三维图。图中可以更加直观地看出,Ni@Cu/rGO/PVDF 的 RL_{min} 与吸波体厚度及频率之间的变化关系,结果表明,Ni@Cu/rGO/PVDF 复合薄膜 18 GHz ~25.82 GHz 频率范围内 RL 均小于−10 dB,得到的三元 Ni@Cu/rGO/PVDF 复合薄膜在厚度为2.5 mm、频率为 18.85 GHz 时的最小反射损耗值为−45.07 dB。三元结构的Ni@Cu/rGO/PVDF 复合薄膜显示出增强的电磁波吸收特性。

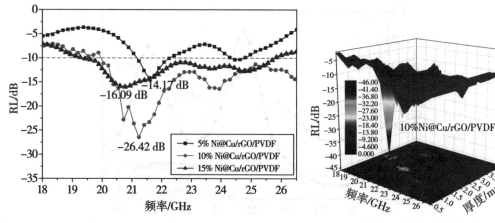

图4-24 不同含量 Ni@Cu/rGO/PVDF 复合薄膜的吸波曲线

图4-25 Ni@Cu/rGO/RVDF 含量为10%的复合薄膜的三维吸波曲线

Ni@Cu/rGO/PVDF 复合薄膜的电磁波吸收机理如下：Ni@Cu 核壳结构显著的电磁波吸收性能可归因于良好的阻抗匹配，由于磁性金属粒子 Ni@Cu 的存在，使得 rGO 和 PVDF 复合物与介质之间具有良好的阻抗匹配，电磁波能够更多地射入复合材料内部从而避免反射。Ni@Cu 核壳结构的存在使得 Ni 与 Cu 能够产生界面极化行为，结合介电损耗和磁损耗行为有利于电磁波的吸收。同时，特殊的一维链状类天线结构能够诱导形成点电荷和接收到更多电磁波并传导感应电流导致了传导损耗。此外，石墨烯和核壳 Ni@Cu 形成的这种三明治结构，能够产生更多的界面极化行为和德拜弛豫，电磁场与 PVDF 和 Ni@Cu/rGO 的相互作用能够引起更多的介电损耗、涡流损耗、共振损耗以及较高的散热性。这种集结构-功能于一体化的 Ni@Cu/rGO/PVDF 复合薄膜是一种理想的吸波材料。

4.2.4　柔性吸波薄膜研究展望

4.2.4.1　电磁波吸收材料是当前社会发展的必要需求

当代电子信息技术的发展和电子产品的普及，使得电磁波在人们日常生活中广泛应用，同时也造成了电磁污染、电磁干扰、泄密等棘手问题，妨碍了电子信息工业稳定发展，而且给人体健康带来不可估量的损害。另外，随着微波通信与电子对抗等技术的日趋成熟，要求电子电器设备高速化、轻量化和小型化，其对外界电磁环境的敏感度也随之增强，易受外界电磁干扰而产生失误带来严重后果。因此，探索高效柔性电磁波吸收材料，防止电磁波污染,保护环境和人体健康,防止电磁波泄漏以保障信息安全和提高新型电子产品的国际竞争力,已成为当前迫切需要解决的问题。此外,对于高度灵敏的电子设备,电磁波吸收所产生的热能对其生存也是致命的危害,因此发展高效柔性屏蔽材料的同时,高的散热效应也是必须考虑的。

4.2.4.2 导电高分子材料是当前电磁波吸收研究的热点

电磁波传播到屏蔽材料表面时,通常通过三种不同机理进行衰减损耗(图4-26):一是在入射表面发生反射,反射可以引起反射损耗,从而保护了屏蔽体另一侧的物体(这种反射是由于屏蔽体与它们周围介质对电磁波的特性有差异造成的,特性差异越大,屏蔽效能就越好);二是未被反射进入屏蔽体的电磁波被材料吸收,这是由于屏蔽体在电磁场的作用下可以产生涡流,屏蔽体内的涡流可以造成热损失,电磁能转化为内能,起到了减弱电磁能辐射的作用;三是电磁波在屏蔽体内多次反射,也可

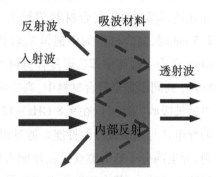

图4-26 屏蔽材料在电磁辐射下的电磁波吸收原理示意图

以产生涡流,也会造成电磁能的损耗。通过以上三种方式,使其透过电磁波能量最少,最终达到对电磁波屏蔽的目的。

传统屏蔽电磁波的方法是使用金属及金属基复合材料,但由于金属易腐蚀、易氧化或易与其他化学物质反应、不易加工、高密度、物理弹性有限、易于受环境中的气体或液体影响、屏蔽电磁波的波段难以控制等缺点,因此限制其应用范围。导电高分子材料,由于其质轻,且具有可塑性、化学稳定性、柔性以及导电性可调等特点被广泛地应用于电磁波吸收领域。在导电填料中,碳类材料(炭黑、碳纳米管、石墨烯等)由于其高的比表面积、导电性以及填料浓度较低就能达到较高导电性的特点,是一种竞争性的导电填料。

在碳类导电填料中,石墨烯具有极高的理论比表面积(2 630 m²/g)、高的杨氏模量(1 100 GPa)、优异的导电性(电导率可达 10^6 S/m)和导热系数[5 000 W/(m·K)],可以作为一种优异的导电填料材料。但是单纯石墨烯填料对电磁波的屏蔽机理是反射原理,这是由于其具有高的导电性的缘故,因此为了提高石墨烯的电磁波吸收效果,越来越多的研究集中于结合吸收与反射的双重机理的石墨烯基屏蔽复合材料。

Singh 等制备出铁氧体渗透垂直排列的 CNTs 与 rGO 网络一同构成的三维夹层结构复合材料,这种三维夹层结构大大提高了材料的电磁波吸收性能。在 12.4 GHz ~ 18 GHz电磁波频段内复合材料拥有 37 dB 的屏蔽效能。Lin 等制备了 MWCNTs 和石墨烯共同增强聚合物基复合材料并研究其电磁波吸收性能,在 2 GHz ~ 3 GHz 频段内材料可获得33.52 dB的电磁波吸收效能。Zhang 等人制备了石墨烯增强的功能性有机玻璃(PMMA)

纳米微孔泡沫复合材料,试验结果表明,复合材料中仅添加5%的石墨烯片层就可以很大程度提高电磁波吸收性能,其电导率可达到 3. 11 S/m 且电磁波吸收效能可以达到 19 dB。Singh 等将石墨烯、$\gamma-Fe_2O_3$ 与 C 纤维加入酚醛树脂中,利用模压成型制备了复合材料,试验结果显示在 8. 2 GHz ~ 12. 4 GHz 波段内屏蔽效能可达到 45. 26 dB,结果还表明屏蔽机理以吸收损耗为主导,磁性填料的加入有利于适当的阻抗匹配。Yan 等结合盐浸法和热压模塑成型工艺制备了石墨烯/聚苯乙烯(PS)多孔复合材料。这种孔状结构的存在使石墨烯/PS 复合材料能够有效地吸收和反射电磁波能量,在材料匹配厚度为 2. 5 mm时,复合材料的电磁波吸收性能高达 64. 4 $dBcm^3/g$,是性能优良的屏蔽材料。Chen 等为了提高聚苯乙烯复合材料的电磁波吸收性能,将热剥离法制得的石墨烯与纳米 Fe_3O_4 共同添加至复合材料中,当掺量为 2. 24% 的石墨烯与纳米 Fe_3O_4 粒子,复合材料的电磁波吸收性能可以在 9. 8 GHz ~ 12 GHz 频段内高于 30 dB,大大提高了聚苯乙烯材料的导电性与电磁波吸收性能。通过以上分析可知,石墨烯与其他损耗性材料复合作为填料,导电高分子的电磁波吸收性能可以显著地提高。在与所有损耗物质的结合中,磁损耗物质的结合,其电磁性能提高的最多,这是因为石墨烯优异的导电性和磁介质的磁性相结合,可使复合材料同时具备介电损耗和磁损耗,实现电磁吸收的阻抗匹配,提高电磁波吸收效果。

核壳 Ni@ Cu 复合材料由于结合了磁损耗和介电损耗双重损耗机制,同时由于核壳之间的界面极化效应,故具有优异的电磁损耗性能。一维结构的 Ni@ Cu 由于表面效应和形状各向异性等原因,复合材料的磁性和有效各向异性场等都会有大的改变。此外,特殊的一维结构类似于电线接收原理,有益于电磁波的损耗。同时由于是金属复合材料,核壳 Ni@ Cu 复合材料散热效应也比较好[导热系数为 200 ~ 400 W/(m·K)]。

因此,结合以上分析,本研究拟选择 Ni@ Cu/rGO 为导电填料,聚偏氟乙烯(PVDF,由于具有一定的介电常数,在电磁激发下,会引起介电损耗)为高分子基体,制备柔性导电具有高电磁波吸收以及高散热双重功能的 PVDF 薄膜。此柔性复合薄膜结合介电损耗、电导损耗、磁损耗、界面极化效应、反射散射效应以及柔性和高散热特性,可以作为一种高效柔性便携式电磁波吸收材料。

参考文献

[1]梁鹿阳. Ni@ Cu/rGO/PVDF 柔性吸波薄膜的制备及其吸波性能研究[D]. 郑州:郑州航空工业管理学院,2018.

[2]YANG F, XU M W, BAO S J, et al. Self–assembled three–dimensional graphene/OMCs hybrid aerogels for high–rate supercapacitive energy storage [J]. RSC Advances, 2013,3(47):25317–25322.

[3]TANG J,LIANG N,LEI W B,et al. Three–dimensional nitrogen–doped reduced graphene

oxide aerogel decorated by Ni nanoparticles with tunable and unique microwave absorption advantages [J]. Carbon,2019,152:575-586.

[4]ZHAO H B,CHENG J B,ZHU J Y,et al. Ultralight CoNi/rGO aerogels toward excellent microwave absorption at ultrathin thickness [J]. Journal of Materials Chemistry C, 2019,7(2):441-448.

[5]XU D,LIU J,CHEN P,et al. In situ growth and pyrolysis synthesis of super-hydrophobic graphene aerogels embedded with ultrafine β-Co nanocrystals for microwave absorption [J]. Journal of Materials Chemistry C,2019,7(13):3869-3880.

[6]SUN D,ZOU Q,WANG Y,et al. Controllable synthesis of porous Fe_3O_4 @ ZnO sphere decorated graphene for extraordinary electromagnetic wave absorption [J]. Nanoscale, 2014,6(12):6557-6562.

[7]LIU Y,CUI T T,WU T,et al. Excellent microwave-absorbing properties of elliptical Fe_3O_4 nanorings made by a rapid microwave - assisted hydrothermal approach [J]. Nanotechnology,2016,27(16):165707.

[8]ZHANG H,LIU Y,JIA Q,et al. Fabrication and microwave properties of Ni hollow powders by electroless plating and template removing method [J]. Powder Technology,2007,178 (1):22-29.

[9]YANG J,ZHANG J,LIANG C Y,et al. Ultrathin $BaTiO_3$ nanowires with high aspect ratio: A simple one-step hydrothermal synthesis and their strong microwave absorption [J]. ACS Applied Materials & Interfaces,2013,5(15):7146-7151.

[10]XU P,HAN X J,WANG C,et al. Synthesis of electromagnetic functionalized nickel/ polypyrrole core/shell composites [J]. The Journal of Physical Chemistry B,2008,112 (34):10443-10448.

[11]TING T H,JAU Y N,YU R P. Microwave absorbing properties of polyaniline/multi-walled carbon nanotube composites with various polyaniline contents [J]. Applied Surface Science,2012,258(7):3184-3190.

[12]YU H L,WANG T S,WEN B,et al. Graphene/polyaniline nanorod arrays:synthesis and excellent electromagnetic absorption properties [J]. Journal of Materials Chemistry, 2012,22(40):21679-21685.

[13]WU R,ZHOU K,YANG Z,et al. Molten-salt-mediated synthesis of SiC nanowires for microwave absorption applications [J]. CrystEngComm,2013,15(3):570-576.

[14]XIE S,GUO X N,JIN G Q,et al. Carbon coated Co-SiC nanocomposite with high-performance microwave absorption [J]. Physical Chemistry Chemical Physics, 2013, 15 (38):16104-16110.

[15]ZHU H L, BAI Y J, LIU R, et al. In situ synthesis of one－dimensional MWCNT/SiC porous nanocomposites with excellent microwave absorption properties [J]. Journal of Materials Chemistry,2011,21(35):13581-13587.

[16] MICHELI D, APOLLO C, PASTORE R, et al. X－Band microwave characterization of carbon－based nanocomposite material, absorption capability comparison and RAS design simulation [J]. Composites Science and Technology,2010,70(2):400-409.

[17]ZHANG X, GUAN P, DONG X, et al. Multidielectric polarizations in the core/shell Co/graphite nanoparticles [J]. Applied Physics Letters,2010,96(22):223111.

[18] SUN N, DU B, LIU F, et al. Influence of annealing on the microwave－absorption properties of Ni/TiO$_2$ nanocomposites [J]. Journal of Alloys and Compounds,2013,577 (0):533-537.

[19]LV H L, JI G B, LIANG X H, et al. A novel rod－like MnO$_2$@ Fe loading on graphene giving excellent electromagnetic absorption properties [J]. Journal of Materials Chemistry C,2015,3(19):5056-5064.

[20] WAN G, WANG G, HUANG X, et al. Uniform Fe$_3$O$_4$ coating on flower－like ZnO nanostructures by atomic layer deposition for electromagnetic wave absorption [J]. Dalton Transactions,2015,44(43):18804-18809.

[21]ZHANG W, ZHAO B, XIANG H, et al. One－step synthesis and electromagnetic absorption properties of high entropy rare earth hexaborides (HE REB$_6$) and high entropy rare earth hexaborides/borates (HE REB$_6$/HE REBO$_3$) composite powders [J]. Journal of Advanced Ceramics,2021,10(1):62-77.

[22]TONG X. Advanced materials and design for electromagnetic interference shielding[M]. CRC Press,2009.

[23] ZHAO B, ZENG S, LI X, et al. Flexible PVDF/carbon materials/Ni composite films maintaining strong electromagnetic wave shielding under cyclic microwave irradiation [J]. Journal of Materials Chemistry C,2020,8(2):500-509.

[24]ZHAO B, LI Y, JI H Y, et al. Lightweight graphene aerogels by decoration of 1D CoNi chains and CNTs to achieve ultra－wide microwave absorption[J]. Carbon,2021,167: 411-420.

石墨烯气凝胶负载金属粒子复合材料的可控制备及吸波性能

5.1 CoNi/石墨烯复合气凝胶的制备及吸波性能

5.1.1 CoNi/石墨烯复合气凝胶的制备

CoNi/石墨烯复合气凝胶的具体制备方法如下：

（1）取 5 mL 浓度为 5 mg/mL 的 GO，按照 CoNi 和 GO 质量比分别为 1∶4、1∶2 和 1∶1，在氧化石墨烯溶液中添加相应含量的 CoNi，通过磁力搅拌和超声分散 1 h 后，获得均匀混合的凝胶状溶液。

（2）将所制得的 CoNi/GO 凝胶状溶液通过冷冻干燥，获得 CoNi/GO 复合气凝胶，三种不同比例下制备的气凝胶样品分别标记为 20% CoNi/GO、33.3% CoNi/GO、50% CoNi/GO。

（3）通过真空管式炉在 Ar 气氛中，以 5 ℃/min 的加热速率，升温至 400 ℃，保温 1 h，高温还原处理后获得 CoNi/rGO 复合气凝胶。三种不同比例下制备的气凝胶样品分别标记为 20% CoNi/rGO、33.3% CoNi/rGO、50% CoNi/rGO。

5.1.2 CoNi/石墨烯复合气凝胶的表征

图 5-1（a）是不同 CoNi 含量经过冷冻干燥制备的 CoNi/GO 复合气凝胶的照片。由图可知，纯 GO 气凝胶的宏观形貌类似于黄色疏松的海绵，且其宏观结构呈现一个均匀的块体。随着黑色粉体 CoNi 合金的引入，CoNi/GO 复合气凝胶的体积有一定的增大且结构更加紧密，同时，颜色由深黄色变为暗黄色，表明 CoNi 粒子很好地分布在 CoNi/GO 气凝胶的内部。图 5-1（b）是经过热处理还原后得到的 CoNi/rGO 复合气凝胶照片，对比发现，颜色由浅黄色均变为黑色，且样品经过高温还原后没有发生体积收缩和结构破裂，

表明 GO 经过高温还原为 rGO 后获得的气凝胶仍保持了一定的网状结构。

图 5-1　热处理前、热处理后 CoNi/GO 气凝胶的实物

随着 CoNi 含量的增加,气凝胶密度不断增大,最低密度为 6.3 mg/cm³,最高密度为 9.9 mg/cm³,均小于 10 mg/cm³,属于超轻材料,我们可以调节氧化石墨烯的浓度来调控石墨烯气凝胶的密度。根据计算可知,所制备的气凝胶的孔隙率在 99.56% ~ 99.72% 之间,具有极高的孔隙率,这也证明该复合材料可以作为吸附剂材料。

图 5-2(a)(b) 分别为不同 CoNi 含量的 CoNi/GO 气凝胶和 CoNi/rGO 气凝胶的 XRD 图谱。由图可知,直接冷冻干燥和经过高温还原后 GO 被还原成 rGO,rGO 在 2θ 约为 23°附近出现衍射峰,其中与石墨的衍射峰位置很近,但衍射峰变宽,强度减弱,这是由于被还原后,石墨片层尺寸缩小,晶体结构的完整性下降,无序度增加。CoNi 晶体的峰值强度均随复合气凝胶中 CoNi 含量的增加而增加,同时发现,经过高温还原后的样品,未出现 Co 氧化物或 Ni 氧化物的杂峰,可以证明为纯 CoNi 晶体。

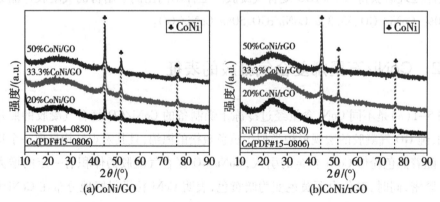

图 5-2　不同 CoNi 含量的 CoNi/GO 和 CoNi/rGO 气凝胶的 XRD 图谱

　　图5-3为不同放大倍数SEM图。由图可知,相比于直接冻干的CoNi/GO气凝胶,经过高温还原后获得的样品,rGO表面出现明显的褶皱,同时三维大孔微观结构均未发生明显的改变,此外可以发现链状CoNi合金均匀地吸附在rGO薄片的表面而未发生团聚现象。由此可以推出,CoNi/rGO气凝胶具有三维多孔结构,且rGO薄片由CoNi纳米晶体装饰,该微观结构可以实现大量的多次反射和界面极化,这有利于提升气凝胶的微波吸收性能。

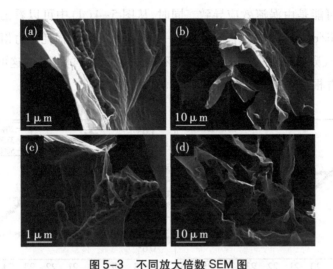

图5-3　不同放大倍数SEM图

(a)和(b)为不同放大倍数的CoNi/GO气凝胶的SEM图谱;(c)和(d)为不同放大倍数的CoNi/rGO气凝胶的SEM图谱。

5.1.3　CoNi/石墨烯复合气凝胶的吸波性能

　　材料的微波吸收性能是通过复介电常数($\varepsilon_r = \varepsilon' - j\varepsilon''$)和复磁导率($\mu_r = \mu' - j\mu''$)来计算的。因此,我们通过测量样品的电磁参数,进而研究相应的微波耗散机制,其中,实部(ε'和μ')表现出存储微波能量的能力,而虚部(ε''和μ'')象征着消散微波能量的能力。从图5-4(a)可以看出,在18 GHz~26.5 GHz范围内,33.3% CoNi/rGO和50% CoNi/rGO样品的ε'值在整个频率范围内基本保持恒定且变化趋势一致,同时两者的ε'值大小几乎相同,这可能是由于嵌入基体中的链状CoNi合金可以充当微电容器,从而导致大的介电常数。此外,20% CoNi/rGO样品在图5-4(b)中的三个样品中显示出最高的ε''值,这表明介电损耗能力最强。值得一提的是,20% CoNi/rGO气凝胶材料在图中所显示的ε'和ε''均呈现了较大的弛豫峰,这有两个原因:一方面,弛豫源自于界面之间的极化;另一方面,多孔结构中链状CoNi合金的存在促进了德拜偶极子弛豫过程的强度。这些磁性现象也被称为非线性共振行为,可以用自由电子理论公式加以解释,指出

$\varepsilon''=1/\pi\rho\,\varepsilon_0 f$。在本试验中,4%的样品按相应比例均匀灌入 PDMS 获得 50% CoNi/rGO 样品的低电阻率。50% CoNi/rGO 气凝胶具有最佳涂层效果,可以促进连续微电流的形成并获得较低的电阻率和导电损耗。总而言之,CoNi 含量的变化对 CoNi/rGO 气凝胶材料的介电常数有一定的影响。

磁导率的实部(μ')和虚部(μ'')分别表示通过吸收材料产生的可变磁化强度和在磁场作用下吸收电磁波的能力。如图 5-4(c)所示,33.3% 和 5% 样品的 μ' 值随频率的增加而缓慢下降,这可能是由涡流效应导致。同时,从图 5-4(d)中可以看出,33.3% CoNi/rGO 和 50% CoNi/rGO 样品的 μ'' 值几乎保持一致,这意味着磁损耗能力相差不大。然而,20% CoNi/rGO 气凝胶的 μ'' 值在整个频率中存在一个明显的负区域,这可能归因于样品辐射出的磁能,并根据麦克斯韦方程原理将其转换为电能。

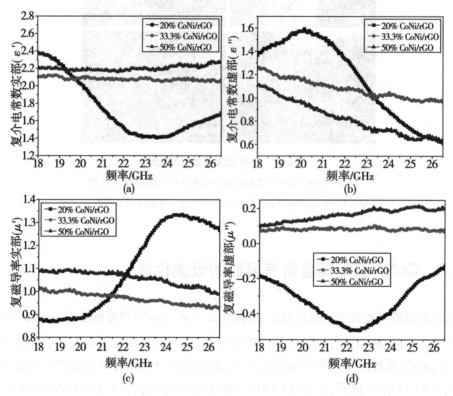

图 5-4 不同 CoNi 含量的 CoNi/rGO 气凝胶的电磁参数

通常,电磁波吸收材料的吸波损耗能力由两个主要因素:介电损耗角正切值($\tan\delta_\varepsilon = \varepsilon''/\varepsilon'$)和磁损耗角正切值($\tan\delta_\mu = \mu''/\mu'$)。一般来说,$\tan\delta_\varepsilon$ 和 $\tan\delta_\mu$ 的值越大,意味着吸收材料的电磁波损耗能力越强。如图 5-5 所示,值得注意的是,33.3% CoNi/rGO 和 50% CoNi/rGO 的介电损耗角正切值在 18 GHz ~ 27 GHz 范围内呈下降趋势,20% CoNi/rGO 的 $\tan\delta_\varepsilon$ 在该频率内呈现先增加后降低的趋势,在 21.5 GHz 处最大,且其 $\tan\delta_\mu$ 值却

表现出相反的状态, $\tan\delta_\mu$ 值在整个 K 波段显示负区域。33.3% CoNi/rGO 和 50% CoNi/rGO 的磁损耗角正切值在该频率内一直上升。综合来看,含有 50% CoNi/rGO 气凝胶的吸波性能较好。

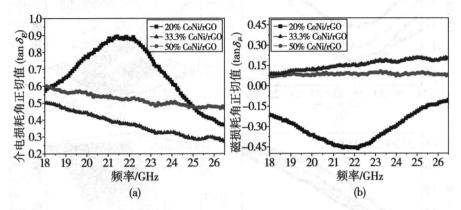

图5-5 不同 CoNi 含量的 CoNi/rGO 气凝胶的介电损耗角正切值和磁损耗角正切值

为了进一步分析 CoNi/rGO 气凝胶的电磁波吸收能力,通过模拟不同的吸波层厚度计算不同 CoNi 含量的 CoNi/rGO 气凝胶的反射损耗(RL)值。图5-6 为不同 CoNi 含量的 CoNi/rGO 气凝胶的 RL 值示意图。

如图5-6(a)所示,当吸波层厚度为 3.1 mm 时,在 21.4 GHz 条件下,20% CoNi/rGO 样品呈现出最大 RL 值为-15.5 dB。通常,低于-10 dB 的 RL 值对应于90%以上的微波吸收,被认为是有效吸收,图5-6(b)显示得出 20% CoNi 含量下的样品具有一定的吸波性能。

图5-6(c)显示,随着 CoNi 含量的增加,33.3% CoNi/rGO 复合材料的微波吸收性能有所增大,在层厚为 3.1 mm 时,在 18 GHz 条件下,最小的 RL 值为-17.6 dB;此外,当吸收体的厚度在 2.8 ~ 3.2 mm 范围时,33.3% CoNi/rGO 在 18 GHz ~ 23 GHz 范围也具有一定的吸收能力[图5-6(d)]。

当 CoNi 含量继续增加,50% CoNi/rGO 样品在图5-6(e)中显示优异的吸波性能,吸波层厚度为 3.2 mm 时,在 18.3 GHz 条件下,最大 RL 值可以达到-22.5 dB。

图5-6(f)中的三维图表明,50% CoNi/rGO 通过在 2.8 ~ 3.2 mm 范围内调节厚度,其有效吸波频宽在 18 GHz ~ 26.5 GHz 范围,覆盖了整个 K 波段。优异的吸波性能归因于石墨烯框架互连表面负载的链状 CoNi 合金,一方面,CoNi 合金的链状结构充当天线作用,可以有效地捕捉电磁波,再者 CoNi 合金具有较大的饱和磁化强度以及较高的 Snoek 极限,充当电磁波吸收增强材料;同时,相互连接的孔洞结构提供高速通道,使得 50% CoNi/rGO 复合材料的导电性保持很高的值,也有利于电磁波的吸收。此外,CoNi/rGO 气凝胶的多孔结构还有助于界面极化和散射,以增强微波吸收。

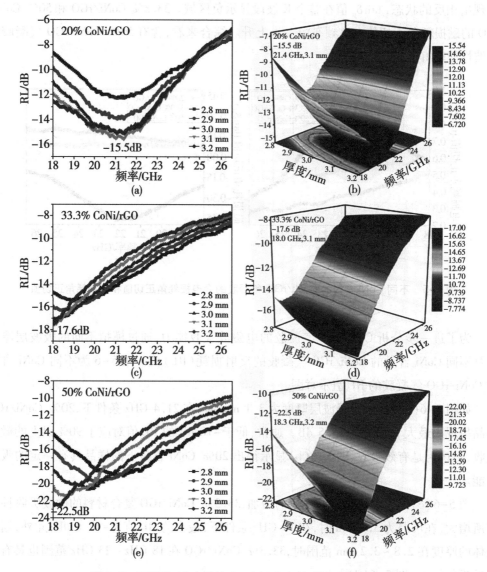

图 5-6 不同 CoNi 含量的 CoNi/rGO 气凝胶的反射损耗值

我们知道,吸波性能的两个重要因素是阻抗匹配和电磁波衰减。电磁波衰减是指电磁波进入材料内部时会尽可能损耗,并将其转换为其他形式的能量,通常以衰减常数 α 表示。基于已知的频率和光速,我们可以使用衰减常数 α 来评估材料吸收电磁波的能力。在图 5-7(a)中,与 18 GHz ~ 26.5 GHz 中的其他样本相比,50% CoNi/rGO 样品具有最大的 α 值。还发现,在测试频率范围内,50% CoNi/rGO 和 33.3% CoNi/rGO 样品的衰减常数显示出相似的变化趋势。此外,20% CoNi/rGO 样品的衰减常数非常低,几乎接近一条直线,这可能是因为该样品中的 CoNi 含量极低,无法形成有效地导电通路。同时,由图 5-7(b)观察表明电磁波能更好地进入材料内部,更有利于电磁波吸收。

综上所述,磁性金属 CoNi 的加入有助于增强复合材料的磁损耗性能,可以有效地调节 CoNi 和 rGO 界面间的介电损耗和磁损耗,以优化材料的阻抗匹配;同时,CoNi 合金与孔洞结构表面形成的多重界面则在外加交变电磁场的作用下发生多重反射和多重极化效应。此外,丰富的孔洞结构将会消耗更多的电磁波,可以在内部进行多重反射和散射。因此,介电损耗和磁损耗的增加对于改善多孔结构 CoNi/rGO 气凝胶的吸波性能起着重要的作用。

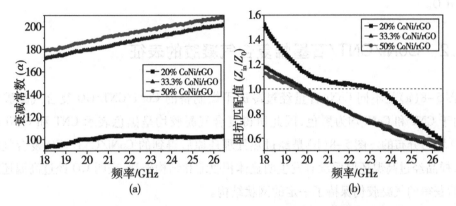

图 5-7　不同 CoNi 含量的 CoNi/rGO 气凝胶的衰减常数和阻抗匹配

简而言之,本节通过简单的冷冻干燥和高温还原过程成功获得了三维多孔网络结构 CoNi/rGO 气凝胶材料。研究表明,随着 CoNi 含量的增加,CoNi/rGO 气凝胶的电磁波吸收能力逐渐增强。其中,50% CoNi/rGO 气凝胶体现出优越的吸波性能,吸波层厚度为 3.2mm 时,在 18.3 GHz 条件下,最小 RL 值可以达到 -22.5 dB;同时,其有效吸波频宽在 18 GHz ~ 26.5 GHz 范围,覆盖了整个 K 波段。可以总结出,采用简单方法制备的具有一定吸波能力的多孔结构 CoNi/rGO 气凝胶有望成为新一代吸收材料的候选材料。

5.2　CoNi/CNT/石墨烯复合气凝胶的制备及吸波性能

5.2.1　CoNi/CNT/石墨烯复合气凝胶的制备

CoNi/CNT/石墨烯复合气凝胶的具体制备方法如下:

(1)取 5 mL 浓度为 5 mg/mL 的 GO,按照 CoNi、CNT 和 GO 质量比分别为 1∶2∶4,1∶1∶2 和 2∶1∶2,在氧化石墨烯溶液中添加相应含量的 CoNi,通过磁力搅拌和超声分散 1 h 后,获得均匀混合的凝胶状溶液。

（2）将所制得的 CoNi/CNT/GO 凝胶状溶液通过冷冻干燥，获得 CoNi/CNT/GO 复合气凝胶，三种不同比例下制备的水凝胶样品分别标记为 20% CoNi/CNT/GO、33.3% CoNi/CNT/GO、50% CoNi/CNT/GO。

（3）通过在以 Ar 气氛保护的真空管式炉煅烧，以 5 ℃/min 的加热速率，升温至 400 ℃，保温 1 h，高温还原处理后获得 CoNi/CNT/rGO 复合气凝胶。三种不同比例下制备的气凝胶样品分别标记为 20% CoNi/CNT/rGO、33.3% CoNi/CNT/rGO、50% CoNi/CNT/rGO。

5.2.2 CoNi/CNT/石墨烯复合气凝胶的表征

图 5-8(a) 是不同 CoNi 含量经过冷冻干燥制备的 CoNi/CNT/GO 复合气凝胶的照片，由于 CNT 和 CoNi 均为黑色，因此所得复合气凝胶均呈黑色表示 CNT 和 CoNi 粒子与 GO 均匀分布的。图 5-8(b) 是经过热处理还原后得到的 CoNi/CNT/rGO 复合气凝胶照片，样品经过高温还原后没有发生明显体积收缩和结构破裂，表明 GO 经过高温还原为 rGO 后获得的气凝胶仍保持了一定的网状结构。

图 5-8 热处理前、热处理后 CoNi/CNT/Go 气凝胶的实物

(a) 热处理前 CoNi/CNT/GO 气凝胶的实物；(b) 热处理后 CoNi/CNT/rGO 气凝胶的实物。

图 5-9 为不同 CoNi 含量的 CoNi/CNT/GO 气凝胶和 CoNi/CNT/rGO 气凝胶的 XRD 图谱。由图可知，直接冷冻干燥和经过高温还原后获得的样品，CoNi 晶体的峰值强度均随复合气凝胶中 CoNi 含量的增加而增加，同时发现，经过高温还原后的样品，未出现 Co 氧化物或 Ni 氧化物的杂峰，可以证明为纯 CoNi 晶体。

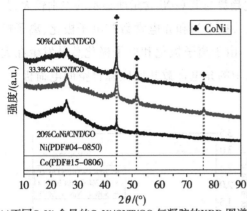 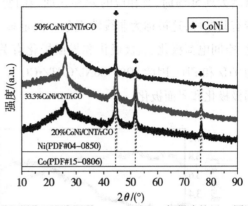

(a)不同CoNi含量的CoNi/CNT/GO气凝胶的XRD图谱　　(b)不同CoNi含量的CoNi/CNT/rGO气凝胶的XRD图谱

图5-9　不同CoNi含量的CoNi/CNT/GO气凝胶和CoNi/CNT/rGO气凝胶的XRD图谱

图5-10为不同放大倍数的CoNi/CNT/GO气凝胶和CoNi/CNT/rGO气凝胶的SEM图谱。由图可知,直接冻干的CoNi/CNT/GO气凝胶和经过高温还原后获得的CoNi/CNT/rGO气凝胶均呈现三维多孔微观结构,同时可以发现,石墨烯表面负载了大量的CNT而变得粗糙,此外,链状CoNi合金均匀地吸附在rGO薄片的表面而未发生团聚现象。由此可以推出,CoNi/CNT/rGO气凝胶具有三维多孔结构,rGO气凝胶孔洞由CoNi合金分布,这说明该气

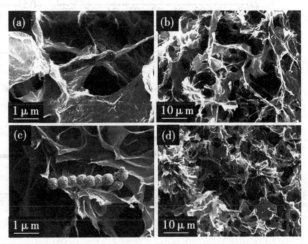

图5-10　不同放大倍数的CoNi/CNT/GO、CoNi/CNT/rGO气凝胶SEM图谱

(a)(b)不同放大倍数的CoNi/CNT/GO气凝胶的SEM图谱;
(c)(d)不同放大倍数的CoNi/CNT/rGO气凝胶的SEM图谱。

凝胶通过孔洞的搭建能有效降低片层之间的团聚,可以保持石墨烯优异的性能。

5.2.3　CoNi/CNT/石墨烯复合气凝胶的吸波性能

由图5-11(a)(b)可知,随着CoNi含量的增加,ε'值和ε''值均相应增加。不难理解,CoNi含量的增加使得CoNi/CNT/rGO气凝胶内部产生更多的微电容器,以存储更多的微波能量,因此,ε'值逐渐提高。对于ε''值,根据电子理论,为 $\varepsilon'' \approx 1/2\pi\,\varepsilon_0\rho f$,其中$\rho$是材料的电阻率;如果吸收材料的电阻率低,则将获得较高的ε''。但是,我们发现当CoNi含

量增大到50%时,其相应的 ε' 和 ε'' 曲线的变化趋势与低 CoNi 含量所显示的差别较大,并带有共振峰,这被称为非线性现象。假定多重共振行为和介电常数与电子极化、离子极化、空间电荷极化、偶极极化和界面极化有关。由于离子极化和电子极化总是发生在大约 THz 和 PHz,因此 50% CoNi/CNT/rGO 样品中的介电常数共振应源自空间电荷极化、偶极极化和界面极化。

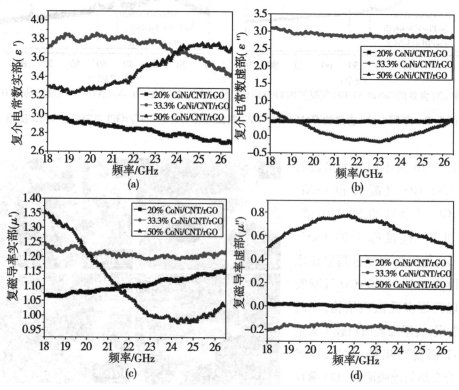

图 5-11　不同 CoNi 含量的 CoNi/CNT/rGO 气凝胶的电磁参数

图 5-11(c)(d)分别显示了不同 CoNi 含量制备的 CoNi/CNT/rGO 气凝胶在 18.0 GHz ~ 26.5 GHz 频率范围内的复磁导率的实部(μ')和虚部(μ'')。但随着 CoNi 含量的增加,50% CoNi/CNT/rGO 样品的 μ' 值在高频下显示大幅度降低,这归因于高 CoNi 含量制备的复合材料具有的高电导率引起了涡流效应。此外,50% CoNi/CNT/rGO 样品显示最大的 μ'' 值,这与添加较多的 CoNi 磁性金属有关,同时,其 μ'' 值在 20.0 GHz ~ 24.0 GHz出现了一个宽谐振峰,这和金属 CoNi 的自然共振有关,其他存在的谐振峰是因为高频下交换共振的缘故[图 5-11(d)]。此外,33.3% CoNi/CNT/rGO 样品的 μ'' 在整个频率中存在一个明显的负区域,这可能归因于样本辐射出的磁能,并根据麦克斯韦方程将其转换为电能。通常磁损耗主要是交换共振、自然铁磁共振、涡流损耗、磁滞和磁畴壁效应。在这种情况下,磁滞和畴壁效应不分析。所以交换共振、自然铁磁共振和涡流损

耗可以控制样品的磁损耗。

CoNi/CNT/rGO 气凝胶的介电损耗角正切值($\tan\delta_\varepsilon = \varepsilon''/\varepsilon'$)在图 5-12(a)中给出, 并且 33.3% CoNi/CNT/rGO 和 50% CoNi/CNT/rGO 样品中都出现了明显的弛豫峰,通常 认为界面极化是导致复介电常数波动的原因,在电磁波激发下,CoNi、CNT、rGO 和 PDMS 之间电荷的重新分布引发了界面弛豫。另外,33.3% CoNi/CNT/rGO 气凝胶表现出最高 的 $\tan\delta_\varepsilon$ 且大于 0.7,这表明该样品具有很强的电磁波转化能力。如图 5-12(b)所示, $\tan\delta_\mu$ 值与 $\tan\delta_\varepsilon$ 呈反比趋势,即 $\tan\delta_\mu$ 减小而 $\tan\delta_\varepsilon$ 增加。结果证明介电损耗和磁损耗之 间的协同效应有助于频带中的微波耗散。因为磁性材料引起的磁损耗源自磁滞、磁畴壁 共振、涡流、自然共振和交换共振。磁滞损耗可以忽略不计,畴壁共振也只是在 MHz 频率 下发生。因此,我们可以知道自然共振、交换共振和涡流效应是造成磁损耗的重要原因。

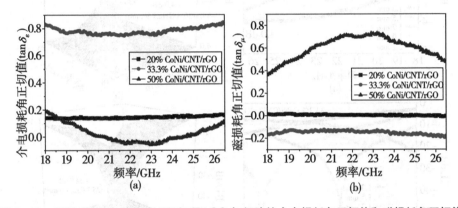

图 5-12　不同 CoNi 含量的 CoNi/CNT/rGO 气凝胶的介电损耗角正切值和磁损耗角正切值

为了进一步分析 CoNi/CNT/rGO 气凝胶的电磁波吸收能力,通过模拟不同的吸波层 厚度计算不同 CoNi 含量的 CoNi/CNT/rGO 气凝胶的反射损耗(RL)值。图 5-13 为不同 CoNi 含量的 CoNi/CNT/rGO 气凝胶的反射损耗(RL)值示意图。

如图 5-13(a)(b)所示,当吸波层厚度为 1.9 mm 时,在 26.3 GHz 条件下,20% CoNi/CNT/rGO 样品呈现出最大 RL 值为-4.0 dB。因此 20% CoNi 含量下的样品吸波性 能较差。图 5-13(c)显示,随着 CoNi 含量的增加,33.3% CoNi/CNT/rGO 复合材料表现 出最佳的微波吸收性能,当吸波层厚度为 1.5 mm 时,在 25.7 GHz 条件下,最大 RL 值可 以达到-54.7 dB。图 5-13(d)中的三维图表明,33.3% CoNi/CNT/rGO 通过在 1.3 ~ 2.1 mm 范围内调节厚度,有效吸波频宽为 20.6 GHz ~ 26.5 GHz。良好的性能是由于 CoNi、CNT 和 rGO 三相之间的相互作用,一方面,CoNi 合金具有较大的饱和磁化强度以 及较高的 Snoek 极限;另一方面,石墨烯表面负载了一定量的 CNT,增加了复合材料的电 导率,充当电磁波吸收增强材料;同时,互相粘连的孔洞结构也提供了一个个导电通道, 使得 33.3% CoNi/CNT/rGO 复合材料的导电率增大,也有利于电磁波的吸收。因此,磁损耗与介电损耗的共同影响,利于石墨烯复合气凝胶的阻抗匹配,使更多的电磁波入射到三维网络内部并被吸收耗散。当 CoNi 含量继续增加,50% CoNi/CNT/rGO 样品在图 5-13(e)(f) 中也体现了不错的电磁波吸收性能,在吸波层厚度为 1.3 mm 时,在 25.2 GHz 条件下,最小的 RL 值为-18.3 dB。但是,相比于 33.3% CoNi/CNT/rGO 样品,吸波性能减弱,这可能是由于越来越多的 CoNi 合金的加入提高了复合材料的导电性能,但是导电性太好则会引起涡流损耗,导致磁导率急剧地下降,这种现象又叫趋肤效应。

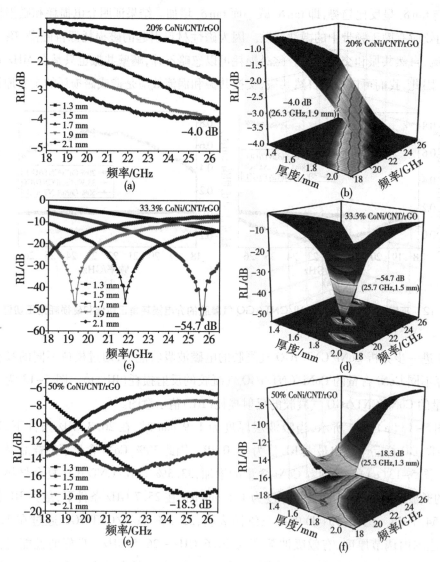

图 5-13 不同 CoNi 含量的 CoNi/CNT/rGO 气凝胶的反射损耗值

从上分析可以得出,33.3% CoNi/CNT/rGO 气凝胶复合材料具有最优异的微波吸收特性,这归因于适量的 CoNi 粒子的加入可以有效地调节样品的阻抗匹配,从而导致更多的微波吸收和更少的反射;此外,CoNi/CNT/rGO 气凝胶的多孔结构还有助于界面极化和散射,以增强微波吸收。以上分析可以得出,33.3% CoNi/CNT/rGO 气凝胶复合材料具有较强的微波吸收特性,且具有厚度薄和频带宽等优点。

通常,衰减常数 α 和阻抗匹配是评估样品微波吸收能力的两个关键因素。决定微波吸收材料衰减特性的衰减常数 α 可以表示为

$$\alpha = \frac{\sqrt{2}\pi f}{c} \times \sqrt{(\mu''\varepsilon'' - \mu'\varepsilon') + \sqrt{(\mu''\varepsilon'' - \mu'\varepsilon')^2 + (\mu'\varepsilon'' + \mu''\varepsilon')^2}}$$

式中,f 是电磁波的频率,c 是光速。图 5-14(a)显示了 18 GHz~26.5 GHz 频率范围内三个样本的衰减常数 α。值得注意的是,50% CoNi/CNT/rGO 样品在测量频率范围内的样品中显示出最大的衰减常数,这表明该样品可能具有最强的微波消散能力。阻抗匹配要求材料介质的边界相遇,入射微波尽可能地穿透吸收材料,并且反射系数最低。只有当材料界面的微波阻抗(Z_{in})与自由空间的波阻抗(Z_0)匹配时,入射微波才能最大程度地穿透吸收体的内部,几乎不会获得反射波或反射波很小。因此,当 $|Z_{in}/Z_0|$ 的比值接近 1 时,发生在吸收体表面的微波反射减少,这表明具有更好的微波吸收能力。如图 5-14(b)所示,当样品的吸波层厚在 1.5 mm 时,在频率 24.0 GHz~26.5 GHz 的条件下,33.3% CoNi/CNT/rGO 的 $|Z_{in}/Z_0|$ 比值接近于 1,这意味着优异的微波吸收能力,这与图 5-13 中的最小 RL 值相符。通过耗散能力和阻抗匹配分析,可以得出,33.3% CoNi/CNT/rGO 样品具有优异的微波吸收性能。根据以上分析,可以得出,良好的阻抗匹配和强大的耗散能力是 33.3% CoNi/CNT/rGO 样品优异的微波吸收性能的原因。同时,三维多孔结构也有助于改善微波吸收。

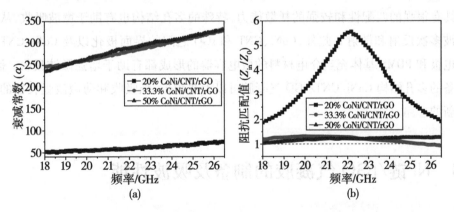

图 5-14 不同 CoNi 含量的 CoNi/CNT/rGO 气凝胶的衰减常数和阻抗匹配

5.2.4　三维网络结构 CoNi/CNT/rGO 复合材料中微波吸收机理

第一,多孔结构会引起微波的多次反射和散射,并延长吸收器中的传播路径,从而衰减微波能量。第二,在交变电磁场下,电荷在 CoNi、CNT、rGO 和 PDMS 之间的界面堆积。当这些聚集电荷无法赶上高频电磁场的变化时,它们会产生弛豫,这会消耗电磁能,使微波能量转化为焦耳热能。第三,在外交变电磁场的作用下,复合气凝胶内部的含氧官能团及部分悬挂键及其产生的材料内部缺陷易引发空间电荷极化行为,以此促进材料吸波性能的提高;此外,材料内部易引发自然共振、交换共振和畴壁共振等共振行为,这些共振行为均会对电磁波产生一定程度的衰减,这在球状 CoNi/rGO 复合材料的磁导率虚部及磁损耗因子的变化过程中已经得到了体现,并且影响着材料的磁损耗机制,有利于材料吸波性能的提高。第四,材料内部的多重界面易引发弛豫过程,同时由于 CoNi 合金、CNT 与 rGO 均具有较好的导电性,易形成导电通道,这都将导致定向极化的发生,这在 33.3% CoNi/CNT/rGO 气凝胶材料的介电常数虚部及介电损耗因子的变化过程中已经得到了体现。

总之,通过简便的冷冻干燥和热处理还原过程制备了 CoNi/CNT/rGO 复合气凝胶。详细研究了三维网络结构 CoNi/CNT/rGO 复合材料的微波吸收性能,其微波吸收能力由 CoNi 含量决定。结果表明,当吸收层厚度为 1.5 mm,在 25.7 GHz 处,33.3% CoNi/CNT/rGO 气凝胶展现优异的电磁波损耗能力,最小反射损耗为 −54.7 dB。由于 CoNi/CNT/rGO 具有很强的匹配性和较强的耗散能力,特殊的多孔结构也有助于微波吸收,从而引起微波多次反射和散射。此外,CoNi、CNT 和 rGO 之间的界面极化以及 CoNi/CNT/rGO 充当电极和 PDMS 基体充当介电材料的微电容器的形成都有助于增强微波吸收。因此,所制备的多孔结构 CoNi/CNT/rGO 气凝胶可以为宽频带、强吸收和薄微波吸收器的设计带来新的思路。

5.3　Ni 链/rGO 气凝胶的制备及吸波性能

金属 Ni 粒子具有较高的磁导率和饱和磁化强度,可以在高频区域保持高磁导率以获得良好的阻抗匹配,因而具有极好的电磁波吸收潜力。而 1D 链状金属材料自身晶体结构具有一定的各向异性,在外界电磁场的诱导作用下可以形成多种极化的中心,进而可以进一步提高材料的吸波性能。因此,本部分将磁性金属 Ni 链与介电损耗材料 rGO 复合,制备兼具多种损耗机制、电磁波吸收性能优异的 Ni/rGO 复合气凝胶,以满足现代吸波材料质量轻、频带宽、吸收强的吸收性能要求。

5.3.1　rGO 气凝胶的制备

研究表明,还原方式的不同会影响 rGO 气凝胶的还原程度,进而影响吸波性能。本部分通过对比不同 rGO 气凝胶的吸波性能,选择最佳还原方式,以进行下一阶段研究。

5.3.1.1　Hummers 法制备氧化石墨烯

Hummers 法是制备氧化石墨烯材料的一种常见方法,在冰水浴环境下,使用强氧化剂在石墨片层中插入大量含氧官能团,加大石墨片层间距,石墨在此过程中被氧化成为氧化石墨,再经超声处理将其剥离分散,获得氧化石墨烯(GO)溶液,经冷冻干燥得到氧化石墨。整个制备流程分为低、中、高三个温度阶段,具体步骤:在冰水浴下向 92 mL 浓硫酸内缓慢加入 2 g 鳞片石墨和 16 g 高锰酸钾,搅拌 2 h 保证反应完全;在 35 ℃ 水浴下保持搅拌并缓慢滴加 160 mL 去离子水,保证体系温度不高于 60 ℃;随后将体系在 100 ℃ 锅内水浴 30 min,并依次加入 400 mL 去离子水和 15 mL 双氧水;反应完成后在常温环境下静置至完全分层,取下层沉淀,用 5% 的盐酸和去离子水反复清洗至中性,超声破碎后冷冻干燥得到黄褐色的蓬松粉末状氧化石墨烯,如图 5-15(a)。

5.3.1.2　水热法制备 rGO 气凝胶

本研究以 GO 为原材料,采用水热反应的高温高压环境自组装,再结合冷冻干燥工艺制备 rGO 气凝胶,如图 5-15(b)。制备工艺简单,气凝胶形貌架构可控。具体步骤:配置 4 mg/mL 的 GO 水溶液,移入反应釜内,水热反应 180 ℃、5 h 后,冷冻干燥得到 rGO 气凝胶。

(a)氧化石墨烯　　　(b)rGO气凝胶的光学照片

图 5-15　氧化石墨烯和 rGO 气凝胶光学照片

5.3.1.3　退火处理 rGO 气凝胶

选取 200 ℃、300 ℃、400 ℃ 三个温度点,在 Ar 氛围下以 10 ℃/min 的升温速率退火处理 rGO 气凝胶,保温 1 h 后获得高温还原后的样品,分别记为 200-rGO、300-rGO、400-rGO。

5.3.1.4 HI 还原 rGO 气凝胶

取冷冻干燥后的 rGO 气凝胶,常温下在 HI 溶液(AR≥47.0%)中浸泡 1 h,用去离子水反复浸泡冲洗去除残余 HI,再次冷冻干燥,获得 HI 还原的 rGO 气凝胶,记为 HI-rGO。

5.3.1.5 以乙二胺为还原剂制备 rGO 气凝胶

配置 4 mg/mL 的 GO 水溶液,每 10 mL 的 GO 水溶液滴加 220 μL 乙二胺,混合均匀后移入反应釜,180 ℃、5 h 进行水热反应,反复换水清洗后冷冻干燥得到 rGO 气凝胶,记为 EDA-rGO。

5.3.2 rGO 气凝胶的吸波性能

图 5-16 展示了 GO 和通过各种还原方式得到的 rGO 的电磁波吸收数据,包括 HI 浸渍还原、乙二胺还原,200 ℃、300 ℃、400 ℃ 热还原。可以看到,因为 GO 的导电性较低,介电损耗能力较弱,导致其电磁波吸收性能极差,在 1 GHz ~ 18 GHz 的测试频率和 1.5~5.5 mm 的模拟匹配厚度下均未达到-10 dB,显然,GO 不能单独作为吸波剂使用。

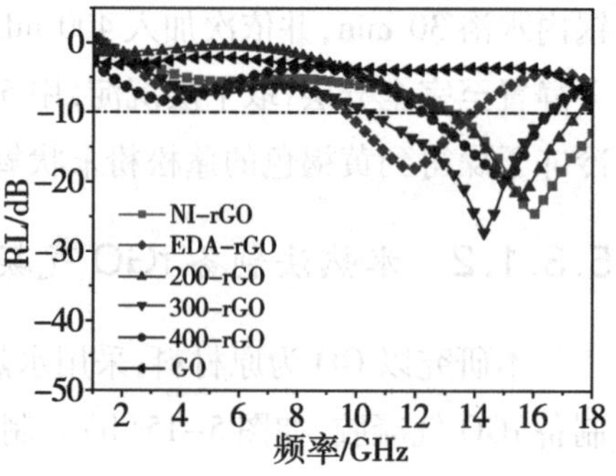

而对于还原氧化石墨烯,图 5-16 表明,还原处理有助于提高氧化石墨烯的吸波性能,且不同

图 5-16　GO 及不同还原方式 rGO 的最优反射损耗值

的还原方式和温度对所得到还原氧化石墨烯的吸波性能的影响极大。具体吸波数值和有效带宽见表 5-1。随着还原反应的进行,rGO 的导电性提高,介电性能得到改善,因此吸波性能相较 GO 有所提升;但随着退火温度的提高,rGO 的结晶性明显增强,内部缺陷和含氧官能团也随之减少,因此在一定范围内,对 GO 进行热处理还原的可以改善材料的吸波性能,但温度继续提高,rGO 的吸波性能反而变弱。这就是 300-rGO 在匹配厚度 3.9 mm、14.26 GHz 处达到最小吸收损耗-26.9 dB,但 400-rGO 的最小反射损耗只有-21.9 dB 的原因。

表 5-1　不同 rGO 的吸波数据

样品	基质	添加量/%	RL_{min}/dB	层厚度/mm	位置/GHz	最大有效频带/GHz
HI-rGO	石蜡	20	-24.2	3.2	15.96	4.76
EDA-rGO	石蜡	20	-17.7	2.9	11.88	3.74
200-rGO	石蜡	20	-19.7	3.8	14.94	4.08
300-rGO	石蜡	20	-26.9	3.9	14.26	5.78
400-rGO	石蜡	20	-21.9	2.9	15.62	4.08

通过对各种还原方式的探索,我们发现,采用 300 ℃ 热还原处理时,rGO 的吸波性能最为优秀,达到了-26.9 dB,并在热处理之后保持了形貌完整和支撑强度。基于此,本研究在接下来的试验中都选择热还原作为气凝胶还原方式,300 ℃ 作为气凝胶还原温度。

5.3.3　Ni/rGO 气凝胶的制备

5.3.3.1　水浴法制备镍链

本试验采用水浴还原、外加磁场的方式诱导制备形成长镍链,具体试验过程:在 100 mL 乙二醇内依次添加 1.2 g 氯化镍、1.7 g 氢氧化钠和 5 mL 水合肼,密封搅拌至完全溶解后,将溶液移入外加磁场的水浴锅内,80 ℃ 水浴 1 h,等反应结束后取沉淀物,反复清洗干燥后获得镍链。

在该化学反应体系中,$NiCl_2$ 为反应提供 Ni^{2+} 源;乙二醇作为反应体系的有机溶剂,其本身也为样品带来较好的分散性;NaOH 即为反应提供碱性环境,也作为反应中的沉淀剂提供氢氧根;水合肼($N_2H_4 \cdot H_2O$)作为化学反应中的还原剂并配合氢氧化钠将 Ni^{2+} 进行还原,得到 Ni 链。具体化学反应为

$$2Ni^{2+} + 4OH^- + N_2H_4 \cdot H_2O \longrightarrow 2Ni + N_2 + 5H_2O \qquad (5-1)$$

5.3.3.2　水热法制备 Ni/rGO 气凝胶

配置 4 mg/mL 的 GO 水溶液,并分别以 5∶40、10∶40、15∶40、20∶40 的质量比向 GO 溶液内添加 Ni 链并超声分散均匀,水热反应 180 ℃、5 h 后,冷冻干燥得到 Ni/rGO 气凝胶;在 Ar 氛围下以 10 ℃/min 的速率升温至 300 ℃,保温 1 h 后获得的样品,分别记为 Ni-5、Ni-10、Ni-15 和 Ni-20。具体反应示意如图 5-17 所示。

图 5-17 Ni/rGO 气凝胶的制备示意图

5.3.4 Ni/rGO 气凝胶的表征

5.3.4.1 X 射线衍射分析

在进行 X 射线衍射（XRD）测试时，要将样品研磨均匀，平摊在载玻片上检测。在图 5-18 中，衍射角 $2\theta=24°$ 左右出现平滑的宽衍射峰，对应石墨烯的（002）晶面，证明还原后的 rGO 存在一定的石墨化结构，同时根据布拉格方程计算可知，此时 rGO 的层间距仍然大于单层石墨烯的最小厚度 0.334 nm，说明我们通过 Hummers 法制得的并非单层石墨烯，且片层上仍然存在部分未还原的官能团；衍射角 $2\theta=44.5°$、$51.8°$ 和 $76.3°$ 位置上出现的衍射峰分别对应于金属 Ni（110）、（200）和（220）衍射晶面，与 Ni 金属相标准 PDF 卡片数据相吻合。证明样品中有 Ni 和 rGO 的存在。

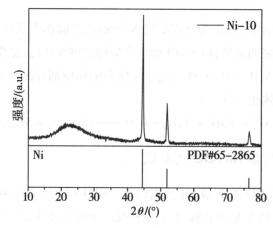

图 5-18 Ni/rGO 的 XRD 图谱

5.3.4.2 扫描电镜分析

为了能更清晰的探索气凝胶内部结构，我们通过扫描电子显微镜观察了 Ni 链及

Ni/rGO气凝胶截面的微观结构,扫描电镜(SEM)图如图5-19和图5-20所示。图5-19(a)显示,制备出的Ni链长度约10 μm,直径约200 nm,图5-19(b)清晰表明了Ni链是由多个球形组成的链状结构。成功制备出Ni链为后续Ni/rGO气凝胶奠定了良好的基础。

图5-19 Ni链的SEM图

在经过氧化、超声剥离和热还原后,石墨片层间插入大量含氧基团,使层间范德瓦耳斯力减弱,层间距增大,剥离成氧化石墨烯,再还原转变成半透明的、有明显褶皱起伏的二维片状石墨烯。在Ni/rGO中,Ni链主要分布在rGO片层边缘处,被rGO包裹着连接在一起,共同搭建起气凝胶的三维孔洞结构。Ni含量较少的Ni-10的SEM图谱如图5-20(a)所示,此时Ni链在气凝胶中分布较为均匀,无明显团聚现象;Ni-20的SEM图谱如图5-20(b)所示,此时样品中Ni链含量较高,过量Ni链在rGO片层边缘处团聚缠绕,分散性较差。

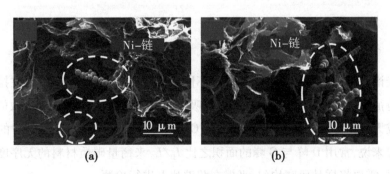

图5-20 Ni/rGO截面的SEM图

5.3.4.3 红外光谱分析

不同的官能团可以吸收特定波长的红外光,因此,我们可以根据傅里叶红外光谱图来鉴别材料所含的官能团种类。在测试时,将样品与预先干燥好的溴化钾以1∶100的质量比混合研磨均匀后,压片进行检测。图5-21是GO、rGO及Ni/rGO复合材料的红外光谱。其中,GO 的振动峰远比其他样品要强烈,这是因为经过 Hummers 法氧化后的 GO 中含有最多、最丰富的含氧官能团:在 3 437 cm^{-1}附近出现一个宽而强的吸收峰,对应 —OH 的拉伸振动;2 920 ~ 2 848 cm^{-1}附近对应着 CH$_2$ 对称和反对称伸缩振动吸收峰;1 579 cm^{-1}、1 384 cm^{-1}附近出现的多个吸收峰带对应 C≡C 、C—OH 的拉伸振动以及羧基的 C—O 伸缩振动吸收峰。与 GO 相比,部分还原后的 rGO 及 Ni/rGO 的图谱中显示样品中仍然存在含氧基团,不过峰值较 GO 要弱得多。667 cm^{-1}、471 cm^{-1}处是金属 Ni 对石墨烯的激发作用产生的振动吸收峰。

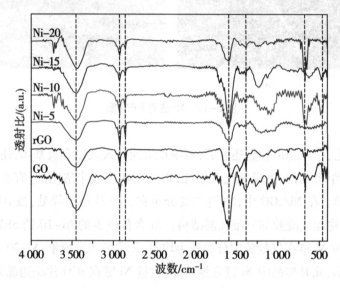

图 5-21　GO、rGO 及 Ni/rGO 复合材料的傅里叶红外光谱

5.3.4.4　拉曼光谱分析

拉曼光谱是表征碳质材料的一种无破坏性且相对有效的手段,碳材料在拉曼光谱中存在两个特征峰,分别是 1 350 cm^{-1}处的 D 吸收峰和 1 580 cm^{-1}处的 G 吸收峰。D 峰由结构缺陷或无序诱导双共振拉曼散射产生,G 峰由碳环或长链中 sp^2 原子对的拉伸运动产生。一般来说,常用 D 峰与 G 峰的面积之比 I_D/I_G 来衡量碳质材料的无序度和缺陷程度。检测时,需要将样品研磨均匀,平摊在载玻片上进行检测。

图 5-22 是 GO、未退火处理的 rGO 以及 Ni/rGO 的拉曼光谱图。由图可以看到,图中 GO、rGO 以及 Ni/rGO 的 D 峰约位于 1 347 cm^{-1}处,G 峰约位于 1 588 cm^{-1}处,相较于石墨烯位于 1 350 cm^{-1}处的 D 吸收峰和 1 580 cm^{-1}处的 G 吸收峰,产生了一定偏移,这表明了随着氧化和还原反应的进行,石墨烯材料内部无序度增加。GO 和 rGO 的 D 峰相较 Ni/rGO 更高,表明 GO 和 rGO 经过氧化还原后内部缺陷较多,I_D/I_G 更高,分别为 1.28 和 1.37。退火之后,Ni/rGO 气凝胶的 D 峰峰高降低,因为退火处理有助于进一步的结晶和

消除缺陷,从而材料内部的紊乱和缺陷减少,因此 Ni/rGO 的 I_D/I_G 值始终小于 GO 和 rGO。而 Ni/rGO 复合材料的 I_D/I_G 值随 Ni 链含量增多而提高,分别为 1.14、1.15 和 1.17,这表明 Ni 链含量的提高引入了更多的缺陷。适量的缺陷易成为多种极化的中心,以及发生弛豫等现象,并对材料的吸波性能具有一定的改善。

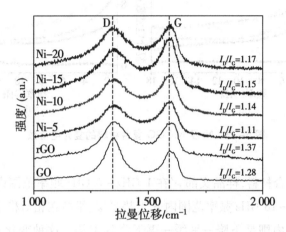

图 5-22 GO、rGO 及 Ni/rGO 复合材料的拉曼光谱

5.3.5 Ni/rGO 气凝胶的吸波性能及机理

5.3.5.1 电磁参数分析

将气凝胶样品研磨成粉末与熔融石蜡以 20% 的质量比混合均匀,压制成同轴圆环,使用矢量网络分析仪测试样品在 1 GHz ~ 18 GHz 区间的电磁参数。众所周知,介电常数 ε 与磁导率 μ 直接对材料的反射损耗(RL)产生影响,因此在设计吸波材料时,重点需要对电磁参数进行综合分析与调节,以获得最优异的电磁波吸收性能。

为了探索电磁参数的改变对电磁波吸收性能的影响,本研究对不同样品的电磁参数进行对比。Ni/rGO 复合材料的复介电常数及复磁导率随频率的变化曲线如图 5-23 和图 5-24 所示。图 5-23(a)(b)分别表示 Ni 及 Ni/rGO 复合材料在 1 GHz ~ 18 GHz 频率区间内的复介电常数实部 ε' 和虚部 ε''。可以看到,纯金属 Ni 链的 ε' 和 ε'' 在 1 GHz ~ 18 GHz 频率区间内近乎保持稳定,且数值较小,明显低于 Ni/rGO 复合材料,因为 Ni 作为一种良导体,导电常数较小,而 Ni/rGO 复合材料内部存在大量的缺陷和未完全还原的表面官能团,在外加电磁场的诱导下引起的偶极极化有助于改善介电常数。

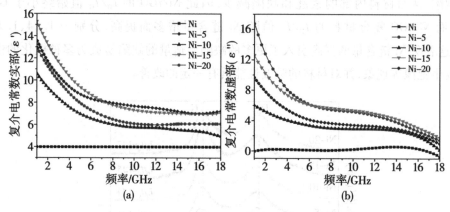

图 5-23 Ni 及 Ni/rGO 复合材料的复介电常数

对于 Ni/rGO 复合材料,样品实部 ε' 在 1 GHz ~ 6 GHz 频率范围内,随频率的增大而急剧减小,在 6 GHz ~ 18 GHz 频率范围内 ε' 走势平缓,维持在相对稳定的数值;虚部 ε'' 在 1 GHz ~ 18 GHz 范围内则是下降—平缓—再下降的走势。这种变化可能是由于界面极化、缺陷偶极极化和共振行为引起的。

此外,随着复合材料中 Ni 链含量的增多,复合材料的介电常数减小。因为 Ni 作为金属良导体,引入后提高了复合材料的电导率,由自由电子理论可得

$$\varepsilon'' \approx \frac{1}{2} \pi \varepsilon_0 \rho f \tag{5-2}$$

高电导率会影响复合气凝胶的复介电常数,高 ε'、ε'' 值代表最优异的能量储存和极化能力及介电损耗能力。在整个 1 GHz ~ 18 GHz 频率区间内,介电常数实部 ε' 大于虚部 ε'',说明 Ni/rGO 复合材料具有较高的介电存储能力。

图 5-24(a)(b)分别表示 Ni 及 Ni/rGO 复合材料在 1 GHz ~ 18 GHz 频率区间内的复磁导率实部 μ' 和虚部 μ''。从图中可以看到,Ni/rGO 复合材料的复磁导率实部 μ' 和虚部 μ'' 随频率升高,变化趋势基本一致。纯金属 Ni 链的 μ' 在 1 GHz ~ 18 GHz 频率区间内相对稳定,μ'' 则出现一定波动,但都高于 Ni/rGO 复合材料,因为氧化石墨烯是一种非磁性材料,复合后整体磁性降低。纯金属 Ni 链较高的磁导率实部和虚部证明其磁存储和损耗能力都很强。

而对于 Ni/rGO 复合材料,不同 Ni 含量的样品其磁导率实部 μ' 和虚部 μ'' 随频率的变化趋势基本一致,且随着复合材料中 Ni 链含量的增多,磁导率也随之升高。图 5-24(b)中,虚部 μ'' 在低频区和高频都出现了明显的波动,分别与材料本身的自然共振和交换共振有关,这两种共振都是磁损耗的主要损耗机制。而致使 μ'' 在高频区域出现负值的原因,可能是因为复合材料内部存在的电子极化弛豫、界面极化弛豫等作用,使内部电荷移动,导致磁场能转为电场能,使得 Ni/rGO 的 μ'' 出现负值。

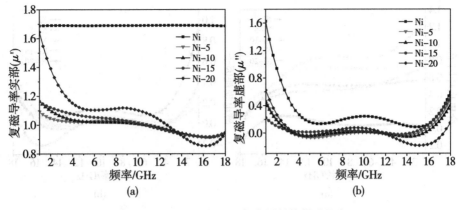

图 5-24　Ni 及 Ni/rGO 复合材料的复磁导率

5.3.5.2　衰减特性分析

电磁波进入到吸波材料内部后,材料内部的电子在外界电磁场的影响下发生迁移和跳跃,内部电偶极矩和磁偶极矩也在电磁场的影响下在空间上重新分布,使电磁波能量转化为热能耗散。不同材料具有不同的衰减特性,电磁波能量在其内部的散失速度也不同,一般用损耗因子 $\tan\delta$ 来衡量材料耗散电磁波能力的强弱,按损耗机制可以分为介电损耗因子 $\tan\delta_\varepsilon$ 和磁损耗因子 $\tan\delta_\mu$,可以表示为

$$\tan\delta_\varepsilon = \varepsilon''/\varepsilon' \tag{5-3}$$

$$\tan\delta_\mu = \mu''/\mu' \tag{5-4}$$

Ni 及 Ni/rGO 复合材料的介电损耗因子 $\tan\delta_\varepsilon$ 和磁损耗因子 $\tan\delta_\mu$ 随频率的变化曲线图如图 5-25(a)(b)所示,其走势与介电常数虚部[图 5-23(b)]和磁导率虚部[图 5-24(b)]基本一致。从图中可以明显看到,相较于 Ni/rGO 复合材料,纯金属 Ni 链的介电损耗能力最低,磁损耗能力最强,且在 1 GHz～18 GHz 范围内 $\tan\delta_\varepsilon<\tan\delta_\mu$,说明磁损耗是金属 Ni 的主要损耗机理。Ni/rGO 复合材料的介电损耗因子明显高于纯 Ni,磁损耗因子略低于纯 Ni,较高的损耗因子意味着较优异的损耗能力,说明 Ni 与 rGO 的复合有效提高了综合损耗能力,对改善材料吸波性能是有利的,介电损耗和磁损耗的双重损耗机制使得复合材料可以更有效地耗散电磁波。在 1 GHz～17 GHz 范围内,Ni/rGO 复合材料的 $\tan\delta_\varepsilon>\tan\delta_\mu$,证明此时介电损耗是复合材料的主要损耗机理;在 17 GHz～18 GHz 范围内,Ni/rGO 复合材料的 $\tan\delta_\varepsilon<\tan\delta_\mu$,证明磁损耗在高频区占据主导损耗地位。

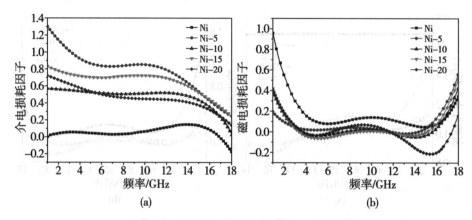

图 5-25　Ni 及 Ni/rGO 复合材料的介电损耗因子和磁损耗因子

德拜首先提出并建立了复介电常数与频率的关系,根据德拜弛豫理论,复介电常数的实部 ε' 和虚部 ε'' 可以表示为

$$\varepsilon' = \varepsilon_\infty + (\varepsilon_s - \varepsilon_\infty)/(1 + \omega^2 \tau^2) \tag{5-5}$$

$$\varepsilon'' = \omega\tau(\varepsilon_s - \varepsilon_\infty)/(1 + \omega^2 \tau^2) + \sigma/\omega\varepsilon_0 \tag{5-6}$$

$$\omega = 2\pi f \tag{5-7}$$

由此可以推出 ε' 和 ε'' 的关系式

$$\left(\varepsilon' - \frac{\varepsilon_s + \varepsilon_\infty}{2}\right) + (\varepsilon'')^2 = \left(\frac{\varepsilon_s - \varepsilon_\infty}{2}\right)^2 \tag{5-8}$$

式中,τ 表示弛豫的时间;ε_s 表示静态介电常数;ε_∞ 表示光学介电常数。

因此,我们以实部 ε' 为 x 轴,虚部 ε'' 为 y 轴作图,获得 cole-cole 曲线,每一个 cole-cole 半圆代表一次德拜弛豫过程,直线部分则代表电阻损耗。图 5-26 展示了 Ni/rGO 复合材料的 cole-cole 曲线,从图上可以看到,Ni/rGO 复合材料存在多个弛豫过程,这对提高材料电磁波吸收性能是有益的。此外,不规整的 cole-cole 环说明 Ni/rGO 复合材料并非单一损耗机制,还存在界面极化、偶极极化等其他的损耗机制,这些损耗机制在一定程度上对弛豫损耗造成了干扰,使得 cole-cole 环产生了变形。cole-cole 曲线的直线段部分代表电导损耗,图 5-26 中的"长尾巴"代表此时电导损耗较强,掩盖了弛豫损耗和极化损耗。此外,在 Ni/rGO 复合材料中,石墨烯与磁性金属链之间电导率的巨大差异会导致电荷在界面处堆积,并产生大量偶极子,进而增强界面附近的电子、偶极子弛豫极化作用,相应使得复合材料对电磁波的衰减能力有效提高。同时,高电导率也可以有效提高相对介电常数虚部,进而增强对电磁波的损耗能力。

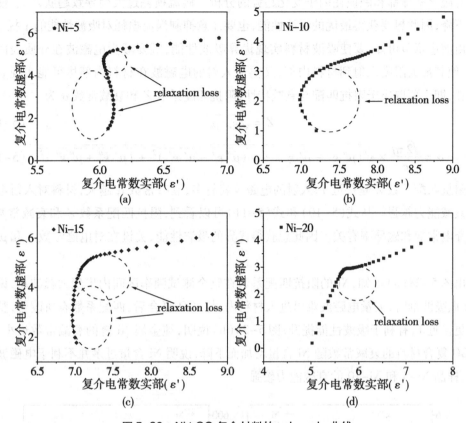

图 5-26 Ni/rGO 复合材料的 cole-cole 曲线

磁损耗主要包括畴壁共振、磁滞损耗、涡流损耗、自然共振和交换共振几种损耗方式,其中畴壁共振主要发生于 MHz 频段,磁滞损耗主要发生于强磁场,在本研究均可以排除,因此接下来仅对涡流损耗、自然共振和交换共振进行讨论。自然共振主要存在于低频区,交换共振主要存在于高频区,涡流损耗是因为外加交变磁场使磁性材料内部产生圈状闭合的感应电流而产生。涡流损耗因子 C_0 表达式为

$$C_0 = \mu''(\mu')^{-2} f^{-1} = 2 \pi \mu_0 \sigma d^2 / 3 \quad (5-9)$$

显然,C_0 与频率无关,若磁损耗仅由涡流损耗产生,则 C_0 应为恒常值。从图 5-27 可以看出,纯金属 Ni 的 C_0 在 6 GHz ~ 17 GHz 范围内波动极小,近乎恒值,而 Ni/rGO 复合材料的 C_0 在 4 GHz ~ 17 GHz 范围内近恒值。说明在此区间内,磁损耗仅由涡流损耗发挥作用,而 C_0 在低频区域和高频区域出现的波动说明此时分别是自然共振和交换共振在起作用,这也验证了我们

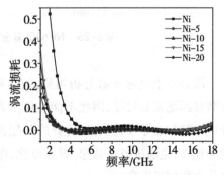

图 5-27 Ni/rGO 复合材料的涡流损耗曲线

之前对磁导率虚部和磁损耗因子变化趋势的分析。涡流损耗过大会导致趋肤效应,使磁导率下降,因此想要获得最优的吸波性能,也要注意抑制涡流损耗对吸波性能的干扰。

由前边章节可知,要使吸波材料实现优异吸波性能,既要减少电磁波在介质表面的反射,使其最大限度入射到材料内部,又要使入射的电磁波在材料内部尽可能实现衰减和损耗,即主要取决于阻抗匹配与衰减特性,阻抗匹配系数 Z 和衰减常数 α 为

$$Z = \sqrt{\varepsilon_r / \mu_r} \qquad (5-10)$$

$$\alpha = \frac{\sqrt{2}\,\pi f}{c} \times \sqrt{(\mu'' \varepsilon'' - \mu' \varepsilon') + \sqrt{(\mu'' \varepsilon'' - \mu' \varepsilon')^2 + (\mu' \varepsilon'' + \mu'' \varepsilon')^2}} \qquad (5-11)$$

阻抗匹配系数 Z 越接近1,入射的电磁波就越多;衰减常数 α 越大,材料对入射电磁波的衰减能力越强。从式(5-10)和式(5-11)可以看到,阻抗匹配系数 Z 和衰减常数 α 都与介电常数和磁导率有关。因此想获得优异的吸波性能,关键在对电磁参数 ε 和 μ 的调控。

由图5-28(a)可知,Ni 的阻抗匹配系数在整个测试频率区间内出现大幅波动,说明纯 Ni 做吸波剂时,大量电磁波难以进入材料内,与 rGO 复合后,匹配系数有所改善,整体数值更接近1,有利于吸波性能提升;图5-28(b)说明,纯金属 Ni 链的衰减常数最小,而 Ni/rGO 复合材料的衰减常数随 Ni 含量增加而下降,说明 Ni 含量过多并不利于电磁波的耗散,样品 Ni-5 和 Ni-10 的衰减能力较强。

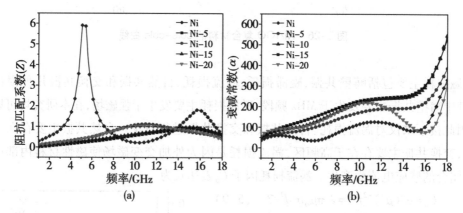

图5-28 Ni/rGO 复合材料的阻抗匹配系数和衰减常数

综合以上电磁参数分析可得,纯金属 Ni 由于介电常数过低,磁导率过高,致使衰减常数和匹配常数较差,因此不能单独作为吸波剂使用。而 Ni/rGO 复合材料有效改善了介电常数和磁导率,拥有较优异的匹配特性和衰减特性,除了气凝胶多孔结构带来的有效损耗外,也通过极化弛豫、界面极化、电阻损耗和涡流损耗等损耗方式,使电磁波吸收性能也得到了提高。

5.3.5.3 吸波性能分析

图5-29是Ni/rGO复合气凝胶的最优反射损耗,展示了不同Ni含量对气凝胶RL值的影响,具体数值见表5-2。当Ni链随水热反应负载到还原氧化石墨烯片层结构上时,构筑的三维多孔复合气凝胶的电磁波吸收性能相较纯rGO大幅度提高,Ni-10的最小反射损耗值在12.22 GHz处,匹配厚度2.7 mm时达到-42.6 dB,此时有效吸波带宽4.76 GHz,单一匹配厚度下的最大有效吸波带宽5.10 GHz。随着Ni含量的提高,Ni/rGO的反射损耗先上升再下降,证明复合材料的磁性能与介电性能的有效结合有利于材料提高电磁波吸收性能,但过多的Ni链提高了材料体系的电导率,导致阻抗失配,吸波性能反而下降。

相较于纯Ni链和纯rGO,Ni/rGO复合气凝胶无论是有效吸收频带还是最小反射损耗值都具有更大的优势。对照图5-28(a)可以看到,在RL峰值时所对应的阻抗匹配系数Z接近1,说明此时有最多的电磁波进入材料内部,证明了阻抗匹配系数Z对反射损耗RL的影响。

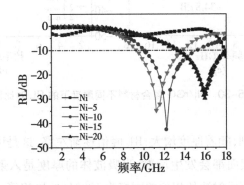

图5-29　Ni/rGO复合材料的最优反射损耗值

表5-2　Ni/rGO复合材料的吸波性能

样品	基质	添加量/%	RL_{min}/dB	层厚度/mm	位置/GHz	最大有效频带/GHz
Ni-5	石蜡	20	-28.0	1.9	15.96	5.44
Ni-10	石蜡	20	-42.6	2.7	12.22	5.10
Ni-15	石蜡	20	-34.8	2.4	11.2	5.10
Ni-20	石蜡	20	-29.9	1.9	15.96	4.42

为了更准确地分析Ni/rGO气凝胶的电磁波吸收能力,我们模拟计算了不同的吸波层厚度下Ni/rGO气凝胶的反射损耗RL值,如图5-30所示。显然,不同Ni含量、不同匹

配厚度都会影响吸波性能,可以通过改变厚度和 Ni 含量来调控吸波频带和反射损耗。

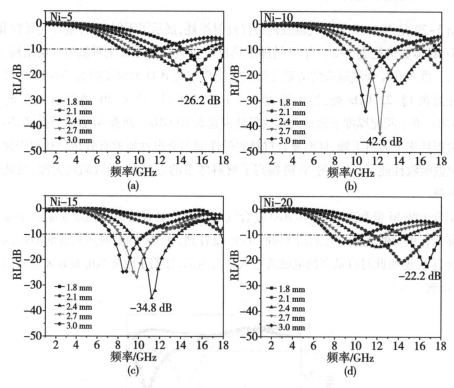

图 5-30　Ni/rGO 复合材料不同厚度下的 RL 对比图

从图 5-30 可以看到,随着厚度增大,RL 峰值逐渐左移,这是因为当电磁波到达材料表面时,在吸波体上下表面都会发生反射,当吸波体的厚度是入射电磁波波长 1/4 的奇数倍时,吸波体上下表面反射波的相位差刚好为 180° 且振幅相等,产生干涉相消现象,对电磁波的吸收能力进一步增强,即 1/4 波长匹配原理,可表示为

$$d_{\mathrm{m}} = \frac{nc}{4f_{\mathrm{m}}} \frac{1}{\sqrt{\mid \varepsilon \mid \mid \mu \mid}} ; n = 1,3,5,\cdots \qquad (5-12)$$

式中,d_{m} 表示吸波体的匹配厚度;f_{m} 表示匹配电磁波频率;c 表示光速。

也即随着匹配厚度的增加,对应 RL 值的峰值逐渐左移,图 5-30 验证了这一原理。因此在设计吸波材料时,我们可以通过结构设计,选择合适的匹配厚度,有效提高材料的吸波能力。

图 5-29 和图 5-30 显示,Ni-10 具有最优异的电磁波吸收性能,为了更直观地看出 Ni-10 在各吸收层厚度和频率范围内最小反射损耗的分布情况,我们绘制了图 5-31,可以通过调整吸波层厚度实现宽频覆盖。对吸波材料的有效带宽、最小反射损耗、匹配厚度等因素进行综合考虑后,我们确定当 Ni 链与 GO 质量比为 1∶4 时,制备所得的复合气凝胶具有最佳的电磁波吸收性能。

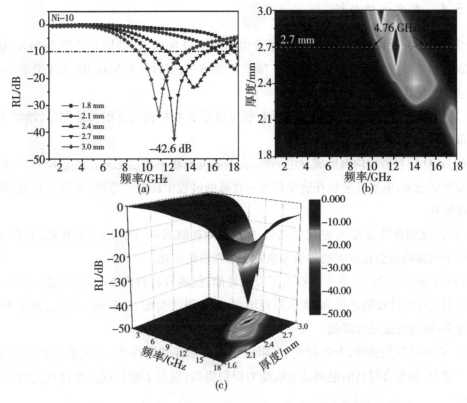

图 5-31　Ni-10 在不同厚度下的 RL 图、二维 RL 等高线图和三维图

同其他文献已报道的 rGO/Ni 复合吸波材料相比（表 5-3），本章所制备的三维多孔 Ni/rGO 吸波材料综合性能优异，可以兼具宽频化、强吸收、厚度薄，具有较广阔的应用前景。

表 5-3　文献报道的 rGO/Ni 复合吸波材料与本研究样品的性能对比

样品	基质	填充量/%	RL_{min}/dB	层厚度/mm	最大有效频带/GHz
rGO-Ni	石蜡	50	−23.3	3	1.8
rGO-Ni	石蜡	30	−42	2	Ku
Ni-microspheres decorated rGO	石蜡	50	−31.4	1.2	2.7
NiS_2/rGO	石蜡	70	−33.7	1.6	5.3
Ni-10	石蜡	20	−42.6	2.7	5.10

5.3.5.4 吸波机理分析

综合来看,一维磁性金属 Ni 与二维介电材料 rGO 的复合,共同构建的 Ni/rGO 复合气凝胶有利于吸波性能的提高,且随着 Ni 含量的增多,材料反射损耗 RL 先上升后下降。造成这种变化趋势的原因如下:

(1)气凝胶的多孔结构和丰富界面延长了电磁波在材料内部的传播路径,增强了材料内部的多重散射损耗。

(2)rGO 相互搭建构筑形成导电回路,在外界电磁场下片层之间产生感应电流,电流又在传导中衰减,电磁波能量在这个传导—衰减的过程中转换为热能,被有效耗散,增强了电阻损耗。

(3)预先制备的金属 Ni 链尺寸均匀,能够有效抑制涡流损耗,强化磁损耗,其自身晶体结构上的缺陷也会在电磁场的诱导激发下增强极化损耗。

(4)Ni 链带来的磁损耗有效提升了吸波性能,但随着材料内 Ni 含量的进一步升高,复合材料的导电性也随之提高,涡流损耗增强,造成阻抗失配,趋肤效应增强,因此 Ni 链含量过多,吸波性能反而降低。

在 Ni/rGO 气凝胶中,介电损耗、电阻损耗和磁损耗共同作用,有效增强了复合材料的衰减能力,使复合材料的电磁波吸收能力得到提高,确定了能展现出最优性能的 Ni 掺杂含量。

本节以氧化石墨烯为原料,六水合氯化镍为镍源,沿用了之前探索到的最优还原方式和还原温度,通过水热还原自组装和退火还原的方式获得 Ni/rGO 气凝胶,采用 X 射线衍射图、扫描电镜图、拉曼光谱图、傅里叶红外光谱图等检测技术手段分析表征复合材料的结构与官能团、碳骨架缺陷及微观形貌,利用矢量网络分析仪测试电磁参数,通过 Anaconda 软件模拟得到了复合材料的吸波性能。所得到的结论如下:

Hummers 法制备得到的氧化石墨烯,在经过水热还原和退火之后,失去了表面的含氧官能团,被部分还原为还原氧化石墨烯。在水热反应后,rGO 片层弯曲堆叠,形成三维多孔的网状结构气凝胶。在 300 ℃ 的热处理温度下,300 - rGO 气凝胶在匹配厚度 3.9 mm、14.26 GHz 处达到最小吸收损耗-26.9 dB,远强于 GO,为接下来的复合吸波材料奠定了基础。

不同的 Ni 链负载量对吸波性能有影响,随着 Ni 含量的增多,复合气凝胶的吸波性能先上升后下降,当 Ni 链与 GO 质量比为 1∶4 时,样品 Ni-10 在匹配厚度 2.7 mm,频率 12.22 GHz 处有最小反射损耗-42.6 dB。

Ni/rGO 主要以介电损耗和磁损耗为主,随着 Ni 链的加入,Ni 链本身在晶体结构中存在的缺陷和 Ni/rGO 中存在的缺陷,在电磁场的诱导激发下,引发极化增强吸波性能;但随着 Ni 含量的进一步增加,Ni 作为良导体,自身也具有良好的电导性,导致 Ni/rGO 复合材料匹配特性下降,从而影响复合材料的电磁波吸收性能。因此可以通过调控 Ni 链负载量来调整石墨烯基复合材料的电磁波吸收性能和有效吸波带宽。

5.4　TiO$_2$/Ni/rGO 气凝胶的制备及吸波性能

本节在前一节试验方案和设计思路的基础上,通过设计正交试验,希望获得兼具介电损耗与磁损耗,具有更优吸收性能和更低匹配厚度的复合材料,符合现代吸波材料"薄、轻、宽、强"的发展理念。

5.4.1　TiO$_2$/Ni/rGO 气凝胶的制备

配置钛酸丁酯溶液,并在每 10 mL 的 GO 溶液内分别添加 10 mg、15 mg、20 mg 的 Ni 链和 1 mL、2 mL、3 mL 的钛酸丁酯溶液,将混合溶液超声 30 min 后,水热反应 180 ℃、5 h 后,冷冻干燥得到 TiO$_2$/Ni/rGO 气凝胶,最后在 Ar 氛围下退火处理 300 ℃、1 h,分别记为 TiO$_2$-1/Ni-10、TiO$_2$-1/Ni-15、TiO$_2$-1/Ni-20 等共 9 个样品。制备示意图见图 5-32。

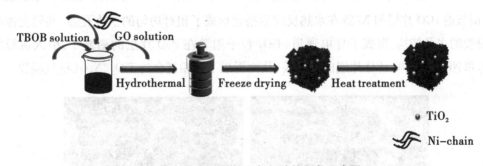

图 5-32　TiO$_2$/Ni/rGO 气凝胶的制备示意图

5.4.2　TiO$_2$/Ni/rGO 气凝胶的结构与形貌表征

5.4.2.1　X 射线衍射分析

样品 TiO$_2$-2/Ni-10 的 X 射线衍射(XRD)图谱如图 5-33 所示。首先,衍射角 $2\theta =$ 44.5°、51.8°和 76.3°位置上出现的衍射峰与 Ni 金属相标准 PDF 卡片数据相吻合,对应金属 Ni(110)、(200)和(220)衍射晶面;其次,衍射角 $2\theta =$ 25.3°、36.9°、37.7°、38.5°、48.0°等处有特征峰,与 PDF#99-0008 数据相吻合,为锐钛矿晶型的 TiO$_2$,对应晶面

（101）、（103）、（004）、（112）、（200）等衍射晶面,但由于 Ni 的特征峰较强,TiO$_2$ 只有在衍射角 $2\theta=25.3°$ 处的特征峰较明显;最后,在衍射角 $2\theta=26°$ 左右有一个平而宽的衍射峰对应石墨烯的（002）晶面。图 5-33 证明了经过退火处理后,样品中含有 rGO、Ni 和 TiO$_2$。

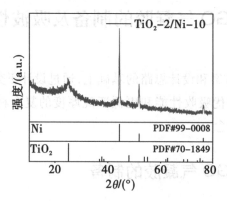

图 5-33　TiO$_2$-2/Ni-10 的 XRD 图谱

5.4.2.2　扫描电镜分析

图 5-34 是 TiO$_2$-2/Ni-10 的扫描电镜（SEM）图,从图 5-34 可以看到,含有丰富波浪状、褶皱的 rGO 片层和 Ni 链在水热反应后搭建形成了相对均匀的三维孔隙,共同支撑起气凝胶的多孔结构,形成了导电通道,TiO$_2$ 粒子附着在 rGO 片层的褶皱中,引入适量的 TiO$_2$ 和 Ni 并未影响 rGO 片层的自组装,从而形成了三相复合的 TiO$_2$/Ni/rGO 气凝胶。

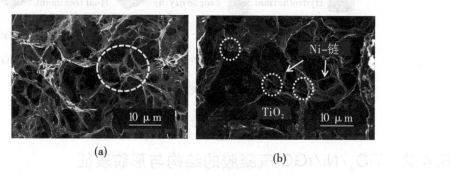

图 5-34　TiO$_2$-2/Ni-10 的 SEM 图

5.4.2.3　红外光谱分析

图 5-35 是 TiO$_2$/Ni/rGO 气凝胶的红外光谱图,可以看到,在 3 442 cm^{-1} 附近出现一个宽而强的—OH 拉伸振动峰,2 918～2 853 cm^{-1} 对应着—CH$_2$—对称和反对称伸缩振动吸收峰;1 580 cm^{-1}、1 464 cm^{-1}、1 374 cm^{-1} 附近的多个吸收峰带对应 C=C 、C—OH 的拉

伸振动以及羧基的 C—O 伸缩振动吸收峰。这些峰带表明鳞片石墨在经过浓硫酸、高锰酸钾氧化和热还原之后,还原氧化石墨烯依然保留了部分含氧基团。从图 5-35(c) 可以明显看到,在 470~850 cm⁻¹ 处有一个宽而强的吸收峰,对应 Ti-O-Ti 和 Ti-O-C 的拉伸振动,这证明了 TiO₂ 的形成,且与氧化石墨烯官能团之间存在化学相互作用。而 718 cm⁻¹ 处附近的小峰则是由于金属 Ni 对石墨烯的激发作用产生的振动吸收峰。

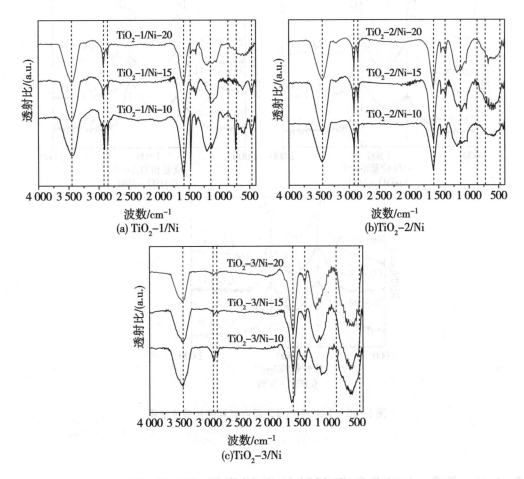

图 5-35　TiO₂/Ni/rGO 复合材料的傅里叶红外光谱图

　　傅里叶红外光谱图证明了氧化石墨烯被有效还原,TiO₂ 和 Ni 被成功引入,且随着 TiO₂ 和 Ni 含量增多,对应峰带也随之明晰,图 5-35(c) 中,因为 Ti-O-Ti 和 Ti-O-C 的拉伸振动更明显,因此掩盖了 Ni 的振动吸收峰。

5.4.2.4　拉曼光谱分析

　　图 5-36 是 TiO₂/Ni/rGO 气凝胶的拉曼光谱图。D 峰和 G 峰的相对强度(I_D/I_G)可以有效地反映碳材料的结构和内部缺陷程度,热处理有助于复合材料的进一步结晶和消除

内部缺陷,使材料内部的紊乱和缺陷有效减少,而随着功能粒子的引入,$TiO_2/Ni/rGO$ 材料的 I_D/I_C 值也随之提高,说明随着 TiO_2 和 Ni 的掺杂,材料内缺陷增多。适量的缺陷易成为多种极化的中心,进而发生弛豫等现象,对材料的吸波性能具有一定的改善,但缺陷过多同样会降低材料的电磁波吸收性能。

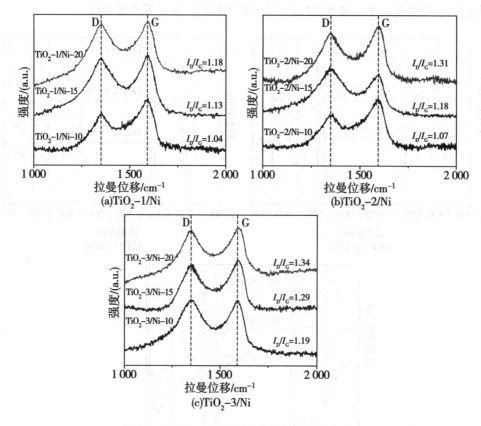

图 5-36　$TiO_2/Ni/rGO$ 复合材料的拉曼光谱图

5.4.3　$TiO_2/Ni/rGO$ 气凝胶的性能表征

5.4.3.1　电磁参数分析

对不同样品的电磁参数进行详细分析,以探讨电磁参数对吸波性能的影响。$TiO_2/Ni/rGO$ 复合材料的复介电常数及复磁导率随频率的变化曲线如图 5-37 和图 5-38 所示。图 5-37 为 $TiO_2/Ni/rGO$ 复合材料在 1 GHz ~ 18 GHz 频率区间内的复介电常数实部 ε' 和虚部 ε''。由图可以看到,$TiO_2/Ni/rGO$ 复合材料的复介电常数 ε' 和 ε'' 随着频率的变化趋势基本一致,随频率升高,复介电常数下降,在低频区下降速度快,在高频区相对平缓,下降速度慢。这种变化可能来自偶极极化和界面极化。

在检测样品总质量不变的前提下,每组样品的 TiO_2 含量不变,Ni 链含量增多,从而导致复合材料的复介电常数减小,这是因为金属 Ni 的引入改变了还原氧化石墨烯的电导率,进而影响了复合气凝胶的复介电常数。图 5-37(f) 中 TiO_2-3/Ni-20 的 ε'' 在高频段未出现明显下降,可能是由于样品中存在最多的界面极化、缺陷/偶极极化、空间电荷极化。此外,样品在大部分测试范围内 $\varepsilon' > \varepsilon''$,说明整体而言,复合材料的介电存储能力高过耗散能力。

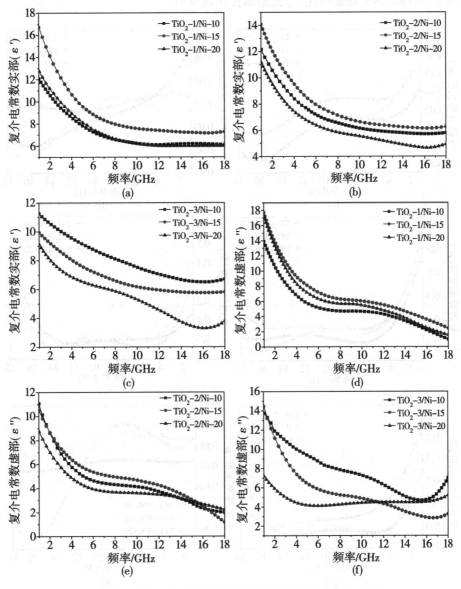

图 5-37　TiO_2/Ni/rGO 复合材料的复介电常数实部和虚部

　　图 5-38 为 $TiO_2/Ni/rGO$ 复合材料在 1 GHz ~ 18 GHz 频率区间内的复磁导率实部 μ' 和虚部 μ''。对于 $TiO_2/Ni/rGO$ 复合材料，随着复合材料中 Ni 链含量增多，磁导率随之升高，且各样品的变化趋势基本一致，变化范围相对较小。整体而言，复磁导率实部 μ' 随频率升高整体呈下降趋势，在高频区略微回升；虚部 μ'' 在 1 GHz ~ 4 GHz 范围内迅速下降，在 4 GHz ~ 14 GHz 范围相对保持稳定，在 14 GHz ~ 18 GHz 范围回升，这种波动表明此时材料本身的自然共振和交换共振较为强势，其中 TiO_2-3/Ni-20 的共振尤为明显。在高频段，复磁导率虚部 μ'' 出现负值，这是因为在电子极化弛豫和界面极化弛豫等极化现象的作用下，磁场能向电场能转化，导致虚部 μ'' 出现负值。

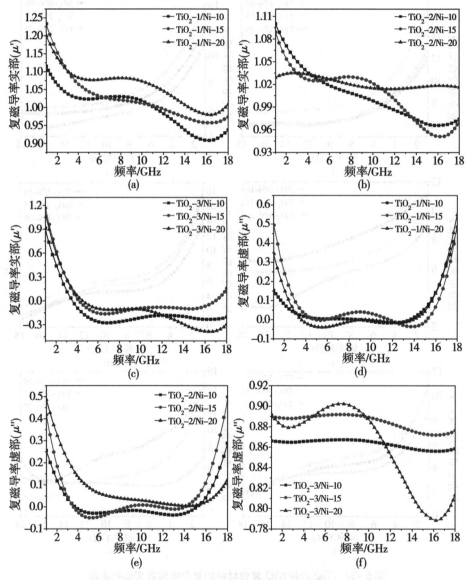

图 5-38　$TiO_2/Ni/rGO$ 复合材料的复磁导率实部和虚部

5.4.3.2　衰减特性分析

　　$TiO_2/Ni/rGO$ 复合材料的介电损耗因子（$\tan\delta_\varepsilon = \varepsilon''/\varepsilon'$）和磁损耗因子（$\tan\delta_\mu = \mu''/\mu'$）随频率的变化曲线如图 5-39 和图 5-40 所示。图 5-39 表明，在 1 GHz～18 GHz 范围内大部分 $TiO_2/Ni/rGO$ 复合材料的介电损耗因子随频率升高而下降，只有样品 TiO_2-3/Ni-20 在 5 GHz～16 GHz 范围内上升，与之前复介电常数、复磁导率变化一致，可能是因为 Ni 含量过多，极大地提高了样品的电导率，因而使介电损耗因子升高。

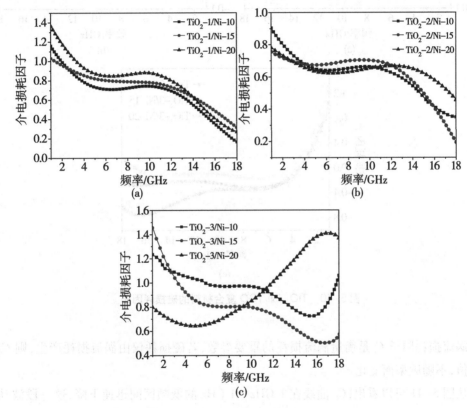

图 5-39　$TiO_2/Ni/rGO$ 复合材料的介电损耗因子

　　图 5-40 表明，磁损耗因子在 1 GHz～5 GHz 范围内下降，在 14 GHz～18 GHz 范围内回升，与图 5-38 中磁导率虚部变化趋势一致，说明在低频区，是自然共振在起主要作用，在高频区则是交换共振占据磁损耗的主导地位。

　　TiO_2-1/Ni-10、TiO_2-1/Ni-15、TiO_2-1/Ni-20 三个样品在 17 GHz～18 GHz 频率范围内 $\tan\delta_\varepsilon < \tan\delta_\mu$，说明此时磁损耗是主要损耗机理，可能是因为 TiO_2 含量较少，rGO 和 Ni 含量相对较高，使得高频区介电损耗较低，磁损耗较高；其他样品在 1 GHz～18 GHz 整个测试范围内 $\tan\delta_\varepsilon > \tan\delta_\mu$，证明在检测范围，介电损耗都占主导地位。

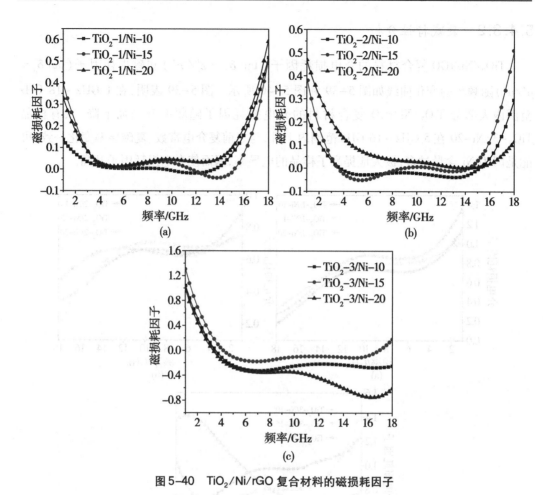

图5-40　TiO₂/Ni/rGO 复合材料的磁损耗因子

涡流损耗因子 C_0 是衡量涡流损耗的重要参数,若磁损耗仅由涡流损耗产生,则 C_0 为恒常值,不随频率而变化。

从图5-41可以看出,C_0 曲线在 1 GHz ~ 4 GHz 的低频区间迅速下降,这一段波动代表此时是自然共振占据磁损耗的主导地位,高频区间的回升波动则主要是交换共振在起作用,恒值段则说明此时仅存在涡流损耗,这与之前对磁导率虚部的分析一致。

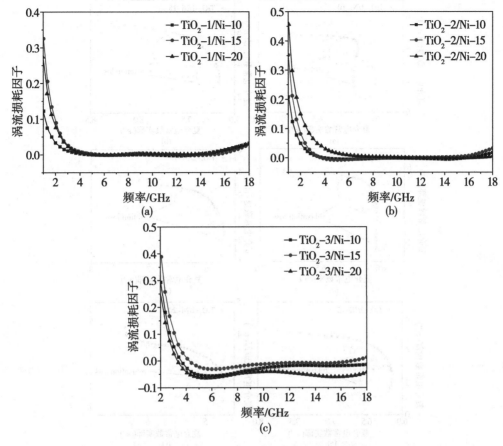

图 5-41　TiO₂/Ni/rGO 复合材料的涡流损耗因子

分别以复介电常数实部 ε' 与虚部 ε'' 为 x 轴和 y 轴作图,得到 TiO₂/Ni/rGO 复合材料的 cole-cole 曲线,如图 5-42 所示。

根据德拜弛豫理论,cole-cole 曲线上的每一个 cole-cole 半圆都代表一次极化弛豫过程。可以看到,TiO₂/Ni/rGO 复合材料的 cole-cole 曲线上存在多个尺寸不等的半圆环,表明在材料内部电磁波吸收耗散的过程中存在多个弛豫进程,德拜弛豫能够增强材料对电磁波的衰减能力,进而提高电磁波吸收性能;此外,TiO₂/Ni/rGO 复合材料的 cole-cole 环并不是标准的半圆弧,曲线的变形和扭曲说明在电磁波衰减过程中还存在其他的损耗机制,如界面极化、偶极极化等,直线部分则代表电阻损耗,cole-cole 曲线长长的尾巴说明此时电阻损耗较强,掩盖了其他损耗。

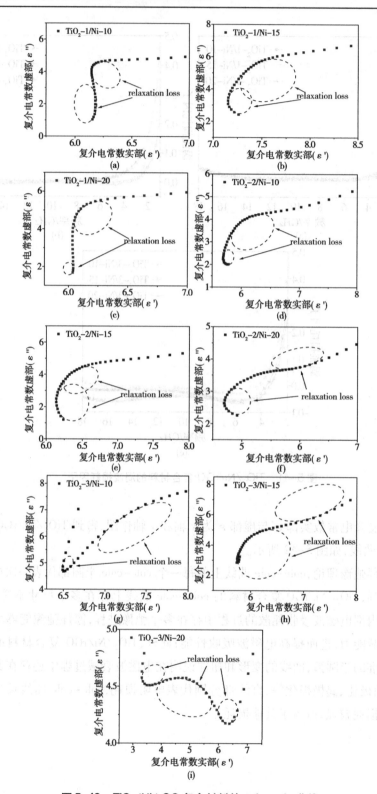

图 5-42 TiO₂/Ni/rGO 复合材料的 cole-cole 曲线

阻抗匹配和衰减特性是影响吸波性能的两个基本条件,前者代表电磁波进入材料内部的能力,后者代表材料将电磁能转换为其他能量的能力。图 5-43 为 $TiO_2/Ni/rGO$ 复合材料的匹配系数 Z 和衰减常数 α。复合材料的匹配系数 Z 接近 1,证明通过成分设计来调控阻抗匹配是有效的,但如图 5-43(c)所示,TiO_2-3/Ni-20 的峰值远远偏离 1,说明过量的 Ni 和 TiO_2 会导致阻抗失配,不利于电磁波的入射;图 5-43(d)~(f)展示 TiO_2/Ni/rGO 复合材料的衰减常数,前期随 TiO_2 和 Ni 含量增多,材料的衰减能力增强,后期 TiO_2 和 Ni 过量堆积,即影响了自由电子在片层间的移动,产生的涡流效应又抑制了吸波性能,从而降低了材料对电磁波的衰减能力。找到最佳的 TiO_2 和 Ni 配比,是平衡阻抗匹配系数与衰减常数的关系,获得最佳吸波能力的关键。

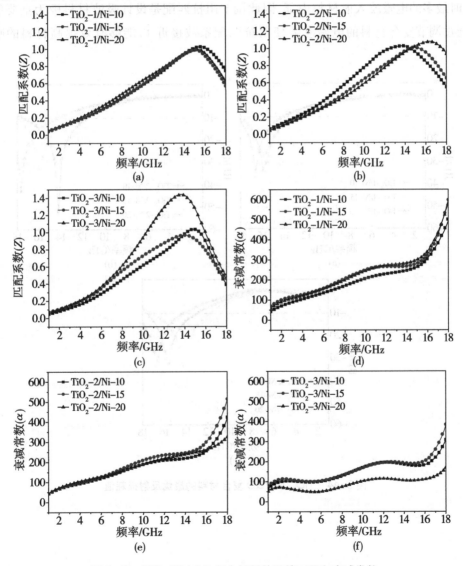

图 5-43 $TiO_2/Ni/rGO$ 复合材料的阻抗匹配和衰减常数

5.4.3.3 吸波性能分析

图 5-44 展示了不同 TiO_2、Ni 含量对复合气凝胶 RL 值的影响,具体数值、有效带宽等参数列于表 5-4。

$TiO_2/Ni/rGO$ 复合气凝胶同时兼具磁损耗和介电损耗,有效吸波频带集中在14 GHz ~ 18 GHz 的高频区域,在协同效应的作用下,样品 $TiO_2-2/Ni-10$ 的最小反射损耗值在 15.96 GHz 处,匹配厚度为 2.4 mm 时达到-51.9 dB,单一匹配厚度下的最大有效吸波带宽 5.44 GHz。

对照图 5-42(a) ~ (c)可知,各组样品在 RL 峰值时所对应的 Z 值(Z_{in}/Z_0)都接近1,此时最多的电磁波入射材料内部,因此调节阻抗匹配是设计吸波材料极为重要的一环,通过调节复合材料的电磁参数使阻抗匹配系数接近 1,能够有效提高材料的吸波能力。

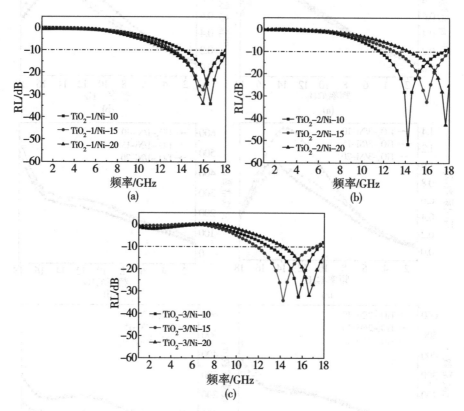

图 5-44 $TiO_2/Ni/rGO$ 复合材料的最优反射损耗值

表 5-4　$TiO_2/Ni/rGO$ 的吸波数据

样品	基质	填充量/%	RL_{min}/dB	层厚度/mm	位置/GHz	最大有效频带/GHz
TiO_2-1/Ni-10	石蜡	20	−34.0	1.9	15.62	5.10
TiO_2-1/Ni-15	石蜡	20	−27.7	1.9	15.96	5.10
TiO_2-1/Ni-20	石蜡	20	−33.8	2.0	15.96	5.44
TiO_2-2/Ni-10	石蜡	20	−51.9	2.4	15.96	5.44
TiO_2-2/Ni-15	石蜡	20	−32.5	2.0	15.96	5.78
TiO_2-2/Ni-20	石蜡	20	−42.7	2.0	17.66	6.42
TiO_2-3/Ni-10	石蜡	20	−32.6	2.0	15.60	4.42
TiO_2-3/Ni-15	石蜡	20	−34.1	2.4	14.26	5.10
TiO_2-3/Ni-20	石蜡	20	−31.8	2.4	15.96	5.44

　　为了更准确地分析 $TiO_2/Ni/rGO$ 复合气凝胶的电磁波吸收能力，我们模拟计算了不同的吸波层厚度下复合气凝胶的反射损耗值，如图 5-45 所示。TiO_2 和 Ni 的含量、比例和吸波体厚度都会对复合材料的反射损耗和有效频带造成影响，因此，通过探索吸波机理、调控功能粒子含量及改变吸波体厚度能够帮助我们有效调控吸波频带和反射损耗。

　　结合本章 5.3.5 中的图 5-29 可以看到，$TiO_2/Ni/rGO$ 的吸波趋势与 Ni/rGO 一致，都在 Ni 含量 10 mg 时达到最高点，随着 Ni 链进一步含量的增多，体系导电性过强致阻抗失配，RL 值下降；但是结合图 5-45 可以发现，$TiO_2/Ni/rGO$ 在钛酸丁酯溶液与 GO 溶液体积比 2 : 10 时吸波性能达到峰值，推测是因为 Ni 链和 TiO_2 晶粒共同影响了介电常数，进而影响了三相复合气凝胶的电磁波吸收性能。

　　此外，图 5-45 还展示了 RL 峰值与匹配厚度的相关变化趋势：在同一样品中，随着匹配厚度的增加，RL 峰值会逐渐向低频移动，这一变化趋势符合 1/4 波长匹配原理。

　　TiO_2-2/Ni-10 的最小反射损耗达到了 −51.9 dB，高于 Ni-10(−42.6 dB) 和 TiO_2-1(−41.9 dB)，说明在掺杂了介电介质和磁介质的三相复合材料中，介电损耗、磁损耗和电阻损耗等多种损耗机制协同作用，相辅相成，使 $TiO_2/Ni/rGO$ 复合气凝胶的吸波性能得到了进一步提高。为了更加直观地展示 TiO_2-1 在各吸收层厚度和频率范围内最小反射损耗的分布情况，图 5-46 模拟了 TiO_2-2/Ni-10 在不同厚度下的 RL 值、二维 RL 等高线和三维图，显然，当钛酸丁酯溶液与 GO 体积比为 2 : 10、Ni 与 GO 质量比为 1 : 4 时，制备所得的 TiO_2-2/Ni-10 复合气凝胶具有最优异的电磁波吸收性能。

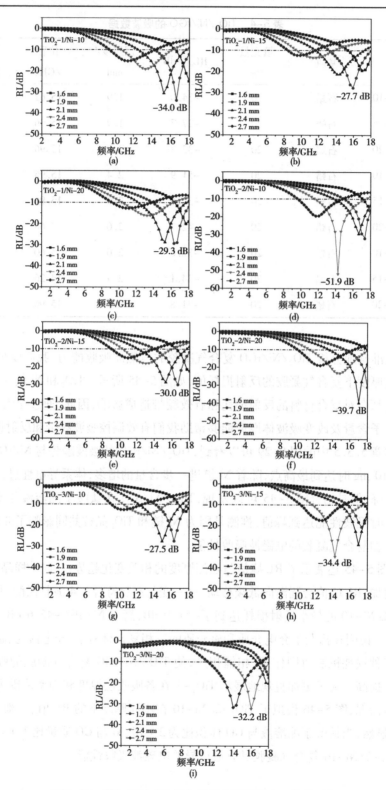

图 5-45　TiO$_2$/Ni/rGO 复合材料在不同厚度下的 RL 值

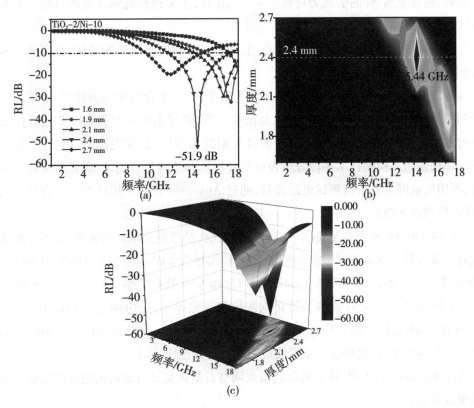

图 5-46 TiO$_2$-2/Ni-10 在不同厚度下的 RL 值、二维 RL 等高线、三维图

综合电磁参数、损耗因子、涡流损耗、弛豫损耗、阻抗匹配系数与衰减常数进行分析，结果表明，TiO$_2$-2/Ni-10 综合平衡 rGO、Ni 和 TiO$_2$ 三相的电磁参数与衰减特性，具有最合适的阻抗匹配性，进而表现出最优异的电磁吸收性能。

5.4.3.4　吸波机理分析

在 TiO$_2$/Ni/rGO 复合气凝胶材料上，介电损耗、电阻损耗和磁损耗都发挥了相应的作用。

首先，rGO 气凝胶具有的三维多孔结构有效延长了电磁波在材料内部的传播路径，促使电磁波发生了多次反射和散射，并调节了电磁波的阻抗匹配系数。

其次，TiO$_2$/Ni/rGO 复合气凝胶内存在大量 Ni-TiO$_2$-碳-空气界面，大大增强了界面附近的电子极化和界面极化，材料内部的缺陷也在外界电磁波的诱导下产生偶极子弛豫极化，这些极化大大增强了复合材料的介电损耗能力。

再次，水热反应和退火热处理以及金属 Ni 的引入都有效改善了复合材料的电导率，从而提高了电阻损耗。

最后,磁性金属 Ni 的引入为材料带来了磁损耗,主要包括低频区域的自然共振及中高频区域的涡流损耗和交换共振。

介电损耗、电阻损耗和磁损耗共同作用,改善了材料的阻抗匹配特性,提高了衰减能力,使电磁波吸收能力得到提高。

本节以氧化石墨烯为原料,以钛酸丁酯为钛源,以六水合氯化镍为镍源,沿用了前文探索到的最优还原方式和还原温度,以及试验方案,通过水热还原自组装和退火热处理还原的方式获得 $TiO_2/Ni/rGO$ 气凝胶,采用 X 射线衍射图、扫描电镜图、拉曼光谱图、傅里叶红外光谱图等检测技术手段分析表征复合材料的结构与官能团、碳骨架缺陷及微观形貌,利用矢量网络分析仪测试电磁参数,通过 Anaconda 软件模拟得到了复合材料的吸波性能,得到以下结论:

不同的 TiO_2 和 Ni 负载量都对吸波性能有影响,经过正交试验的探索,找到了最适宜的混合负载含量。试验发现,当钛酸丁酯溶液添加量为 2 mL、Ni 链添加量为 10 mg 时,样品 $TiO_2-2/Ni-10$ 在匹配厚度 2.4 mm、频率 15.96 GHz 处有最小反射损耗 -51.9 dB。

TiO_2 和 Ni 的引入共同影响了复介电常数和复磁导率,在协同效应的作用下,$TiO_2/Ni/rGO$ 在 2 mL 钛酸丁酯、10 mg Ni 时达到新的吸波峰值。在保证 RL<-50 dB 的同时,降低了样品匹配厚度,更符合新型吸波材料薄、轻、宽、强的要求。

可以通过调控 TiO_2 和 Ni 链的负载量来调整石墨烯基复合材料的电磁波吸收性能和有效吸波带宽。

参考文献

[1] ZHOU J H,HE J P,LI G X,et al. Direct incorporation of magnetic constituents within ordered mesoporous carbon-silica nanocomposites for highly efficient electromagnetic wave absorbers [J]. Journal of Physical Chemistry C,2010,114(17):7611-7617.

[2] LIU J R,ITOH M,HORIKAWA T,et al. Complex permittivity,permeability and electromagnetic wave absorption of Fe/C(amorphous) and Fe_2B/C(amorphous) nanocomposites [J]. Journal of Physics D Applied Physics,2004,37(19):2737-2741.

[3] LIU J R, ITOH M, HORIKAWA T, et al. Gigahertz range electromagnetic wave absorbers madeof amorphous-carbon-based magnetic nanocomposites [J]. Journal of Applied Physics,2005,98(5):054305.

[4] CHEN D Z, WANG G S, HE S, et al. Controllable fabrication of mono-dispersed RGO-hematite nanocomposites and their enhanced wave absorption properties [J]. Journal of Materials Chemistry A,2013,1:5996-6003.

[5] MA E,LI J,ZHAO N Q,et al. Preparation of reduced graphene oxide/Fe_3O_4 nanocomposite and its microwave electromagnetic properties [J]. Materials Letters,2013,91:209-212.

［6］HUANG Y,WANG L,SUN X,et al. Sandwich – structured graphene@ Fe_3O_4 @ carbon nanocomposites with enhanced electromagnetic absorption properties ［J］. Materials Letters,2015,144:26-29.

［7］LIU P B,HUANG Y,SUN X,et al. $NiFe_2O_4$ clusters on the surface of reduced graphene oxide and their excellent microwave absorption properties ［J］. Materials Letters,2013, 112:117-120.

［8］CHEN H,ZHAO B,ZHAO Z F,et al. Achieving strong microwave absorption capability and wideabsorption bandwidth through a combination of high entropy rareearth silicide carbides/rare earth oxides ［J］. Journal of Materials Science & Technology,2020,47: 216-222.

［9］AHARONI A. Exchange resonance modes in a ferromagnetic sphere ［J］. Journal of applied physics,1991,69(11):7762-7764.

［10］HU C,MOU Z,LU G,et al. 3D grapheme – Fe_3O_4 nanocomposites with high – performance microwave absorption ［J］. Physical Chemistry Chemical Physics,2013,15(31): 13038-13043.

［11］NICOLSON A,ROSS G,et al. Measurement of the intrinsic properties of materials by time-domain techniques ［J］. Instrumentation and Measurement,IEEE Transactions on, 1970,19(4):377-382.

［12］WEIR W B. Automatic measurement of complex dielectric constant and permeability at mi crowave frequencies ［J］. Proceedings of the IEEE,1974,62(1):33-36.

［13］CHAE H K,SIBERIO-PéREZ D Y,KIM J,et al. A route to high surface area,porosity and inclusion of large molecules in crystals ［J］. Nature,2004,427(6974):523-527.

［14］NOVOSELOV K S,JIANG Z,ZHANG Y,et al. Room-temperature quantum hall effect in graphene ［J］. Science,2007,315(5817):1379-1383.

［15］WANG Y,HUANG Y,SONG Y,et al. Room-Temperature Ferromagnetism of Graphene ［J］. Nano Letters,2009,9(1):220-224.

［16］MA Y W,ZHANG L R,LI J J,et al. Carbon-nitrogen/graphene composite as metal-free electrocatalyst for the oxygen reduction reaction ［J］. Chinese Science Bulletin,2011,56 (33):3583-3589.

［17］SUN X,HE J,LI G,et al. Laminated magnetic graphene with enhanced electromagnetic wave absorption properties ［J］. Journal of Materials Chemistry C,2013,1(4):765-777.

［18］WANG G Z,PENG X G,YU L,et al. Enhanced microwave absorption of ZnO coated with Ni nanoparticles produced by atomic layer deposition ［J］. Journal of Materials Chemistry A,2015,3(6):2734-2740.

[19] FANG Z G, WANG S P, KONG X K, et al. Synthesis of the morphology-controlled porous Fe_3O_4 Nanorods with enhanced microwave absorption performance [J]. Journal of Materials Science: Materials in Electronics, 2020, 31: 3996-4005.

[20] DENG J S, LI S M, ZHOU Y Y, et al. Enhancing the microwave absorption properties of amorphous CoO nanosheet-coated Co(hexagonal and cubic phases) through interfacial polarizations [J]. Journal of Colloid and Interface Science, 2018, 509: 406-413.

[21] ZHAO H Q, CHENG Y, ZHANG Z, et al. Biomass-derived graphene-like porous carbon nanosheets towards ultralight microwave absorption and excellent thermal infrared properties [J]. Carbon, 2021, 173: 501-511.

[22] REN Y L, WU H Y, LU M M, et al. Quaternary nanocomposites consisting of graphene, Fe_3O_4 @ Fe Core@ Shell, and ZnO nanoparticles: synthesis and excellent electromagnetic absorption properties [J]. ACS Applied Materials & Interfaces, 2012, 12: 6436-6442.

[23] HE G H, DUAN Y P, PANG H F, et al. Superior microwave absorption based on ZnO capped MnO_2 nanostructures [J]. Advanced Materials Interfaces, 2020, 7(15): 2000407.

[24] ZHAI Y, ZHU D, RUAN X, et al. Oriented flaky carbonyl iron and MoS_2/polyurethane composite with improved microwave absorption at thin thickness by shear force [J]. Mater Sci: Mater Electron, 2020, 31: 22768-22779.

[25] ZHAO B, GUO X Q, ZHAO W, et al. Yolk-Shell Ni@ SnO_2 composites with a designable interspace to improve electromagnetic wave absorption properties [J]. ACS Applied Materials & Interfaces, 2016, 8(42): 28917-28925.

[26] ZHAO B, SHAO G, FAN B, et al. Investigation of the electromagnetic absorption properties of Ni@ TiO_2 and Ni@ SiO_2 composite microspheres with core-shell structure [J]. Physical Chemistry Chemical Physics-Cambridge-Royal, 2015, 17(4): 2531-2539.

[27] QUAN B, LIANG X, XU G, et al. Permittivity regulating strategy to achieve high-performance electromagnetic wave absorbers with compatibility of impedance matching and energy conservation [J]. New Journal of Chemistry, 2017, 41(3): 1259-1266.

[28] LI Y M, CHEN D D, LIU X Y, et al. Preparation of the PBOPy/PPy/Fe_3O_4 composites with high microwave absorption performance and thermal stability [J]. Composites Science and Technology, 2014, 100(0): 212-219.

[29] LIU X, GUO H Z, XIE Q S, et al. Enhanced microwave absorption properties in GHz range of Fe_3O_4/C composite materials [J]. Journal of Alloys and Compounds, 2015, 649: 537-543.

[30] ZHANG X M, JI G B, LIU W, et al. A novel Co/TiO_2 nanocomposite derived from a metal-organic framework: synthesis and efficient microwave absorption [J]. Journal of

Materials Chemistry C,2016,4(9):1860-1870.

[31] YAN S J, ZHEN L, XU C Y, et al. Microwave absorption properties of $FeNi_3$ submicrometre spheres and SiO_2@ $FeNi_3$ core-shell structures [J]. Journal of Physics D: Applied Physics,2010,43(24):245003.

[32] WANG L,HUANG Y,LI C,et al. Hierarchical graphene@ Fe_3O_4 nanocluster@ carbon@ MnO_2 nanosheet array composites:synthesis and microwave absorption performance [J]. Physical Chemistry Chemical Physics,2015,17(8):5878-5886.

[33] NOVOSELOV K S,GEIM A K,MOROZOV S V,et al. Electric field effect in atomically thin carbon films [J]. Science,2004,306(5696):666-669.

[34] AVOURIS P, DIMITRAKOPOULOS C. Graphene: synthesis and applications [J]. Materials Today,2012,5863(15):84-90.

[35] ALLEN M J,TUNG V C,KANER R B,et al. Honeycomb carbon:a review of graphene [J]. Chemical Reviews,2010,110(1):132-145.

[36] KASAGI T,TSUTAOKA T,HATAKEYAMA K. Negative permeability spectra in permalloy granular composite materials [J]. Applied Physics Letters,2006,88(17):172502.

[37] WANG C, HAN X, XU P, et al. The electromagnetic property of chemically reduced graphene oxide and its application as microwave absorbing material [J]. Applied Physics Letters,2011,98(7):072906.

[38] YAN S J,ZHEN L,XU C Y,et al. Synthesis, characterization and electromagnetic properties of $Fe_{1-x}Co_x$ alloy flower-like microparticles [J]. Journal of Magnetism & Magnetic Materials,2011,323(5):515-520.

[39] CHOI J, JUNG H. A new triple-layered composite for high-performance broadband microwave absorption [J]. Composite Structures,2015,122:166-171.

[40] YANG R,KUO W,LAI H,et al. Effect of carbon nanotube dispersion on the complex permittivity and absorption of nanocomposites in 2~18 GHz ranges [J]. Journal of Applied Polymer Science,2014,131(21):409631-409637.

[41] SINGH V K,SHUKLA A,PATRA M K,et al. Microwave absorbing properties of a thermally reduced graphene oxide /nitrile butadiene rubber composite [J]. Carbon, 2012,50(6):2203-2206.

[42] LI Y,PEI X L,SHEN B,et al. Polyimide/graphene composite foam sheets with ultrahigh thermostability for electromagnetic interference shielding [J]. RSC Advance, 2015, 5 (31):24342-24351.

[43] ZHANG B P,LU C X,LI H. Improving microwave adsorption property of ZnO particle by doping graphene [J]. Materials Letters,2014,116:16-19.

[44] ZHANG X J, WANG G S, WEI Y Z, et al. Polymer composite with high dielectric constant and enhanced absorption properties based on graphene/CuS nanocomposites and polyvinylidene fluoride [J]. Journal of Materials Chemistry A, 2013, 1 (39): 12119–12121.

[45] XIANG J, LI J, ZHANG X, et al. Magnetic carbon nanofibers containing uniformly dispersed Fe/Co/Ni nanoparticles as stable and high–performance electromagnetic wave absorbers [J]. Journal of Materials Chemistry A, 2014, 2(40): 16905–16914.

[46] LV H, JI G, LIU W, et al. Achieving hierarchical hollow carbon@ Fe@ Fe$_3$O$_4$ nanospheres with superior microwave absorption properties and lightweight features [J]. Journal of Materials Chemistry C, 2015, 3(39): 10232–10241.

[47] CHANDRASEKARAN S, RAMANATHAN S, BASAK T. Microwave material processing–areview [J]. Aiche Journal, 2012, 58(2): 330–363.

[48] SUI Z Y, MENG Q H, ZHANG X T, et al. Green synthesis of carbon nanotube–graphene hybrid aerogels and their use as versatile agents for water purification [J]. Journal of Materials Chemistry, 2012, 22(18): 8767–8771.

[49] ZHANG X. CuNi alloy/carbon foam nanohybrids as high–performance electromagnetic wave absorbers [J]. Carbon, 2021, 172: 488–496.

[50] WEN B, CAO M S, LU M M, et al. Zhang, X. , et al. CuNi alloy/carbon foam nanohybrids as high–performance electromagnetic wave absorbers [J]. Carbon, 2021, 172: 488–496.

[51] MUHAMMAD A A, WEI D, SAJIDUR R, et al. Low cost 3D bio–carbon foams obtained from wheat straw with broadened bandwidth electromagnetic wave absorption performance [J]. Applied Surface Science, 2021, 543: 148785.

[52] XIN L Y, CHEN Z F, ZHANG J X, et al. Double network nested foam composites with tunable electromagnetic wave absorption performances [J]. Inorganic Chemistry Frontiers, 2019, 6: 1579–1586.

[53] DENG J, LI M, WANG Y, et al. Biomass–derived carbon: Synthesis and applications in energy storage and conversion [J]. Green Chemistry, 2016, 18: 4824–4854.

[54] WEN B, CAO M S, LU M M, et al. Reduced graphene oxides: light–weight and high–efficiency electromagnetic interference shielding at elevated temperatures [J]. Advanced Materials, 2014(26): 3484–3489.

6

结论与展望

6.1 结论

　　石墨烯多相异质结构复合型吸波材料兼备了多种类型的吸波衰减机制,多种界面易于产生界面极化,性能差异的组元能够实现介电损耗、磁损耗等多种损耗机制的协同作用,具有良好的阻抗匹配,达到宽频高效的吸波效果。单一的磁性金属易于氧化,同时由于是金属,优异的导电性会引起涡流损耗,从而不利于吸波性能。石墨烯材料的吸波强度较强,吸波频段主要集中于相对高频,其频段还是比较单一。因此将磁性金属与石墨烯的复合可以使介电损耗和磁损耗的协同效应体现出来,同时磁性金属的抗氧化性因为石墨烯的结合会有所提高,由于磁性材料的加入,石墨烯的阻抗匹配性也会有所提高。

　　对于石墨烯基复合材料,可以从吸波材料的宏观结构设计和吸波剂的微观结构设计方面开展。宏观结构设计通常通过改善材料的阻抗匹配特性来提高电磁波吸收。而吸波剂的微观结构设计主要指不同吸波相的复合和界面设计,即通过改变界面作用或与其他材料复合来提高吸波剂的损耗能力,如增强缺陷极化、增加入射电磁波内部散射等。相比于二维石墨烯片层结构,三维多孔石墨烯结构具有密度小、比表面积大等优点,使得入射电磁波发生多重反射,在一定程度上增加了入射电磁波的传输路径,从而增大了材料对电磁波的衰减能力,而且多孔结构可以改善吸波体和自由空间的阻抗匹配,提高材料的电磁波吸收能力。对于吸波剂的微观结构设计,已知吸波剂能够均匀分散于连续透波基体的吸波材料中,通过吸波剂的微结构设计可进一步优化材料的电磁波吸收性能。对于磁功能化石墨烯基复合材料,磁性金属等的形貌尺寸和结构,以及异质界面的形成会影响其损耗能力,多元材料的复合使其兼具介电和磁损等多元损耗的能力,并通过控制材料的结构及成分,从而调控电磁参数,改善阻抗匹配特性,提高材料的吸波性能,即在吸波剂为两相及以上的吸波材料中,可通过不同吸波相的组合实现多重吸波机制的复合。因此,以石墨烯为基体,采用不同手段合成复合型材料不仅能够维持石墨烯自身的优秀介电损耗能力,还可以通过设计材料结构、选择材料组分、控制材料比例等手段多方面调控材料的性能,为电磁波吸收材料的研发改性提供了广阔的空间。

合理设计磁性金属-半导体材料具有特殊的结构和形貌,可以利用材料的结构去提升吸波性能。我们通过简单的水热反应制备得到了雪花状 Co/rGO、球状 Ni/rGO、球状 CoNi/rGO 复合材料,其中金属 Co、Ni 或者 CoNi 合金颗粒均匀分散在石墨烯表面,磁性的金属颗粒与介电的 rGO 片形成的多种界面效应可显著增强体系的微波吸收性能。在此基础上,我们还制备出了链状 CoNi/rGO,相比于球状 CoNi 颗粒,独特的链状磁性 CoNi 因其自身晶体结构呈现的各向异性,将其与石墨烯片层结合可形成多层级的结构,并形成大量的空隙和界面,在外加交变电磁场的作用下可以引发多种极化和共振行为,从而使得体系发生多重损耗(如多重反射、多重散射、界面极化、自然共振、偶极子极化等多重机制和效应)来提升吸波性能。

通过改变试验条件和金属前驱体,进一步制备得到了三维以及二维硬币状的Co_3Ni_1/rGO 复合材料。三维花状的 Co_3Ni_1 结构不仅可以引起电磁波的多重反射和散射,吸收电磁能量,还可以与石墨烯片层之间形成导电通道,引起电导损耗。而二维硬币状结构的 Co_3Ni_1 合金可以使电磁波在有限空间内多重反射和散射,使得电磁波传播路径更长,而且此二维磁性硬币状合金之间的涡流损耗,以及硬币状合金颗粒形状各向异性的增加使得体系的自然共振频率逐渐提高,从而有效实现电磁波能量的耗散。类似地,石墨烯复合薄膜负载金属粒子,如 Ni@Cu/rGO/PVDF,独特的 Ni@Cu 核-壳结构使得其与 rGO 和 PVDF 之间具有良好的阻抗匹配,核心和壳层材料的协同作用可以带来新的损耗机制,能够增强界面极化效应,提高电磁波在材料内部的多重反射,进而提高材料对电磁波的吸收概率;石墨烯气凝胶负载金属粒子复合材料,如 CoNi/rGO、CoNi/CNTs/rGO、Ni/rGO、TiO_2/Ni/rGO 气凝胶,也成功制备得到,并且得益于各组分之间的多重损耗机制以及良好的阻抗匹配特性,表现出了优异的吸波性能。

结合材料的结构、微观形貌以及电磁波吸收性能,可以分析得到电磁参数与材料微结构的联系规律,揭示出多本征效应、组分效应、界面效应、热效应等多重电磁波耗散效应;可知具有异质结构的石墨烯基复合材料表现出了较好的吸波性能,有效吸波宽度及最佳吸波性能均优于商用电磁波吸收材料。这主要是由于异质结构的石墨烯基复合材料在电磁波的作用下发生的本征效应、组分效应、界面效应、热效应等多重电磁波耗散效应,以及介电损耗和磁损耗产生的协同损耗机制等。因此,介电损耗、磁损耗和电阻损耗等多种电磁波损耗的协同效应,进一步促进了电磁波的衰减,对材料的吸波性能具有较大的促进作用。

6.2 展望

如今,日益激烈的军事竞争促进了各种高科技军事装备的发展,尤其是隐形战斗机和无人机,它们在有效吸收电磁波方面面临挑战。此外,不断变化的数字设备(例如手机、计算机和飞机)产生的电磁波辐射也对身体健康造成了极大的伤害。具体来说,电磁波辐射可能会干扰数字设备的正常运行。它也可能"加热"人体细胞或干扰人体固有的电磁场,从而对人体健康产生不利影响。因此,开发用于电磁波吸收的各种先进材料至关重要。

优质电磁波吸收器的主要指标是高反射损耗、薄厚度、宽频带和低密度。这是因为这样的材料可以吸收大多数电磁波,并且很可能被实际使用。最近,出现了许多纳米材料(例如磁性材料、碳材料、磁性碳复合材料),通过控制其尺寸、形状、内部结构和组成来增强其电磁波吸收特性。尽管传统的电磁波吸收纳米材料(例如铁、碳、碳纳米管)在磁损耗或介电损耗方面取得了长足进步,但其高密度、弱吸收性和其他缺点(例如纳米结构的合成过程复杂)以及大规模生产中的挑战严重阻碍了它们的发展和大规模使用。

上述挑战促使研究人员开发出具有出色的传导损耗和极化损耗的新型纳米材料,其中一些基于独特设计的新型纳米结构,从而赋予其散射和多次反射的能力,从而改善了电磁波的传输路径。例如,Huang 和他的同事设计了一种超轻且高度可压缩的石墨烯泡沫(GF,14 mg/cm^3),带宽为 60.5 GHz,覆盖了总带宽的 93.8%。GF 的独特结构极大地缩短了阻抗间隙,并减弱了支撑杆和孔壁之间的背向反射和散射,这有助于入射微波通过泡沫传输,从而促进了 GF 吸收辐射能。2D MXene (d–Ti$_3$C$_2$T$_x$)/1D CNFs 复合纸的珠光状层状结构促进了多种内部反射,从而导致了电磁波的吸收和能量耗散。

此外,多界面纳米材料的构造可能会产生更加惊人的效果,因为由于独特的结构,它可能导致电荷极化和界面极化以及相关的弛豫。例如,Li 等合成了具有高电磁波吸收特性的核壳石墨烯桥联中空 MXene 球(rGO/Ti$_3$C$_2$T$_x$)3D 泡沫。柔性 rGO 薄片包裹 Ti$_3$C$_2$T$_x$球形成的大量异质界面以及边界,堆叠缺陷和表面官能团等缺陷增强了极化效应,从而导致了更好的电磁波吸收性能。由于独特的多层结构,巨大的 3D 交联和错综复杂的损耗网络,MWCNT/石墨烯泡沫表现出可调的复介电常数和电导率,同时继承了显著的极化损耗和传导损耗。由此期待开发出具有质量轻、能量密度高和吸收效率高等特点的新型纳米材料,以满足对装置的小型化和轻量化的日益增长的需求。其中,低尺寸纳米材料因其低密度、薄厚度、大比表面积和独特的电子特征而成为有前途的电磁波微波吸收材料。

还原型氧化石墨烯中存在的残留缺陷和含氧官能团有助于改善阻抗匹配,为了进一步提高电磁波吸收的能力,基于三维(3D)石墨烯异质结构的设计和构建,特别是对于具有多孔结构的异质结构,逐渐成为吸波材料研究的焦点问题之一。此外,独特的 3D 多孔结构不仅减轻了吸收体的质量,而且还促进了多次反射。迄今为止,研究人员已经在 3D 石墨烯微波吸收纳米复合材料方面取得了重大进展,例如 3D 石墨烯/SiO$_2$、3D 石墨烯/ZnO 和 3D 石墨烯/MnO$_2$。岳等人制备了兼顾介电损耗、磁损耗和良好阻抗匹配的 Ni 颗粒负载石墨烯的气凝胶,在仅 10% 的负载量下,2.1 mm 处的最小反射损耗为−60.8 dB,有效频宽为 5.1 GHz,吸波效果优异。实际上,出色的吸收器不仅结合了不同的材料,而且还考虑了阻抗匹配和节能的问题。最近,轻质的多层纳米结构和三维结构(例如泡沫、水凝胶和气凝胶)吸引了研究者的注意力,以实现低厚度的 EMI 吸收。然而,控制轻质材料的形成以及对现有孔和界面适当利用的有效方法仍不清楚。在多层结构的情况下,它们遭受裂缝和机械故障。因此,需要更多的研究来获得具有优良的 EMI 吸收和热稳定性的更轻更薄的材料。

到目前为止,消除电磁污染危害的最可行途径之一是开发高性能、轻巧的微波吸收材料。纳米材料的兴起,极大地促进了电磁保护技术的发展。其中,具有强大微波衰减能力的 2D 材料是最有竞争力和最有前途的吸收剂,而 MXene 是典型的代表。MXene 是 2D 过渡金属碳化物/氮化物/碳氮化物的一族,通常是通过从层状母体(如 MAX 相)中选择性提取某些原子来制备的。它们通常具有分子式 $M_{n+1}X_nT_x$,其中 M 是早期过渡金属(例如 Ti、V、Mo 等),X 表示 C 和 N,$n = 1$、2 或 3,T_x 表示表面终止(OH、O 和 F 基团)。

MXenes 系列的应用已在能量转换和存储、电磁波吸收和屏蔽、传感器、气体分离和水净化中得到了广泛报道。MXene 由于其优异的固有电导率、出色的机械性能和化学活性表面,在微波吸收和电磁波吸收领域具有巨大的潜力。已经通过试验发现了 28 种 MXene,到目前为止,Ti_2CT_x、$Ti_3C_2T_x$、$Mo_2TiC_2T_x$、$Mo_2Ti_2C_3T_x$ 是电磁波吸收与屏蔽 MXene 家族的成员。在世界各地研究人员的共同努力下,MXene 的研究已取得重要进展。由于其独特的物理和化学特性,MXene 在众多领域,尤其是在电磁波吸收领域中都展现出了巨大的潜力。但是,要实现 MXene 材料在电磁波吸收领域中普遍应用的目标,仍然需要漫长而艰难的历程。当务之急是开发高产率、低成本、环保的方法来制备高质量的 MXene 产品。有许多理论上预测的优秀 MXene 种类需要进行试验验证。因更加注意 MXene 材料的表面改性和结构构造,例如具有相同表面终止剂的 MXene、MXene 膜或泡沫等。此外,对电磁波吸收的确切机理的理解还不成熟。迫切需要对基于 MXene 材料的介电弛豫和电磁响应进行一系列深入的研究。基于先进的理论指导,可以通过混合和组装来精确构建、优化组件和体系结构,从而获得质量轻、效率高、耐候性强和机械性能优异的电磁波吸收 MXene 材料。因此,基于 MXene 材料的研究仍具有很大的创新和增长空间,即使成熟之路也将是漫长而艰难的。

此外,新型电磁功能材料的研究和开发尚未停止。金属有机框架(MOF)是一种传统的功能材料,由 Yaghi 小组于 1995 年首次报道。到目前为止,已开发出许多 MOF 结构,是电磁场中的一种新型功能材料。MOF 材料具有高度可调节的微观结构和成分,非常适合开发新型电磁材料,尤其是微波吸收材料。近年来,已经开发出许多基于 MOF 的吸收器,并且它们的吸收性能不断更新。此外,由于独特的晶体结构和电子状态,MOF 材料在功能器件中也具有巨大潜力。由 MOF 材料组成的功能器件广泛应用于传感器、检测、能量转换、信息存储等领域,为这些领域的发展注入了新的活力。特别是,基于 MOF 的设备显示出多功能性,照亮了多功能设备的未来发展。MOF 和碳化衍生物是潜在的微波吸收剂,受到了热烈追捧。调整微观结构和成分可以有效地调节电磁性能和阻抗匹配,从而实现入射电磁波的高吸收和高损耗。

目前,基于 MOF 的吸收器已经取得了很大的突破。最大微波吸收超过 80 dB,响应带宽可以覆盖从 C 频段到 Ku 频段的多个频段。这些表明基于 MOF 的材料作为一种轻巧高效的微波吸收器具有广阔的应用前景,可以有效地抵抗电磁污染。此外,MOF 材料可用于构造功能性设备,取得令人鼓舞的结果,其应用涵盖能源、传感器、信息存储、照明和其他方面。基于 MOF 的设备具有轻巧、多孔以及较大的比表面积,可以实现小型化和便携性。它们被广泛地应用于航空、航天、军事和信息等领域。显然,基于 MOF 的电磁功能材料和装置取得了突出的成就,将成为材料和装置领域的重要支柱。但是,必须强调的是,当前的研究仍然受到许多因素的限制。在材料和方法方面,MOF 材料的生长机理尚未完全掌握,成分的精确定制仍然是一个大问题。此外,较低的热、化学稳定性,较差的电导率,难以控制的生长过程和微结构以及成分之间不清楚的协同作用仍然是巨大的障碍。

还有对于 MOF 材料内部的电磁损耗机制也缺乏足够的认识。特别是,基于 MOF 的设备的研究仍处于起步阶段,生产和应用还有很长的路要走。总之,MOF 材料在电磁功能材料和设备中具有无限的可能性。尽管它们仍然存在许多问题,并且大多数研究仍处于实验室阶段,但是这些并不能掩盖其巨大的应用潜力,目前的研究证明了这一点。作为一颗璀璨的新星,MOF 材料为电磁场注入了新的活力。今后,它将继续促进科学技术的进步和产业的升级,实现人类社会的持续繁荣。

尽管纳米吸波材料取得了一定的进展,但目前的研究仍集中在微波吸收性能的单独改善上。在将来,吸收器的应用可能会扩展到更复杂的环境和领域,这要求它们具有更多的功能来满足日益增长的需求。例如,柔性和可压缩微波吸收器在可穿戴电子设备中非常需要屏蔽电磁干扰和保护人体健康的设备。具有疏水性和低导热性的微波吸收剂可以潜在地用于覆盖建筑物表面作为外部保护层,提供自清洁、隔热和消除电磁污染的多功能,这有益于节能和环境保护。此外,结合红外和微波隐身性的材料在民用和军事应用中比单功能微波吸收器具有更广阔的前景。多功能化是高级微波吸收材料的未来发展方向。目前为止,在这一领域中很少有研究。而将多功能有效地集成到一种材料中仍然是一个巨大的挑战,要依靠复合组件,进行 3D 气凝胶结构和(或)表面状态的创新设计。

近年来,通过包括纳米颗粒、纤维和 2D 材料在内的各种构件组装了蜂窝状气凝胶。气凝胶是多孔材料,具有独特的特性,例如低密度、高比表面积、高孔隙率、低介电常数以及超低热导率等。因其在催化剂载体、油/水分离和电池电极等领域的广泛应用而引起研究者的注意。气凝胶的特性可以通过其几何形状(空隙和固体的空间配置)和构件的特性来调整。因此,将磁性材料和其他介电成分材料组装成具有适当组成和结构的复合气凝胶可能是开发多功能微波吸收材料的有效策略。同时,细胞结构和多种成分之间的协同作用可促进微波吸收。多功能吸波材料是未来军事领域、航空航天领域的硬性需求,是下一代电子封装材料、便携式电子设备保护材料的发展方向。